アクチュアリー試験

藤田岳彦 監修
岩沢宏和 企画協力
アクチュアリー受験研究会代表 MAH 著

合格へのストラテジー

数学

第2版

東京図書

監修者のことば

この度は『アクチュアリー試験 合格へのストラテジー 数学 第2版』の監修者を第1版に引き続きつとめます.

この本はアクチュアリー受験研究会代表 MAH 氏が中心となり，アクチュアリー数学合格のための知識，問題解法についてまとめた本です．必要な基礎知識，必須知識，発展的な知識，他の本にはあまり書かれていないが知っておくと良い豆知識などが効率良くまとめられています．演習問題の多くは過去問とよく似た類題で構成されており，監修者がここ 20 年位，日本アクチュアリー会の基礎講座，演習講座で授業，演習を行ってきましたがそこで扱った問題の類題等も数多く収録されています．近年，アクチュアリー数学の試験は，1990 年代のようにかなり難しい問題も含まれるようになりましたが，それらにも対応できるよう第2版には色々な追加事項等があります.

必要な数学の基礎知識を拙著『弱点克服 大学生の確率・統計』(東京図書) でマスターした後，過去問演習に行く前に本書の演習をこなしておくと，過去問を解くのも非常に楽になり，もちろん本番の数学も合格圏内に入る確率が非常に高まることでしょう.

2023 年 4 月

中央大学理工学部　藤田岳彦

推薦のことば

本書を執筆したMAHさんとの初めての会話はTwitter上でした．2010年3月27日，MAHさんの「アクチュアリー受験研究会の第1回勉強会&決起大会終了！」というツイートにリプライしたことを今のことのように覚えています．当時の私は，カナダの大学に留学していました．その大学には「アクチュアリークラブ」というものがあり，米国アクチュアリー試験に合格した先輩が後輩に受験対策の手引きを行うということを定期的に行っていました．ときには，米国アクチュアリー会からシニアなアクチュアリーを招き，アクチュアリー業務についての講演を行っていました，同様のことを日本でも行いたいという思いを胸に，その年の7月に帰国し，そのままアクチュアリー受験研究会に参加するようになりました．

そんなMAHさんが執筆した『アクチュアリー試験 合格へのストラテジー 数学』が多くの方に読まれ，改訂に至ったことを嬉しく思っています．アクチュアリーの存在を知らなかった学生が，本書を通じてアクチュアリーに興味を持ち，アクチュアリーを目指すようになった方もいるのではないでしょうか．早稲田大学での最初の講義で毎回学生に「ストラテジー本を知っている？」と聞くと，全員がYESと回答します．本書が，アクチュアリーの裾野を広げてくれていることを実感しています．

本書では，アクチュアリー試験「数学」の公式集や問題集を通じて，読者が試験合格のための基礎的な知識を理解し，問題を解くための手法を身につけることを支援する内容が詳しく紹介されています．

この本のおすすめのポイントは，以下の３つです．

- 受験ガイダンスの内容が分かりやすく，合格に必要な勉強方法をイメージすることができる
- 著者が独自の視点でアクチュアリー試験「数学」に必要な公式を分析しており、公式集としてコンパクトにまとめられている
- 過去問との関連性が強い問題集が豊富で，解答には受験生の理解を助ける記載が満載

アクチュアリー受験研究会が2009年に誕生して以来，多くの受験生が一次試験の「数学」の受験対策を行ってきました．中には，異業種の方でも「数学」の試験に合格している人がいます．本書で紹介されているさまざまな問題は，多様な経歴の方々が試行錯誤して合格に至るまでに編み出した，そのエッセンスが込められています．「数学が得意でない人でも受かるアクチュアリー試験」というMAHさんの思いが読者にも伝わることを願っています．そして，本書で試験勉強を行った方が一人でも多く「数学」の試験に合格することを祈念しています．

より多くの方が本書と出会い，アクチュアリーに興味を持っていただくことを期待しています．

2023年４月

早稲田大学大学院会計研究科　藤澤陽介

はじめに 〜 改訂にあたって

アクチュアリーに興味を持ち，アクチュアリー試験を受験しようと思った方，アクチュアリーになりたいと思った方が，ひょっとしたら本書を手に取っていただいたのかもしれません．

『アクチュアリー試験 合格へのストラテジー 数学』は，2017年6月に出版後，大勢の受験生の皆様に愛用いただき，毎年版を重ねてきました．受験会場では「試験の直前まで最後に持ち込む一冊」として多くの受験生の方にご利用いただいています．この場を借りて改めて感謝申し上げたいと思います．

さて，受験生の皆さんの中には「アクチュアリー試験 数学」の勉強を開始したものの，何をどう勉強したらよいのか，というところでつまずかれる方も多いのではないかと感じます．なぜなら私自身，数学が全くできない状態でアクチュアリー試験「数学」に臨み，かなり苦労した経験があるからです．

初学者にとって，アクチュアリー試験「数学」が難しいと感じるのは，教科書や参考書が複数あり，しかも広範囲で十分に整理されているわけではない，というところに一因があるのではないかと思います．また，確率・統計以前の基本事項をどこまで知っていれば教科書や演習書を読めるのか，過去問を解けるのか，といった情報があるわけではなく，初学者にとっては「とっかかり」の難しさがあります．

私のような思いをこれから勉強する方にさせないために，少しずつでもアクチュアリー試験に関する情報を蓄積していけば，きっとよりアクチュアリー試験にチャレンジしやすくなるに違いない，そういう思いから2009年に「アクチュアリー受験研究会[*1]」という勉強サークルを立ち上げ今に至っています.

本書は初学者を対象とし，アクチュアリー試験を受けるための基本情報，アクチュアリー試験「数学」合格までのステップ，過去問を解くために必要な公式・知識を網羅した公式集，公式を理解し定着させるための基礎問題集で構成しています．本書のみでアクチュアリー試験「数学」に関して最低限必要な知識を習得することを目指しました．試験範囲外のことはそぎ落としていますので，一冊丸々やり込んでいただいてもまったく無駄が生じないように盛り込み第1版を製作しました.

しかし，第1版出版後からアクチュアリー試験は毎年のように進化し，難易度も上昇を続けています．そこでこのところの試験の進化や状況を踏まえて今回第2版を制作するに至りました.

第2版では，第1版の内容に加えて以下を修正・追加しています。

必須問題の追加

この数年の間で追加された問題のうち基礎的な問題として学習しておくべき問題を14問追加しました.

公式の導出の追加

単純に問題を解くだけでなく，深い理解も要求する問題も大問などで出題されます．そのため基本となる13の確率分布について，公式・特性値などの導出を付録に追加しました.

ガイダンスの見直し

現時点で学習するべき内容について，初学者の視点で学習のガイダンスを見直しました．「過去問を中心に組み立てていく手法」について第3章で順

[*1] http://pre-actuaries.com/

を追って詳しく解説しました.

本書に出てくるすべての問題について，1問あたり5分，最大でも7分で常に解ける状態にまで習熟すれば，過去問に十分取り組んでいけると思います．本書をきっかけに，勉強を進めていくことで，確実に合格を果たせるのではないかと思います.

一方で，本書だけでアクチュアリー試験「数学」に合格することはできません．また教科書でもないので，初学者の方は，確率・統計の基礎的な参考書を軽く読み進めてから本書に取り組む方が良いと思います.

合格点を60点とすると，確率・統計の基礎的な内容と本書の内容をすべてマスターしたとしても試験では20点〜30点くらいにしかなりません．その後は相当に過去問などを活用して相当に練習を重ねていく必要があります．こちらも第3章「初学者のための「数学」受験ガイダンス」に合格のレベル感について詳しく解説を加えました.

いずれにしろ本書をクリアしたのち，相当の練習や準備を積んでやっと合格できるという感じですが，本書はそれらに取り組んでいくための基礎的な知識を盛り込んでいますので，本書に掲載している公式集や解法を活用して，どんどん過去問等に取り組まれるといいでしょう.

本書は，各教科書・参考書・過去問や，アクチュアリー受験研究会の会員の皆さまからお寄せいただいた情報を参考に作成しています.

あっさり合格していたら，こういった本が世に出ることはなかったでしょう.

私自身の数学の合格にあたって，また，本書の企画・制作において多大なるご指導をいただいた藤田岳彦先生，岩沢宏和先生に感謝を述べたいと思います.

また，第2版を出版できるようになったのも第1版の制作にご協力いただいた皆さんのおかげです．(以下，所属は第1版刊行当時のものです.）第1版で，問題の解答作成を大いに手伝っていただいた横田大輔さん，図の作成・仕上げ・各種チェックに多大に貢献いただいたアクサ生命の北村慶一さん，問題や校正に協力いただいたRGA再保険の藤澤陽介さん，あずさ監査法人の島本大輔さん，損保ジャパン日本興亜の相馬直樹さんと中島圭輔さん，プルデンシャル ジブラルタ ファイナンシャル生命の鈴木理史さん，さおりんさんをはじめとして，アクチュアリー受験研究会の皆さん，改めて感謝を申し上げます．

そして，第2版においては，shun63 さん，東京理科大学理学部の中村歩さんに各種チェックにご協力いただきました．シリーズ全てにおいて大いにご支援・ご協力いただいた東京図書の清水剛さんにも厚く御礼申し上げます．清水さんのご尽力がなければ本シリーズの成功はなかったでしょう．

2023年4月

アクチュアリー受験研究会代表　MAH

目　次

◆装幀　今垣知沙子

第I部

アクチュアリー試験「数学」受験ガイダンス

第1章
アクチュアリー試験の概要

1.1 なぜアクチュアリー？

アクチュアリーとは，確率や統計などの手法を用いて，将来の不確実な事象の評価を行い，保険や年金，企業のリスクマネジメントなどの多彩なフィールドで活躍する数理業務のプロフェッショナルです[*1]．

アクチュアリーは一般に生命保険会社・損害保険会社・信託銀行などに所属し，商品開発業務や，保険料や責任準備金の計算・決算業務，リスク分析・管理業務をはじめ，保険会社の経営の健全性をチェックしたり，長期計画の策定に携わったりするなど，そのスキルを活かして多岐にわたって活躍しています．また，保険会社や信託銀行以外にも，コンサルティング会社に所属し，保険会社や年金基金に関わるコンサルティングを行ったり，監査法人に所属し，保険会社の監査に携わるアクチュアリーも増えてきています．

アクチュアリー自体の知名度は，日本では発展途上段階にありますが，アメリカでは2021年の職業ランキングで200業種から9位に選ばれる[*2]ほどであり，知的かつステータス・収入が高い職種だと言えます．同ランキングでは1位となった年もあります．

[*1] アクチュアリーについて https://www.actuaries.jp/actuary/
[*2] The Best Jobs of 2021 https://www.careercast.com/jobs-rated/best-jobs-2021

大学3年生から受験可能で，過去問を日本アクチュアリー会のWEB[*3]から無料で入手できるようになったこともあり，受験者数はここ数年大きく伸びてきています．

日本のアクチュアリーになるためには，日本アクチュアリー会の正会員になる必要があり，そのための試験がアクチュアリー試験です．日本アクチュアリー会の正会員数は約2,000名と少なく，受験の手掛かりが少ないことが，他の試験と比べて難しさを感じさせている理由の1つだと思います．

1.2　アクチュアリー試験はどんな試験？

1.2.1　アクチュアリー試験の概要

アクチュアリー試験の資格試験要領は，日本アクチュアリー会のWEBから入手することができます．試験内容などについて，毎年何らかの変更がありますので，気を付けましょう．以下は，2022年度資格試験を基にした概要になります．

試験の構成

試験は第1次試験（基礎科目）と第2次試験（専門科目）から構成されます（以下，単に「1次試験」「2次試験」と略します）．1次試験，2次試験合わせて7科目に合格することが求められています．1次試験に1科目以上合格すると研究会員[*4]，1次試験5科目すべてに合格すると準会員，2次試験すべてに合格し，プロフェッショナリズム研修等を受講し，理事会の承認を得た者が日本アクチュアリー会の正会員となることができます．

1次試験

1次試験は「2次試験を受けるに相当な基礎的知識を有するかどうかを判

[*3] 資格試験過去問題集 https://www.actuaries.jp/lib/collection/
[*4] この他，正会員2名の推薦と理事会の承認により研究会員になる方法があります．

定すること」が目的とされています．

科目は「数学」「生保数理」「損保数理」「年金数理」「会計・経済・投資理論（以下，「KKT」）」の5科目で構成されています．受験生はどの科目からも受け始めることができて，一度合格すると受け直す必要がありません．（ただし，合格後は年会費を払い続けないと，合格の履歴が消えてしまいます．）

「数学」「生保数理」「損保数理」「年金数理」は数学系科目です，KKTは前述の4科目と系統が異なる試験ですが，それでも最近は計算量が増えてきています．1次試験は多肢選択式で，1科目ごとに100点満点で，原則60点[*5]が合格基準点となります．KKTだけは，「会計」「経済」「投資理論」の各分野ごとに最低ラインがあり，分野ごとに満点の40%に達していない場合は，不合格となります．

2次試験

1次試験5科目にすべて合格しないと2次試験は受験できません．2次試験は，「アクチュアリーとしての実務を行う上で必要な専門的知識および問題解決能力を有するかどうかを判定すること」が目的とされています．

「生保コース」「損保コース」「年金コース」の3つのコースがあり，そのうち1つを選び受験します．それぞれのコースは，2科目から成ります．

試験問題は，全体の5割程度が「アクチュアリーとしての実務を行ううえで必要な専門的知識を有するかどうかを判定する問題（第I部）」，残りの5割程度が「アクチュアリーとしての実務を行ううえで必要な専門的知識に加え問題解決能力を有するかどうかを判定する問題（第II部）」で構成されます．

合格基準点は1次試験と同じく原則60点ですが，第I部については満点の60%，第II部については満点の40%に最低ラインが設定されます．

[*5] 「原則」なのは，試験の難易度により合格基準点が変更になることがあるからです．

2022年度試験からは，1次試験・2次試験ともにプロメトリック社のCBT（Computer Based Testing：コンピューターを利用した試験）となりました．電卓を持ち込んで所定の計算用紙で計算して結果をコンピューターに入力していく，ということになりますが試験の範囲等が大きく変わるということはありません．試験会場が従来は東京，大阪のみでしたが，東京都，神奈川県，埼玉県，千葉県内の各地の他，札幌市，仙台市，名古屋市，京都市，大阪市，神戸市，福岡市の各会場で実施されるようになり，受験しやすさという点では大きく改善されたと思います．各会場のキャパシティもあるので，早めに申し込まないと選べる会場の選択肢が減っていきます．

1.2.2　アクチュアリー試験は難しい試験なのか？

世の中には，司法試験や弁理士，公認会計士など数々の難関資格試験があります．単純に比較することは難しいです．知識ゼロの方が一から勉強して合格する，とスタートラインを揃えることができれば，比較できるかもしれませんが，相当な母数の受験者数が必要となるので難しいでしょう．

アクチュアリー試験は理論上最短2年で合格できますが，日本アクチュアリー会のWEBには，全科目合格者の合格までの平均年数は8年程度と記されています．1年程度で合格する類いの資格試験と比べると，勉強する量が格段に多く，それだけでも難しい試験といえるかもしれません．

アクチュアリー試験が合格するまでにこれほど時間がかかる要因の1つは，1次試験は，数学に関する基礎的な事項が組み込まれており，しかもかなりの計算量があるという点です．したがって数学的な素養が全くない場合，1次試験では結構苦労することになるでしょう．

しかしアクチュアリー試験の1次試験5科目に関する教科書を読み進めていくにあたって，前提として最低限必要なのは高校数学のごく一部です．大学時代は文系学部に進んだけど，数学を勉強するのが嫌いではない，という方であれば，問題なく学習を進めることはできると思います．

もう1つの要因は，1次試験とうって変わって，2次試験は実務や関連する法令に関する知識が必要な問題や所見問題が出題されるという点です．

つまり，数学が得意であった受験生でも，今度は実務や法令に関する知識，それらを活用した論述が求められ，いわば文系的素養が必要となります．また，実務の感覚がわかっていないと，所見を書くにしても筋違いの論述展開をしてしまい，得点できないといったことが生じます．

少し，難しい試験のような気がしてきましたね？ でも安心してください．結論から言うと，しっかりと適切な情報を手に入れて，真面目に勉強すれば必ず合格する試験なのです．努力は必要ですが，楽しみながら，かつ試験に必要な情報を得るネットワークもしっかり確保しながら合格を目指す，ということは十分に可能です．

1.2.3　アクチュアリー受験研究会とは

アクチュアリー受験研究会（通称 [アク研]）は，アクチュアリー試験に挑戦する仲間が集うオンライン上に存在する勉強サークルです．私 MAH が，アクチュアリー試験に関する各種情報をデータベースとして蓄積していくこと，勉強仲間を増やし，お互いにモチベーションを高めあっていくことを目指して設立しました．2023 年 4 月現在，会員数 4,000 名を超えるほどとなっています．

アクチュアリー試験は難易度の高い試験ですので，1 人で勉強していると困ることが多々あります．挫折しそうになります．

[アク研] には各公式集，過去問解説，教科書解説，誤植情報，またアクチュアリーの仕事についての情報などが多数掲載されており，今もなお増え続けています．2012 年に始まった CERA 試験も対象にしています．アクチュアリー試験に関する全科目の情報をネット上で入手できる国内最大の会員制サイトとなっています．

[アク研] の勉強会では，1 次試験科目，2 次試験科目ともに多くの受験生が集い，試験に合格していくためのさまざまな情報を得つつ，一緒に勉強する仲間を作っていくことができます．また，正会員，準会員の方も多数参加し，

懇親会でも気軽に仲良くなれます．生保・損保・年金分野の実務がどうなっているのかなど，就職や転職にあたって必要な情報や話題も得ることができます．学生の方や，転職を考えている社会人の方にもお勧めいたします．

■第2章

アクチュアリー試験「数学」概要

2.1　試験範囲について

試験日程・試験範囲・教科書などの資格試験要領については，日本アクチュアリー会のWEBから入手することができます（例年7月初旬くらいにWEB上に公表されます）．2022年度の数学の試験範囲は，平成17年度にモデリングが追加されたときから変わっていません．

「数学」試験は，大きく「確率」，「統計」，「モデリング」の3つの分野で構成されています．それぞれの概要は以下の通りです．

■確率分野

- 事象と確率
- 確率変数，確率分布，確率密度関数，分布関数
- 確率変数の平均値，分散
- 変数変換と和の分布*[1]
- 積率と積率母関数，確率母関数，特性関数
- 大数の法則と中心極限定理

---

*[1] 2022年度実施の試験の範囲としては明記されていないが，他の分野の問題を解くためのベーシックな知識なので，習熟しないと合格できない．

■統計分野

- データのまとめ方
- 統計的推定，区間推定
- 統計的検定
- 標本分布論と標本調査
- 最小2乗法と相関係数と回帰係数の推定，検定

■モデリング分野

- 回帰分析
- 時系列解析
- 確率過程
- シミュレーション

2.2　教科書・演習書と試験範囲の関係

教科書・演習書・参考書は次の通り指定されています．

確率教科書　『入門数理統計学』P.G. ホーエル（培風館）（第12章，第13章を除く）

確率演習書　『確率統計演習1 確率』 国沢清典編（培風館）

統計教科書　『基礎統計学（1）/統計学入門』 東京大学教養学部統計学教室（東京大学出版会）

統計演習書　『確率統計演習2 統計』 国沢清典編 （培風館）

モデリング教科書　『モデリング』（日本アクチュアリー会）（同書の目次で（試験範囲外）とした部分および第5章を除く）

参考書　『確率・統計・モデリング問題集』（日本アクチュアリー会）

アクチュアリー試験を受験する以上，指定された教科書，演習書，参考書の購入をお勧めします．資格試験要領でも「第1次試験については「第2次

試験を受けるに相当な基礎的知識を有するかどうかを判定することを目的とする」という趣旨から，出題範囲は教科書に限定します.」とありますから，教科書記載の事柄について問われて対応できなければ合格を勝ち取ることはできません.

ただ，試験範囲の項目と，教科書の章立てに違いがあり，わかりづらいので注意が必要です．実際，『入門数理統計学』を手に取って読み進めていっても，微妙に試験範囲と定めているところと異なる箇所があります．試験範囲と教科書の章立てが一致しているのは，『モデリング』（以下，[モデリング教科書]）のみです．試験範囲の章立ては，確率・統計の演習書である，『確率統計演習 1 確率』（以下，[国沢確率]）『確率統計演習 2 統計』（以下，[国沢統計]）と一致しています.

そのため，試験範囲の勉強をしていこうというときに，どこから読み進めていったらいいのかがわかりにくく，また教科書が過去に出題されてきた傾向とも一致していないことが多いため，アクチュアリー試験の難度を上げる 1 つの要因になっています．たとえば，平成 25 年度「数学」問題 3（統計の大問）で出題された順序統計量は，教科書には記述がなく，[国沢統計]，もしくは『確率・統計・モデリング問題集』（以下，[モデリング問題集]）にしか記述がありません．このことを知らないと，時間ばかりいたずらに過ぎてしまうことになります.

そこで，[アク研] の道具箱に，数学合格のためのチェックリスト（以下，[チェックリスト]）を作成し公開しています.

過去問から分析し，推察して，合格する方はこういったことができるようになって合格しているのだろうな，という想像のもとでこの [チェックリスト] を作成しました.

この [チェックリスト] は，数学初級者向けに，かなり細分化して作成しました．数学ができる人は，「○○の本質がわかっていれば，簡単」，というのをよく聞きますが，数学初級者にはその域にはなかなか達しません．「困難は分割せよ」という言葉が好きです，自分なりに数学合格のための困難さを分割して作ったのがこの[チェックリスト]になります．

この[チェックリスト]が全てで正しいというわけではなく，頑張るための1つの参考として活用いただけたらと思います．何も指針もない数学初級者には，1つの目標にしていただいて構わないと思います．Excelで作成されていますので，自由に追加・削除等，自分に合わせてカスタマイズしていただいて構いません．

確率編，統計編，モデリング編別に[チェックリスト]がありますので，チェック項目について自信が出てくるまで，該当の問題をすらすら解けるようにこの問題集を解きまくりましょう．また，参照すべき教科書なども掲載していますので，周辺の知識も含めてその分野の習熟度を高めていきましょう．

なお，書籍・文献につきましては，指定されていないものも含めて巻末の「参考文献」を参照して下さい．

2.3　過去問の分類と試験範囲の関係

「なるほど，演習書を勉強すればいいのか」と思って，[国沢確率]を読み進めていくと，かなり古い本であり，演習問題の傾向が実際の過去問の傾向と全く異なるため，[国沢確率]に取り組めばよい，というものでもないことに気付かされます．特に，数学の初学者にはわかりやすく記述されていないのがつらいところでしょう．数学ができる人にはこのつらさはわかりません．初学者でなくても，この演習書は証明問題が多く，この演習書をマスターしたといっても，実際の過去問の傾向を押さえているわけではないのです．

そこで，実際には，十分に過去問の傾向をおさえつつ学習をしていくことが，合格への距離を縮める重要な作戦と言えます．膨大な過去問を学習の中に取り込みつつ試験対策を進めていくという趣旨で，本書では取り組みやすい順番で，過去問を分類しました．アクチュアリー受験研究会でダウンロードできる，『アクチュアリー試験「数学」過去問ワークブック』（以下，『過去問ワークブック』）と同一分類です．本書の必須問題集もこの分類を採用しています．

2.4　アクチュアリー試験「数学」の沿革

過去の試験の歴史的な流れを知っておくと，学習時の参考となります．

平成16年度以前はモデリングがなかったため，確率・統計がそれぞれ5割ずつでした．

また，平成11年度以前は，確率，統計が数学I（確率），数学II（統計）の2科目であったこともあり，平成12年度以降に比べて難易度が高くなっており，証明問題も出題されていました．大まかな流れは以下の通りです．

昭和62〜平成11年度　数学I（確率），数学II（統計）の2科目であった．
平成12〜16年度　上記2科目が統合し，「数学」となった．
平成17〜18年度　確率・統計に加えて，モデリングが追加された．
平成19年度〜　マークシート試験となった．
2021年度〜　モデリングの大問が出るようになった．
2022年度〜　試験範囲から「変数変換と和の分布」が削除される．また試験問題の構成も2年連続で変更された．CBTが導入された

■第3章

初学者のための「数学」受験ガイダンス

「数学」を受験される方が，数学科に在籍している，もしくは数学がバリバリできる方は指定教科書と過去問だけで合格できる場合があります．しかしながら，私のような数学初心者はかなり勉強（練習量）が必要です．

なぜならば，数学初心者にしてみると，通常の「数学ができる方」のレベルに達していないため，ひときわ苦労が多いです．そこで，数学初級者が「数学」に合格するまでのステップをわかりやすく解説したメルマガを配信しています．

その名も「数学初級者のためのアクチュアリー試験合格ガイダンス」です．メールの登録は無料で下記のURLから登録することができます．

【数学メルマガ登録URL】

https://bit.ly/3H95eFs

前述の過去問ワークブックもこちらに登録すると全量版をダウンロードできるようになっています。そして，メルマガ登録後，7日間集中セミナーという形式で毎日メールにて，数学初級者が合格するための戦略を非常に細かく，しかもたっぷりと講義を受けることができます．その後もメールで1年間にわたって数学受験に必要な情報が無料で届きますので，メールを受け取るだけで，私の5年間の受験経験の全てを知ることができます．

このメルマガは，アクチュアリー受験研究会のトップページのバナーからでも登録することができます．

ここでは数学初級者から合格まで進むための中心となる戦略をまとめてお伝えします．

3.1　数学の基礎の基礎をどう引き上げるか

アクチュアリー試験「数学」の学習を始めるにあたり，最低限のレベルは，高校数学である，といえるでしょう（あくまで入口のレベルです）．

だからといって，高校数学のすべてを学んでからでないと，勉強が進まないのか？　というとそうではないです．

つまり，「数学」の学習を始めるために最初に必要な最低限の数学知識は，「高校数学のごく一部（および大学数学のごく一部）」，ということになります．

この基礎数学については，以下の項目が理解できていれば良いでしょう．

数列，Σ計算，二項定理，指数計算・対数計算，三角関数，微分・積分の初歩，テーラー展開，漸化式，線形代数，2次方程式の解，クラーメルの公式

上記に含まれないものの，有用な知識・公式として，ガンマ関数，ベータ関数といったところです．まれに難易度の高い大学の微分・積分の知識が必要になる場合もありますが，時間を有効に使うには「過去問を解いて」いきながら，もしくは「初歩的な確率・統計の参考書を通読」しながら，必要な基礎知識を都度復習しながら，理解してひとつずつ進めていきましょう．

例えば「微分・積分の参考書」を買ってきて勉強しないと先に進めないということはないです．もちろん微分積分に自信がない場合，辞書代わりに参考書として持っておくのは良いと思いますが，マスターしてから先に進む，というよりは，どんどん過去問を解いてその中で必要な微分・積分の技法

を参考書に戻って学習する方が効率が良いと思います．大問で ε–δ 論法を使った証明問題が出ることもありますが，ある程度標準的な問題をしっかり解けるようになってから準備するほうが挫折が少ないと思います．

時間があって，ゆっくり進めたい場合，その勉強をすることを止めるものではありません．その場合『1 冊でマスター 大学の微分積分』（以下，[マスター微分積分]）をお勧めします．

かみ砕いて理解するまでさかのぼる，ということも時と場合によっては必要ですが，どちらかというと，実際の試験問題を解くために必要な知識や公式をつまみ食いして理解し，いち早く全貌をつかみにいきましょう．

3.2 過去問ワーク・コア・メソッド（PAWOR-COM）

お勧めする方法は，過去問を中心として取り組んでいく方法です．これを PAWOR-COM（PAst test WORk COre Method）と名付けました．PAWOR-COM の大方針は，「基礎知識はさっさと終わらせて，過去問に取り組む．過去問を研究しながら必要な知識を得ていく．」ということです．

数学初級者にぴったりのレベルで，しかも出題範囲にぴったりの教科書が，存在していません．

そうだとすれば，過去問を研究し，出題者が求めている理解レベル・知識レベル・計算力を体得していくのが早道で，最も無駄がありません．数学ができる方は，指定の教科書，演習書をさらっと読み進められるでしょうが，数学初級者はあちこちでつまずくわけです．

どうせつまずきながら，自身の数学レベルを上げていくのであれば，「過去問」を研究して自身の知識を合格レベルまで引き上げていく，というのが PAWOR-COM の大方針です．

3.2.1 なぜ過去問を中心に勉強するのか

アクチュアリー試験は，試験委員の皆さんの血と汗と涙の結晶なわけです．その年，合格してほしい人を思い浮かべて，試験委員の方が作られるので，いわば，試験委員の想いが詰まっているといえます．

少なくともどこかの年の試験問題を初めて見て解いて，制限時間3時間以内に60点以上取れれば，その年は，合格できた，ということが言えます．過去問は，毎年その情報が積みあがり，より一層試験委員の想いが集積された，情報の宝庫なのです．

だから，「過去問を解けるようになる」ことが，第一優先である，と考えます．

数学ができる方は指定の教科書・演習書から入っていく，ということでよいですが，やっぱり過去問は押さえないといけません．教科書で登場しない問題も多数あるからです．それを試験会場で初めて見て時間内にしっかり解けるのか，ということです．トレーニングをしていないと，数学ができる人でも当日実力が発揮できないこともあると思いますので，過去問に取り組むのは必須と思います．

3.2.2　過去問を中心にどうやってレベルを上げていくか

以下のステップにわかれます．

(1) 自分専用の過去問教科書を作成する
(2) 過去問を他者に説明できるようになる
(3) 過去問について，制限時間内に，解答を見ないで解けるようになる
(4) 過去の未出の問題を見極められ，未出問題の対策ができる
(5) 自分用の模試を作り，対策をしあげていく

(1) 自分専用の過去問教科書を作成する

過去問を自分のものとするために，過去問の問題に対して，自分なりの解答・解説・必要な公式や定理を書き込んだ，「過去問教科書」を自作していきましょう．

過去問をジャンルごとに分けて，問題部分を作り，そこに公式解答などをみながら，自分なりの解答を書き込んでいくことで，公式解答でわからない部分について，自分で調べたり，解答するために必要な知識をまとめてい

く，という作業になります．

人によって知っている知識は全然違います．初心者であればあるほど，1つの問題に書き込むべき内容が増えていくことになりますが，この過去問を整理し，知識を整理し，自分に足りない部分をみつけていく作業が，数学初級者には必要な学習作業だと思います．

これを作りやすく支援するツールが，[アク研] で最多ダウンロード数を誇るツール「数学過去問ワークブック」です．

こちらについては，先ほど説明した私の数学のメルマガに登録すると、登録特典で，「数学過去問ワークブック全量版」をダウンロードすることができます．登録，ダウンロードは無料です．

【数学メルマガ登録 URL】

https://bit.ly/3H95eFs

アクチュアリー受験研究会からでもダウンロードすることができますが，全量版ではありません．

過去問ワークブックは，A4 の 1 ページに問題が記載され，解答を書く部分がブランクになっています．ジャンルごとに切り分けているので，自分で問題を分類づけする必要がなく便利です．

この「数学過去問ワークブック」の解答欄を，埋めていく作業が，自分のためだけのオリジナル「過去問教科書」を作成していくことになります．

もちろん，一番最初は，知識も少ないですから，公式解答など，何らかの解答を見ながら，書いていくということでも良いです．

アク研には，自分なりの解答を公開している方がいらっしゃいますので，そういったものをダウンロードし，公式解答と見比べながら，自分に必要な知識も書き込みつつ完成させていきます．

これを続けることで，貴方だけの必要な知識が整理され，オリジナルの教科書が完成するというわけです．

問題に対して，単に解答を書きこむだけではなく，

・どう解き進めていくかの解法の方針
・解答に必要な公式
・基礎的な定理や公式
・解法のいくつかのパターン（別解）など
1つのページにたっぷり書き込んでいきます．

さらに，この「貴方だけの過去問教科書」を作り上げていく過程で，調査能力も磨いていきましょう．

(2) 過去問を他者に説明できるようになる

過去問を中心に勉強することで，過去問に習熟できますが，単に解けるだけでなく，他者に説明できる，という状態にならないと，本当に自分が解けるようになっていないと思います．

自分が講師になったつもりで，その過去問が問おうとしているのは何か，そのためにどんな知識と公式が必要なのか，時間内に正確に解くためにはどんなテクニックが必要なのかを説明できるようになりましょう．

[アク研] の勉強会などで，発表する機会があれば，そういった場を活用して，自分から解答をアウトプットしていきましょう．

そうすることで，問題やそれを解くための公式・知識についても習熟し，実際に問題を解けるようになると思います．

(3) 過去問について，制限時間内に，解答を見ないで解けるようになる

数学の試験を5回も受験した実感としては，3時間という制限時間にどっぷり取り組みますが，いつも本当に時間が足らなくなります．ちなみにどの科目も一緒です．試験の難易度を上げている1つに，計算量の多い問題が混じっているということです．

小問5点に許されたMAX時間は，180分×5%＝9分となります．小問の場合，1問にかける時間は5分程度で終えて，見直し，再計算で2,3分というのが理想です．

そのためには，問題を見た瞬間，解法が頭に浮かんで，どれくらいの時間で解けそうか，というイメージがわいているレベルに達している必要があります．

そうすると，問題の難易度と貴方のレベルに応じて，問題のレベルわけができます．

<1>解法もばっちりわかって，5分程度で解けそう

<2>解法もばっちりわかるけど9分ぎりぎりで解けそうかな

<3>解法もばっちりわかるけど，あきらかに15分くらいになりそう

<4>解法は何となくわかるけどどれくらいかかりそうかわからない

<5>全く勉強できていない部分から出題されているので，確実に解けない

小問12問すべて，<1>になっていれば，きっと合格できます．

まあそうではないので，<4>，<5>もまじっているでしょう．

でも，<4>は，5分くらい解いてみてそのあたりで一度判断すると良いと思います．

あと4分頑張れば解ける，のか，やっぱり無理そうなのか．

MAX9分超えたら潔く次の問題に進んでいかないと，解けたかもしれない問題（<1><2><3>）に充てる時間を減らしてしまい，結果として不合格になる，ということになります．

「過去問教科書」を作って，解法を理解したら，次には，いかに早く，効率よく解くか，もしくは間違わないで早く解ける方法を選択するか，そういったことに意識を持ちながら学習を進めていかなければなりません．

そして，「過去問ワークブック」を2周目，3周目にトライしていく際には，必ず時間を計りましょう．自分で解法をしっかり書き込んでいるので，覚えていれば，解答を見ないで解けるようになっているでしょう．でも，多分忘れてしまっているかもしれません．ここで考えても思い出せなければあっさり解答を見て，もう一度解きなおしてください．毎回，タイムを計って，それが何分か記録し，解く時間が短縮されていくことを目指しましょう．

藤田岳彦先生の言葉を借りれば，「数学は筋トレだ！」ということで，常日

頃のトレーニングによって，スピードや応用力も備わってくると思います．ぜひ時間を計って解き，解答速度を上げる訓練を続けていきましょう．

(4) 過去の未出の問題を見極められ，未出問題の対策ができる

さて，過去問だけ解ければ合格できるのか，というとそうではありません．過去問が解けるようになった，ということでやっとスタートラインに立てたと思えばよいでしょう．

第1版出版時には出ていなかった問題，たとえば「イエーツの補正」が出たり，「ウェルチの検定」が出たり，モデリングだとBox-Muller法や，ラグ作用素を使った問題などの未出分野だったり，応用が効いた問題などが出題されます．

試験資格要領をみると，「出題は，教科書に限定されます．」とあり，当然教科書に載っている話題は，いつ出題されてもおかしくない，と考えておきましょう．

前回の通り進んでいけば，「過去問はいつでも90点分解けるようになった」，ということになりますが，そのレベルだと，実際に本番で全く見たことがない問題が登場するので，試験日当日は，40点から50点くらいの実力しか発揮できない，と思っておいておかしくありません．

特に，私などは，不合格Iという，50点台は取れたけど不合格，という状態が，4年間続きました．

難易度にぶれはあるのですが，運がよかったら，受かってるかも，というレベルだと，私のように何年も不合格を続けてしまうことになります．

どうせ合格を目指すのであれば，難易度が高い年であっても合格する，というつもりで勉強しましょう．

ただ，初級者の皆さんからすれば，過去問がそこまで解けるようになったということは，一定程度の実力がついてきているので，最初は難しく，とっつきにくかった教科書もある程度読めるようになっているはずです．

そうしたら，過去問が教科書のどの部分の知識を問うために出題されたのか，教科書とマッチングをしていきましょう．

ここまで過去問に習熟してきた知識・経験を活かして，「過去に出題されていない問題＝未出問題」を見つけ，準備をしていく必要があります．

この教科書とのマッチング作業を通して，「まだ教科書のここが出題されていないから，次に出るかもしれないな．」と推測し，準備すべき未出問題を抽出して，「未出問題集」を作っていきましょう．

また，近年出題分野からの深掘りが必要となる問題も登場してきています．過去問などをまとめていく際に，該当部分について深い部分での理解，深掘りも必要になってきています．

(5) 自分用の模試を作り，対策をしあげていく

試験に合格するためには，いくら内容を理解していても，それだけでは合格できません．

実際に「問題を時間内に解いて，計算結果があっている」必要があり，それが60点分以上できていないとだめなわけです．

勉強している，といってもインプット中心の勉強だけでは絶対に合格できません．試験は年に1度しかないのです．

その極めて限定された3時間に，自分の実力を100%出し切れるよう準備して，合格を勝ち取らないといけないわけです．

アクチュアリー1次試験が難しいと言われているのは情報量の少なさに加えて，模擬試験などのアウトプットする機会も少ないのも一因と思います．

実際の問題を解くことが最大のアウトプットです．過去問ワークブックを3周くらいして，なじんでいると思いますので，今度は，実際の過去問を時間を計ってチャレンジしていきましょう．

例えば，平成20年度の過去問を，3時間，解答は見ずに，自分の実力だけで，解いてみましょう．一度出た問題ですから，目標値は，90点以上取れていないといけません．

私は，20年分については2時間以内で90点以上を得点できることを目標としていました．1時間で復習すれば毎日，1年分の過去問の演習ができます．20日間で，20年分の過去問にあたることができます．3か月あれば，3

周は行けると思います．

そこで解けない問題があれば，苦手な問題，理解が不十分な問題として，「重点対応問題集」にストックしていきましょう．前回試験の前の年からさかのぼって20年分と思って取り組んで行きましょう．ですが実際には平成元年くらいまでさかのぼると良いと思います．

前回の過去問は，前回より前の年以前の過去問をしっかりできるようになったところで，11月上旬に，昨年の問題に，3時間でどれくらい解けるかはじめてチャレンジしてみましょう．

何度もチャレンジしていなければ，新鮮さもあると思います．

また，解いたことがない問題に，苦戦して，自分の準備の足りなさに気づくことができます．

ですので，新鮮さを徹底したいのであれば，過去問ワークブックで勉強していく際も，前年の過去問は触れないで後回しにしておけばよいでしょう．

新鮮な過去問に試験の1か月ちょっと前にチャレンジして，60点を超えられていれば，合格までの準備は順調です．

残り1か月と少しで，過去問の得点レベルを90点以上に引き上げつつ，次に紹介する自作模試で，重点問題や，未出問題対策をしていけば良いです．

仮に60点を超えられていなければ，よりペースを上げて勉強し，合格レベルまで一層の実力の引き上げが必要であることに気づくことができます．

最後は仕上げの作業です．過去問に取り組んで，何周もすると，同じ問題セットだから，「慣れ」で早く解けてしまう，「答えが最初から分かってしまう」ということも出てくるかもしれません．

そこで，最後のステップとして，自分専用の模試を作ることをお勧めします．

模試を作り出すと，いろいろ作れると思いますが，自分の学習時間との兼合いも見計らって，できる模試を作っていきましょう．いろんな模試を作ることができると思います．これまでの過程で「重点対応問題集」「未出問題集」を作ってきたと思いますのでそこからピックアップした自分にとって高難易度の模試も用意し，過去問と合わせてトレーニングを続けていきましょう．

そこまで模試を用意できないにしても，「重点対応問題集」と「未出問題集」を，最後の追い込みの際に繰り返しトレーニングしていくことで，貴方はきっと合格を勝ち取ることができるでしょう．

(6)『合格へのタクティクス数学』を活用して効率化する方法

さて，ここで，皆さんの学習を一層効率化する作戦をお教えしたいと思います．それが，『アクチュアリー試験　合格へのタクティクス数学（上・下）』(以下，[合タク]）を活用する方法です．

[合タク]は，アクチュアリー試験数学のために作られた問題集でPAWOR-COMの戦略通りの学習をすることができます．全部で310問以上の問題が掲載されており，上下巻をしっかり勉強することで，試験に合格するレベルの学習量をねらっています．そして，試験で合格するために必要な公式や定理・テクニックも全てと言っていいほど盛り込んでいます．また，過去問ワークブックや合スト数学のノウハウを生かして制作されているため，試験範囲の問題を過去問ワークブックに近い形でグルーピングして構成されています．

また問題を解くにあたって必要な定理や公式を冒頭に配置し，式の展開などでも数学初級者がつまづかないように極力丁寧に問題の解説を行っています．

つまり過去問ワークブックを再現できるよう，作られているので，問題ごとに整理し，自分で解答を書き込み自分なりの過去問教科書を作る，という部分が，すべてこの[合タク]にまとまっている，ということになります．

もちろん，「過去問教科書作りをする」過程自体も学習のうちで，実力を引き上げていく手段の１つですが，かなりまとめていますし，また初学者にもわかりやすく丁寧に，そして，過去問の模範解答には登場しないショートカット公式なども満載ですので，受験生の必須アイテムだと思います．こちらを手に入れて，ガンガン[合タク]を解いて，3周くらい回してどの問題をスラスラ解けるようになる，ということを第一目標にするのも十分採用して良い戦略である，と思います．

ぜひ積極的に活用していただければと思います．

(7) 本書と [合タク] の関係

本書に出てくるすべての問題について，1問あたり5分，最大でも7分で常に解ける状態にまで習熟すれば，過去問に十分取り組んでいけると思います．本書を「きっかけ」に，勉強を進めていくことで，確実に合格を果たせるのではないかと思います．

一方で，本書だけでアクチュアリー試験「数学」に合格することはできません．また教科書でもないので，初学者の方は，確率・統計の基礎的な参考書を軽く読み進めてから本書に取り組む方が良いと思います．

合格点を60点とすると，確率・統計の基礎的な内容と本書の内容をすべてマスターしたとしても試験では20点〜30点くらいにしかなりません．その後は過去問などを活用して相当に練習を重ねていく必要があります．その後，[合タク] や過去問30年分くらいに習熟できるようになってさらに点数が伸びますが，それだけでもまだ足りません．

合格圏内に達するには，試験範囲内だけれども過去問ではまだ出題されていない教科書類の未出問題にも取り組む必要があります．

以下が学習量とイメージです．

	学習量	点数イメージ
第1段階	基礎理解＋本書	20点〜30点
第2段階	[合タク] ＋過去問30年	30点〜55点
第3段階	教科書類の未出問題	50点〜65点

いずれにしろ本書をクリアしたのち，相当の練習や準備を積んでやっと合格できるという感じです。本書はそれらに取り組んでいくための基礎的な知識をばっちり盛り込んでいますので，本書に掲載している公式集や解法を活用して，どんどん [合タク] や過去問に取り組まれるといいでしょう．

第Ⅱ部

アクチュアリー試験「数学」必須公式集

本公式集は，アクチュアリー試験「数学」に出題される問題を解くにあたって必要な公式のみを抽出しています．基礎公式を軽く確認し，第5章以降は，必須問題集を解きながらセットで覚えていきましょう．

■公式集の編集方針・読み方

- 極力覚える公式を少なくすることを念頭に作成・配置しています．
- 確率分布の記述方法については，損保数理での記載も考慮しつつ，誤解が生じないよう工夫して記載しています．

■第 4 章 基礎公式

4.1 数列

基本中の基本．日本語でそのまま覚えたほうがよい．

4.1.1 等差数列の和

$$\sum_{\text{㊞}}^{\text{㊟}} \text{等差数列} = \frac{\text{初項} + \text{末項}}{2} \cdot \text{項数} \tag{4.1}$$

4.1.2 等比数列の和

$$\sum_{\text{㊞}}^{\text{㊟}} \text{等比数列} = \frac{\text{初項} - \text{末項} \cdot \text{公比}}{1 - \text{公比}} \tag{4.2}$$

4.1.3 重要な $\sum$ 計算 (1)

保険数理でも高頻度で登場するので，しっかり覚えよう．

$$\sum_{k=1}^{n} c = cn \tag{4.3}$$

$$\sum_{k=0}^{n} c = c(n+1) \tag{4.4}$$

$$\sum_{k=1}^{n} k = \frac{n(n+1)}{2} \tag{4.5}$$

$$\sum_{k=1}^{n} k^2 = \frac{n(n+1)(2n+1)}{6} \tag{4.6}$$

$$\sum_{k=1}^{n} k^3 = \left\{\frac{n(n+1)}{2}\right\}^2 \tag{4.7}$$

特殊な数列の和の求め方

$\sum_{k=5}^{10} k(k-1)(k-2)(k-3)$ もしくは，$\sum_{k=1}^{10} \frac{1}{k(k+1)(k+2)}$ を計算するにはどうすればよいだろうか．

そのまま解くには難しいが，次のような特別な置き換えをしてみると，解けるようになる．詳しくは [弱点克服] 問題 05 （p.10）の「望遠鏡公式」を参照．

(i)　$\sum_{k=5}^{10} k(k-1)(k-2)(k-3)$ の場合

大きい側に 1 を加えたもの $(k+1)$ と小さい側から 1 を引いたもの $(k-4)$ を利用して，

$$\begin{aligned}
&(k+1)k(k-1)(k-2)(k-3)\\
&\quad -k(k-1)(k-2)(k-3)(k-4)\\
&=k(k-1)(k-2)(k-3)\{(k+1)-(k-4)\}\\
&=k(k-1)(k-2)(k-3)\cdot 5
\end{aligned}$$

となるので，

$$\sum_{k=5}^{10} k(k-1)(k-2)(k-3)$$

$$=\frac{1}{5}\sum_{k=5}^{10}\{(k+1)k(k-1)(k-2)(k-3) \\ -k(k-1)(k-2)(k-3)(k-4)\}$$

$$=\frac{1}{5}(11\cdot 10\cdot 9\cdot 8\cdot 7-5\cdot 4\cdot 3\cdot 2\cdot 1)$$

となる．

(ii) $\sum_{k=1}^{10}\frac{1}{k(k+1)(k+2)}$ の場合

連続した整数の積の逆数の和を求めるには，部分分数分解を用いるとよい．

前半から後半を引いてみるとうまくまとまり，和の計算に利用できる．

$$\frac{1}{k(k+1)}-\frac{1}{(k+1)(k+2)}=\frac{(k+2)-k}{k(k+1)(k+2)} \\ =\frac{2}{k(k+1)(k+2)}$$

したがって，

$$\sum_{k=1}^{10}\frac{1}{k(k+1)(k+2)}=\sum_{k=1}^{10}\frac{1}{2}\left\{\frac{1}{k(k+1)}-\frac{1}{(k+1)(k+2)}\right\} \\ =\frac{1}{2}\left(\frac{1}{1\cdot 2}-\frac{1}{11\cdot 12}\right)$$

となる．

4.1.4 重要な $\sum$ 計算 (2)

二項定理，二項係数は最重要．

■二項定理

$$\sum_{k=0}^{n}\binom{n}{k}x^k y^{n-k}=(x+y)^n \tag{4.8}$$

この式で特に $y=1$ とすると，次の公式を得られる．

$$\sum_{k=0}^{n} \binom{n}{k} x^k = (x+1)^n \tag{4.9}$$

ここで, $\binom{n}{k}$ は**二項係数**と呼ばれる．$n!$ は**階乗**のことで, $n! = n\times(n-1)\times(n-2)\times\cdots\times 3\times 2\times 1$ である．これを利用して以下の通り表される．

$$\binom{n}{k} = \frac{n!}{k!(n-k)!} \tag{4.10}$$

なお，$0! = 1$, $\binom{n}{0} = \binom{0}{0} = \binom{n}{n} = 1$ である．

■負の二項定理

負の二項分布につながる公式なので，しっかり覚えよう（α は正の実数）．

$$\sum_{k=0}^{\infty} \binom{\alpha+k-1}{k} x^k = (1-x)^{-\alpha} \tag{4.11}$$

ここで $-\alpha$ は負の実数であるが, $\binom{-\alpha}{k}$ を

$$\binom{-\alpha}{k} = (-1)^k \binom{\alpha+k-1}{k} \tag{4.12}$$

と定める．すると，式 (4.11) は

$$\sum_{k=0}^{\infty} \binom{-\alpha}{k} (-x)^k = (1-x)^{-\alpha} \tag{4.13}$$

と書ける（本書付録「代表的な確率分布に関する公式の導出」内の負の二項分布も参照されたい．）ので，式 (4.9) とあわせて覚えやすい．

以下は関連公式．これもよく登場する．$|x| < 1$ のとき，

$$\sum_{k=0}^{\infty} x^k = 1+x+x^2+\cdots = \frac{1}{1-x} \tag{4.14}$$

上記を微分すると，次の公式ができる．

$$\sum_{k=1}^{\infty} kx^{k-1} = 1+2x+3x^2+\cdots = \frac{1}{(1-x)^2} \tag{4.15}$$

■多項定理（ここでは三項定理の式）

$$\sum_{k,l\geq 0,k+l\leq n} \frac{n!}{k!l!\,(n-k-l)!} a^k b^l c^{n-k-l} = (a+b+c)^n \tag{4.16}$$

■超幾何分布につながる公式

$$\sum_{k=0}^{\min(m,n)} \binom{m}{k}\binom{N-m}{n-k} = \binom{N}{n} \tag{4.17}$$

上記は，超幾何分布（赤玉 m 個，白玉 $N-m$ 個，合計 N 個のボールが入っている壺から，n 個取りだしたとき含まれている赤玉の個数 k の分布）の全ての場合の確率の合計が 1 となるとみた次の式と同一である．

$$\sum_{k=0}^{\min(m,n)} \frac{\binom{m}{k}\binom{N-m}{n-k}}{\binom{N}{n}} = 1 \tag{4.18}$$

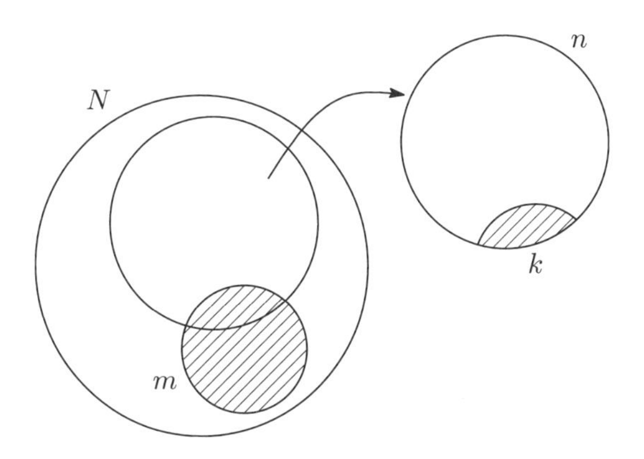

4.2　重要関数

基礎的事項だが，思い出しておこう！　指数・対数ともに，足し算・引き算と同様に軽々と扱えないとダメ．

4.2.1　指数計算

$a > 0$, m, n は実数とする．

$$a^n \cdot a^m = a^{n+m} \tag{4.19}$$

$$a^n / a^m = a^{n-m} \tag{4.20}$$

$$(a^n)^m = a^{nm} \tag{4.21}$$

$$a^0 = 1 \tag{4.22}$$

$$a^{-n} = \frac{1}{a^n} \tag{4.23}$$

4.2.2　対数計算

$N > 0$, $M > 0$, α は実数とする．

$$x = \log N \iff N = e^x \tag{4.24}$$

$$\log(N \cdot M) = \log N + \log M \tag{4.25}$$

$$\log \frac{N}{M} = \log N - \log M \tag{4.26}$$

$$\log N^\alpha = \alpha \log N \tag{4.27}$$

$$\log 1 = 0 \tag{4.28}$$

$$\log e = 1 \tag{4.29}$$

$$e^{\log f(x)} = f(x) \tag{4.30}$$

なお，本書に登場する $\exp(x)$ は，e^x と同義である．

4.2.3　ガンマ関数

藤田先生曰く，"NO GAMMA, NO LIFE. NO BETA, NO LIFE." ガンマ関数，そして後述のベータ関数をしっかり自由自在に使えないと，試験には絶対に合格できない．

ガンマ関数 $\Gamma(\alpha)$ は，正の実数 α に対して以下のように定義される．

$$\Gamma(\alpha)=\int_0^{\infty}x^{\alpha-1}e^{-x}dx \tag{4.31}$$

ガンマ関数には以下の性質がある.

$\beta>0$ のとき, $$\frac{\Gamma(\alpha)}{\beta^{\alpha}}=\int_0^{\infty}x^{\alpha-1}e^{-\beta x}dx \tag{4.32}$$

$\alpha>1$ のとき, $$\Gamma(\alpha)=(\alpha-1)\,\Gamma(\alpha-1) \tag{4.33}$$

α が正の整数のとき, $$\Gamma(\alpha)=(\alpha-1)! \tag{4.34}$$

$$\Gamma\left(\frac{1}{2}\right)=\sqrt{\pi} \tag{4.35}$$

例 4.1

$$\Gamma\left(\frac{7}{2}\right)=\frac{5}{2}\cdot\frac{3}{2}\cdot\frac{1}{2}\cdot\Gamma\left(\frac{1}{2}\right)=\frac{15}{8}\sqrt{\pi} \tag{4.36}$$

後述するガンマ分布の確率密度関数を全区間積分すると1になる事実とあわせて覚えると効率的.

4.2.4 ベータ関数

ベータ関数 $B(p,q)$ は, p,q を正の実数とするとき, (4.37) で定義され, 以下の関係式が成立する. 特に, (4.40) の公式は重要.

$$B(p,q)=\int_0^1 x^{p-1}(1-x)^{q-1}dx \tag{4.37}$$

$$=2\int_0^{\frac{\pi}{2}}\sin^{2p-1}\theta\cdot\cos^{2q-1}\theta\,d\theta \tag{4.38}$$

$$\left(\because x=\sin^2\theta \text{ とおくと } dx=2\sin\theta\cos\theta\,d\theta\right)$$

$$=\int_0^{\infty}\frac{u^{q-1}}{(1+u)^{p+q}}du\ \left(\because x=\frac{1}{1+u}\text{ と置換}\right) \tag{4.39}$$

$$=\frac{\Gamma(p)\,\Gamma(q)}{\Gamma(p+q)} \tag{4.40}$$

$$=B(q,p) \tag{4.41}$$

後述するベータ分布の確率密度関数を全区間積分すると1になる事実とあわせて覚えると効率的.

また(4.38)から，以下の公式が得られる.

$$\int_0^{\frac{\pi}{2}} \sin^n\theta\, d\theta = \int_0^{\frac{\pi}{2}} \cos^n\theta\, d\theta = \frac{1}{2}B\left(\frac{n+1}{2}, \frac{1}{2}\right) \tag{4.42}$$

4.2.5 三角関数

実際に過去問を解きながら，しっかりマスターしよう.

$\angle\mathrm{A} = \theta$, $\angle\mathrm{C} = \dfrac{\pi}{2}$ として，以下の公式が得られる.

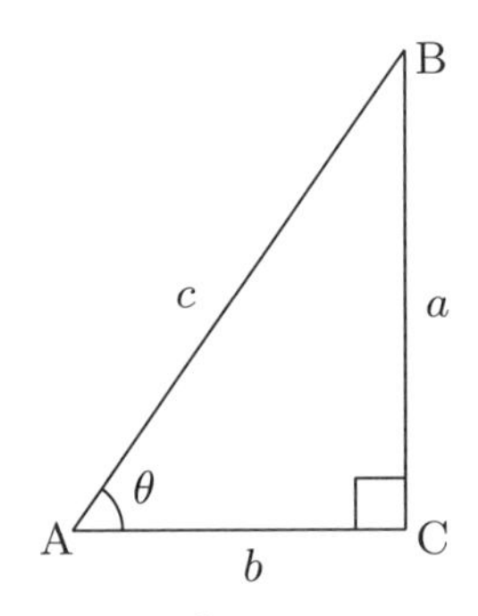

$$\sin\theta = \frac{a}{c}, \qquad \cos\theta = \frac{b}{c}, \qquad \tan\theta = \frac{a}{b} \tag{4.43}$$

$$\sin^2\theta + \cos^2\theta = 1 \tag{4.44}$$

$$\tan\theta = \frac{\sin\theta}{\cos\theta} \tag{4.45}$$

$$\sin(\alpha \pm \beta) = \sin\alpha\cos\beta \pm \cos\alpha\sin\beta \quad \text{（複号同順）} \tag{4.46}$$

$$\cos(\alpha \pm \beta) = \cos\alpha\cos\beta \mp \sin\alpha\sin\beta \quad \text{（複号同順）} \tag{4.47}$$

$$\frac{1}{2}\{\cos(\alpha+\beta) + \cos(\alpha-\beta)\} = \cos\alpha\cos\beta \tag{4.48}$$

$$\frac{1+\cos 2\alpha}{2} = \cos^2\alpha \tag{4.49}$$

$$\frac{1-\cos 2\alpha}{2}=\sin^2\alpha \tag{4.50}$$

図の直角三角形の面積 S は，a が不明な場合，以下の公式で表される．

$$S=\frac{1}{2}bc\sin\theta \tag{4.51}$$

代表的な値

x	$0°=0$	$30°=\frac{\pi}{6}$	$45°=\frac{\pi}{4}$	$60°=\frac{\pi}{3}$	$90°=\frac{\pi}{2}$	$180°=\pi$
$\sin x$	0	$\frac{1}{2}$	$\frac{1}{\sqrt{2}}$	$\frac{\sqrt{3}}{2}$	1	0
$\cos x$	1	$\frac{\sqrt{3}}{2}$	$\frac{1}{\sqrt{2}}$	$\frac{1}{2}$	0	-1
$\tan x$	0	$\frac{1}{\sqrt{3}}$	1	$\sqrt{3}$	−	0

その他　半径 r の円において，中心角 θ の弦の長さ T の公式

$$T=2r\cdot\sin\frac{\theta}{2} \tag{4.52}$$

4.3 微分積分

微分・積分とも，基礎的事項を思い出しておこう．高度な定理・公式は出てこない．

4.3.1 極限

x を実数とするとき，**ネイピア数 e** について以下が成立する．特に，$x=1$ のものを e の定義としている[*1]．

$$\lim_{n\to\infty}\left(1+\frac{x}{n}\right)^n=e^x \tag{4.53}$$

[*1] e の定義の方法は，文献によって異なる場合がある．

4.3.2 微分法

$y=c$（cは定数）のとき，

$$\frac{dy}{dx}=0 \tag{4.54}$$

$y=cx$（cは定数）のとき，

$$\frac{dy}{dx}=c \tag{4.55}$$

$y=x^a$（aは定数）のとき，

$$\frac{dy}{dx}=a\cdot x^{a-1} \tag{4.56}$$

$y=f(x)\cdot g(x)$のとき，

$$\frac{dy}{dx}=f'(x)\cdot g(x)+f(x)\cdot g'(x) \tag{4.57}$$

$y=\dfrac{f(x)}{g(x)}$のとき，

$$\frac{dy}{dx}=\frac{f'(x)\cdot g(x)-f(x)\cdot g'(x)}{\{g(x)\}^2} \tag{4.58}$$

$y=a^x$（aは正の定数）のとき，

$$\frac{dy}{dx}=a^x\cdot\log a \tag{4.59}$$

$y=e^x$のとき，

$$\frac{dy}{dx}=e^x \tag{4.60}$$

$y=\log x$のとき，

$$\frac{dy}{dx}=\frac{1}{x} \tag{4.61}$$

$y=f(g(x))$のとき，

$$\frac{dy}{dx}=f'(g(x))\cdot g'(x) \tag{4.62}$$

※ 合成関数の微分．外の微分×中の微分 と覚える．

4.3.3　積分法（以下，積分定数 C は省略）

$f(x)=x^a$（a は -1 でない定数）のとき，

$$\int f(x)dx=\frac{x^{a+1}}{a+1} \tag{4.63}$$

$f(x)=\dfrac{1}{x}$ のとき，

$$\int f(x)dx=\log|x| \tag{4.64}$$

$f(x)=a^x$（a は1でない正の定数）のとき，

$$\int f(x)dx=\frac{a^x}{\log a} \tag{4.65}$$

$f(x)=e^x$ のとき，

$$\int f(x)dx=e^x \tag{4.66}$$

$a\cdot f(x)\pm b\cdot g(x)$ のとき，

$$\int\{a\cdot f(x)\pm b\cdot g(x)\}dx=a\cdot\int f(x)dx\pm b\cdot\int g(x)dx \quad \text{（複号同順）} \tag{4.67}$$

$x=g(t)$ という置き換えをすると，

$$\int f(x)dx=\int f(g(t))\,g'(t)dt \tag{4.68}$$

（定積分の場合，積分区間を変更することに注意！）

部分積分の公式

$$\int f'(x)\cdot g(x)dx = f(x)\cdot g(x)-\int f(x)g'(x)dx \tag{4.69}$$

藤田先生の名言に「部分積分は負け」というものがある．要するに，部分積分は計算量が多く，間違えやすいので，以下の場合は部分積分をせずに有益な公式を使用しなさい，という教えである．

$$\int f(x)\cdot e^x dx = e^x\{f(x)-f'(x)+f''(x)-f'''(x)+\cdots\} \tag{4.70}$$

$$\int f(x)\cdot e^{-x}dx = -e^{-x}\left\{f(x)+f'(x)+f''(x)+\cdots\right\} \tag{4.71}$$

$$\int f(x)\cdot e^{ax}dx = e^{ax}\left\{\frac{f(x)}{a}-\frac{f'(x)}{a^2}+\frac{f''(x)}{a^3}-\cdots\right\} \tag{4.72}$$

$$\int f(x)\cdot e^{-ax}dx = -e^{-ax}\left\{\frac{f(x)}{a}+\frac{f'(x)}{a^2}+\frac{f''(x)}{a^3}+\cdots\right\} \tag{4.73}$$

以上は，損保数理，生保数理でも非常に良く利用される非常に有用な公式であり，簡単に積分が計算できる．実際に良く登場するのは，$\int f(x)\cdot e^{-ax}dx$ の形式．したがって，公式 (4.73) だけを覚えても良い．

以下は三角関数関連の微分および積分公式．

$$(\sin x)' = \cos x, \qquad (\cos x)' = -\sin x \tag{4.74}$$

$$\left(\tan^{-1}x\right)' = \frac{1}{1+x^2}, \qquad \left(\sin^{-1}x\right)' = \frac{1}{\sqrt{1-x^2}} \tag{4.75}$$

$$\int \frac{1}{1+x^2}dx = \tan^{-1}x, \qquad \int \frac{1}{a^2+x^2}dx = \frac{1}{a}\tan^{-1}\frac{x}{a} \tag{4.76}$$

$$\int \frac{1}{\sqrt{1-x^2}}dx = \sin^{-1}x, \qquad \int \frac{1}{\sqrt{a^2-x^2}}dx = \sin^{-1}\frac{x}{a} \tag{4.77}$$

$$\int f(x)\sin x\,dx = f(x)(-\cos x)+f'(x)\sin x+f''(x)\cos x+\cdots \tag{4.78}$$

$$\int f(x)\cos x\,dx = f(x)\sin x+f'(x)\cos x+f''(x)(-\sin x)+\cdots \tag{4.79}$$

以下は，**ガウスの公式**（重要！）．

$$\int_{-\infty}^{\infty} e^{-ax^2}dx = \int_{-\infty}^{\infty} e^{-a(x-b)^2}dx = \sqrt{\frac{\pi}{a}} \qquad (a>0) \tag{4.80}$$

偶関数と奇関数

任意の実数 x に対して，$f(x)=f(-x)$ を満たす関数を**偶関数**，$f(x)=-f(-x)$ を満たす関数を**奇関数**という．たとえば，標準正規分布（後述）の確率密度関数は偶関数である．偶関数と奇関数は定積分において以下の性質を持つ．

$$f(x)\text{ が偶関数} \quad \Longrightarrow \quad \int_{-a}^{a} f(x)dx = 2\int_{0}^{a} f(x)dx \tag{4.81}$$

$$f(x)\text{ が奇関数} \quad \Longrightarrow \quad \int_{-a}^{a} f(x)dx = 0 \tag{4.82}$$

偶関数はグラフで描くと y 軸に線対称，奇関数は原点に点対称．また，以下の性質も重要．

$$\text{偶関数} + \text{偶関数} = \text{偶関数} \tag{4.83}$$

$$\text{奇関数} + \text{奇関数} = \text{奇関数} \tag{4.84}$$

$$\text{奇関数} \cdot \text{奇関数} = \text{偶関数} \tag{4.85}$$

$$\text{奇関数} \cdot \text{偶関数} = \text{奇関数} \tag{4.86}$$

$$\text{偶関数} \cdot \text{偶関数} = \text{偶関数} \tag{4.87}$$

4.4　テーラー展開

公式 (4.90), (4.91) は多用される．$f(x)$ について $x=a$ の近傍での**テーラー展開**の公式は以下の通り．

$$f(x) = \sum_{n=0}^{\infty} \frac{f^{(n)}(a)}{n!}(x-a)^n \tag{4.88}$$

特に $a=0$ の場合を**マクローリン展開**という．

$$f(x) = \sum_{n=0}^{\infty} \frac{f^{(n)}(0)}{n!}x^n \tag{4.89}$$

重要な展開式は以下の通り．e^x の展開式は式の変形に多用される．

$$e^x = \sum_{n=0}^{\infty} \frac{x^n}{n!} \tag{4.90}$$

$$\log(1+x) = \frac{x}{1} - \frac{x^2}{2} + \frac{x^3}{3} - \frac{x^4}{4} + \cdots \tag{4.91}$$

対数級数は，公式 (4.91) で $1+x=p=1-q$ とした次の式を損保数理で使う．

$$\log p = -\sum_{n=1}^{\infty}\frac{q^n}{n} = -\frac{q}{1}-\frac{q^2}{2}-\frac{q^3}{3}-\cdots \tag{4.92}$$

4.5　漸化式の解法

漸化式の出題は多い．大問で頻出である．漸化式を立ててそれを解く必要があるので，しっかりマスターしよう．基本的なものだけで十分である．

4.5.1　基本形の解法

$a_{n+1}=ra_n$ を基本形の漸化式として，a_n を n のみを使用した式「一般項」を求める．

この形式の場合は，公式として，以下を覚える．

$$a_{n+1}=ra_n \implies a_n=a_0r^n=a_1r^{n-1} \tag{4.93}$$

4.5.2　2項間漸化式の解法

$a_{n+1}=ra_n+A\ (r\neq 1)$ の場合，a_{n+1}, a_n を c に置き換えた特殊解方程式をたてて，c（特殊解）を求める[*2]．

$$c=rc+A \iff c=\frac{A}{1-r}$$

もともとの漸化式は，特殊解 c を用いて，以下のように書ける．

$$a_{n+1}-c = r(a_n-c)$$

[*2] 高校数学において，この特殊解方程式を特性方程式と呼び，定数 c を特性解と呼ぶことがある．しかし，大学以降の数学では，「特性解」は次の 4.5.3 項の 2 次方程式の解である．

したがって，$a_{n+1}-\dfrac{A}{1-r}=r\left(a_n-\dfrac{A}{1-r}\right)$ となり，この形式になれば，基本形にて a_n を $a_n-\dfrac{A}{1-r}$ と置き換えて利用すれば，一般項を求めることができる．

$$a_n-\frac{A}{1-r}=\left(a_0-\frac{A}{1-r}\right)\cdot r^n \iff a_n=\frac{A}{1-r}+\left(a_0-\frac{A}{1-r}\right)\cdot r^n$$

4.5.3 3項間漸化式の解法

$a_{n+2}+Aa_{n+1}+Ba_n=0$ の場合，a_{n+2}, a_{n+1}, a_n をそれぞれ，$t^2, t, 1$ に置き換えた特性方程式 $t^2+At+B=0$ を t の2次方程式とみてその解をまず求める．

その解を α, β とした場合，一般項は下記の通り表される．

$$a_n=C\alpha^n+D\beta^n$$

ここで，$a_0=C+D$ ，$a_1=C\alpha+D\beta$ を解いて，C, D を定めると一般項が求められる．

特性方程式の解が重解の場合は，$a_n=(Cn+D)\alpha^n$ で表される．

4.6 線形代数

モデリングで使用するが，基本的なものだけ覚えればOK．

4.6.1 基本事項

単位行列

$$E=\begin{pmatrix}1 & 0\\ 0 & 1\end{pmatrix} \tag{4.94}$$

行列の積

$$\begin{pmatrix}a & b\end{pmatrix}\begin{pmatrix}x & y\\ s & t\end{pmatrix}=\begin{pmatrix}ax+bs & ay+bt\end{pmatrix} \tag{4.95}$$

$$\begin{pmatrix} a & b \\ c & d \end{pmatrix}\begin{pmatrix} x & y \\ s & t \end{pmatrix} = \begin{pmatrix} ax+bs & ay+bt \\ cx+ds & cy+dt \end{pmatrix} \tag{4.96}$$

4.6.2　逆行列

2次の正方行列 A に対して，**逆行列**を A^{-1} とすると，A^{-1} は以下の通り表される．

$$A = \begin{pmatrix} a & b \\ c & d \end{pmatrix}, \quad ad-bc \neq 0 \implies A^{-1} = \frac{1}{ad-bc}\begin{pmatrix} d & -b \\ -c & a \end{pmatrix} \tag{4.97}$$

4.6.3　行列式

正方行列 A の**行列式**を $\det(A)$ もしくは $|A|$ とした場合，2次の行列式は，

$$A = \begin{pmatrix} a & b \\ c & d \end{pmatrix} \implies \det(A) = |A| = ad-bc \tag{4.98}$$

3次の行列式は以下の通り（→問題10.1補足参照）．

$$A = \begin{pmatrix} a_{11} & a_{12} & a_{13} \\ a_{21} & a_{22} & a_{23} \\ a_{31} & a_{32} & a_{33} \end{pmatrix}$$

のとき，

$$\begin{aligned} \det(A) = |A| &= a_{11}a_{22}a_{33} + a_{21}a_{32}a_{13} + a_{31}a_{23}a_{12} \\ &\quad - a_{11}a_{32}a_{23} - a_{12}a_{21}a_{33} - a_{13}a_{22}a_{31} \end{aligned} \tag{4.99}$$

4.7　その他

4.7.1　2次方程式の解

$a \neq 0$ のとき，$ax^2+bx+c=0$ の解は，以下の通り．

$$x = \frac{-b \pm \sqrt{b^2-4ac}}{2a} \tag{4.100}$$

$ax^2 + 2b'x + c = 0$ の解は，以下の通り．

$$x = \frac{-b' \pm \sqrt{b'^2 - ac}}{a} \tag{4.101}$$

4.7.2 クラーメルの公式

連立1次方程式を解く場合に，楽に解を求められる方法．重回帰，ユールウォーカー方程式を解く際に使用．

例 4.2 以下のような重回帰の正規方程式を考える．

$$\begin{pmatrix} 1 & \overline{x_1} & \overline{x_2} \\ \overline{x_1} & \overline{x_1^2} & \overline{x_1x_2} \\ \overline{x_2} & \overline{x_1x_2} & \overline{x_2^2} \end{pmatrix} \begin{pmatrix} \alpha \\ \beta_1 \\ \beta_2 \end{pmatrix} = \begin{pmatrix} \overline{y} \\ \overline{x_1y} \\ \overline{x_2y} \end{pmatrix} \tag{4.102}$$

このケースで，$(\alpha, \beta_1, \beta_2)$ を求める．**クラーメルの公式**による解は以下の通り．

$$\alpha = \frac{\begin{vmatrix} \overline{y} & \overline{x_1} & \overline{x_2} \\ \overline{x_1y} & \overline{x_1^2} & \overline{x_1x_2} \\ \overline{x_2y} & \overline{x_1x_2} & \overline{x_2^2} \end{vmatrix}}{\begin{vmatrix} 1 & \overline{x_1} & \overline{x_2} \\ \overline{x_1} & \overline{x_1^2} & \overline{x_1x_2} \\ \overline{x_2} & \overline{x_1x_2} & \overline{x_2^2} \end{vmatrix}} \tag{4.103}$$

$$\beta_1 = \frac{\begin{vmatrix} 1 & \overline{y} & \overline{x_2} \\ \overline{x_1} & \overline{x_1y} & \overline{x_1x_2} \\ \overline{x_2} & \overline{x_2y} & \overline{x_2^2} \end{vmatrix}}{\begin{vmatrix} 1 & \overline{x_1} & \overline{x_2} \\ \overline{x_1} & \overline{x_1^2} & \overline{x_1x_2} \\ \overline{x_2} & \overline{x_1x_2} & \overline{x_2^2} \end{vmatrix}}, \quad \beta_2 = \frac{\begin{vmatrix} 1 & \overline{x_1} & \overline{y} \\ \overline{x_1} & \overline{x_1^2} & \overline{x_1y} \\ \overline{x_2} & \overline{x_1x_2} & \overline{x_2y} \end{vmatrix}}{\begin{vmatrix} 1 & \overline{x_1} & \overline{x_2} \\ \overline{x_1} & \overline{x_1^2} & \overline{x_1x_2} \\ \overline{x_2} & \overline{x_1x_2} & \overline{x_2^2} \end{vmatrix}} \tag{4.104}$$

■第 5 章 確率分野公式

ここからが本番．しっかり覚えていこう．本書はあくまでも重要公式を抜粋しているのみ．より深い知識を得る場合は参考文献を参照いただきたい．

5.1 場合の数と確率の基礎

5.1.1 順列と組み合わせ

順列

異なる n 個の中から k 個を取り出して 1 列に並べる並べ方の総数を ${}_nP_k$ と表す．

$${}_nP_k = \frac{n!}{(n-k)!} \tag{5.1}$$

※ 同じものを含む順列の公式

n 個のものがあり，そのうち p 個，q 個，r 個，... がそれぞれ同じものであるとき，これらを 1 列に並べる並べ方の総数は，

$$\frac{n!}{p!q!r!\cdots} \qquad (\text{ただし，} p+q+r+\cdots=n) \tag{5.2}$$

組合せ

異なる n 個の中から k 個を選ぶ選び方の総数を ${}_nC_k$ と表す．

$$ {}_nC_k = \frac{n!}{k!(n-k)!} = \frac{{}_nP_k}{k!} \tag{5.3} $$

関連する公式は以下の通り．

$$ {}_nC_k = {}_nC_{n-k} \tag{5.4} $$

$$ {}_nC_k = {}_{n-1}C_{k-1} + {}_{n-1}C_k \tag{5.5} $$

$$ n\,{}_{n-1}C_{k-1} = k\,{}_nC_k \tag{5.6} $$

$$ \sum_{l=k}^{m} {}_lC_k = {}_{m+1}C_{k+1} \tag{5.7} $$

重複組合せ

区別できる n 個のものから，重複を許して k 個選ぶ組合せの総数を ${}_nH_k$ と表す．

$$ {}_nH_k = {}_{n+k-1}C_k = \binom{n+k-1}{k} \tag{5.8} $$

5.1.2　確率の基本公式

$P(A)$ で，事象 A が起きる確率を表す．

独立と排反

- A と B が**独立**とは，$P(A \cap B) = P(A) \cdot P(B)$ が成り立つこと．
- A と B が**排反**とは，$A \cap B = \emptyset$（空集合）であること．
- A と B が排反のとき，$P(A \cup B) = P(A) + P(B)$ が成り立つ．

余事象

事象 A に対して，A が起こらない事象を**余事象**といい，A^c と表す．このとき，$P(A) + P(A^c) = 1$ が成り立つ．

ド・モルガンの法則

$$(A \cup B)^c = A^c \cap B^c \tag{5.9}$$

$$(A \cap B)^c = A^c \cup B^c \tag{5.10}$$

包除原理 (加法定理)

事象が排反ではない場合の和事象の確率計算は以下の通り．

$$P(A \cup B) = P(A) + P(B) - P(A \cap B) \tag{5.11}$$

$$\begin{aligned} P(A \cup B \cup C) &= P(A) + P(B) + P(C) \\ &\quad - P(A \cap B) - P(B \cap C) - P(C \cap A) \\ &\quad + P(A \cap B \cap C) \end{aligned} \tag{5.12}$$

5.1.3　条件付確率とベイズの定理

条件付確率

事象 A のもとで事象 B が発生する確率を $P(B\,|\,A)$ または，$P_A(B)$ と表し，「A のもとで，B が起こる**条件付確率**」という．$P(A) > 0$ として，

$$P(B\,|\,A) = \frac{P(B \cap A)}{P(A)} \tag{5.13}$$

A と B が独立であれば，

$$P(B\,|\,A) = \frac{P(B \cap A)}{P(A)} = \frac{P(B) \cdot P(A)}{P(A)} = P(B) \tag{5.14}$$

また，$(B \cap A)$ と $(B \cap A^c)$ は排反であり，$P(B)$ は次のようにも表せる．

$$P(B) = P(B \cap A) + P(B \cap A^c) \tag{5.15}$$

$$= P(B\,|\,A) \cdot P(A) + P(B\,|\,A^c) \cdot P(A^c) \tag{5.16}$$

ベイズの定理

A, B を事象とするとき，B が成立しているという条件のもとに A が成立している条件付確率 $P(A\,|\,B)$ は，

$$P(A\,|\,B) = \frac{P(A \cap B)}{P(B)} \tag{5.17}$$

この公式を2回使うと，以下の公式が導かれる．

$$P(B|A) = \frac{P(A|B)\,P(B)}{P(A)} \tag{5.18}$$

■全確率の公式　全事象を $B_1, B_2, \ldots$ に分割できるとき，以下を**全確率の公式**という．

$$P(A) = \sum_i P(A|B_i)\,P(B_i) \tag{5.19}$$

■ベイズの定理

$$P(B_k|A) = \frac{P(A|B_k)\,P(B_k)}{\sum_i P(A|B_i)\,P(B_i)} \tag{5.20}$$

5.1.4　確率系問題の基本知識

ある程度知識として知っていないと解けない場合があるのでポイントを記載．必ずしも過去問で直接的に出てきていないものもある．

- 事象が少ない場合は，全事象を数え上げて確率を求める方が速いこともある．
- 「少なくとも」という言葉がでてきたら余事象を考える．

サイコロ関連問題

サイコロを N 回投げたとき，ある目，たとえば6が x 回出る確率は二項分布で表され，以下の通り表せる．

$$\binom{N}{x}\left(\frac{1}{6}\right)^x\left(\frac{5}{6}\right)^{N-x} \tag{5.21}$$

また，同じく N 回投げたとき，6が出る回数が $X=k$ で，1が出る回数が $Y=l$ である確率は，多項分布で表され，以下の通りとなる．

$$P(X=k \cap Y=l) = \frac{N!}{k!\,l!\,(N-k-l)!}\left(\frac{1}{6}\right)^k\left(\frac{1}{6}\right)^l\left(\frac{4}{6}\right)^{N-k-l} \tag{5.22}$$

トランプ関連問題

■トレーズ　トランプのスペードひと組13枚を切り混ぜて，1, 2, 3と数えながら同時にトランプをめくるとき，その順番とトランプの数字が1回以上一致する確率は以下の通りとなる．(→問題8.19)

$$\frac{1}{1!}-\frac{1}{2!}+\frac{1}{3!}-\cdots+\frac{1}{13!}\approx 1-\frac{1}{e}\approx 0.63 \tag{5.23}$$

■数字が書いてあるカード　1からNまでの数字が書いてあるカードから，1枚取り出すときのカードの番号の分布は，離散一様分布（後述）となる．

誕生日問題

n人のクラスメートがいる中で，同じ誕生日の人がいる確率P_nは，

$$P_n=1-\left(1-\frac{1}{365}\right)\left(1-\frac{2}{365}\right)\cdots\left(1-\frac{n-1}{365}\right) \tag{5.24}$$

じゃんけん問題

N人のじゃんけんは一人ひとりにグー，チョキ，パーの3通りの場合があるため，多項分布で書くことができる．グーの人数をX，チョキの人数をYとすると，N人中k人がグー，l人がチョキを出す確率は，

$$P(X=k\cap Y=l)=\frac{N!}{k!\,l!\,(N-k-l)!}\left(\frac{1}{3}\right)^N \tag{5.25}$$

壺問題

赤玉m個，白玉$N-m$個，合計N個のボールが入っている壺があるとする．

■復元抽出　1個取り出して，赤玉が含まれているか確認して，壺に戻す作業をn回繰り返したとき，赤玉がx回出る確率変数Xは，二項分布に従う．

$$X\sim Bin\left(n,\frac{m}{N}\right) \tag{5.26}$$

■非復元抽出　その壺から，n 個同時に取り出した（＝取り出して戻さない）ときに含まれている赤玉の個数 x の分布は，後述の超幾何分布に従う．

ギャンブラーの破産問題

A, B が繰り返しゲームを行う．勝者は敗者から，1円受け取る．A, B の勝率はそれぞれ，p と $1-p=q$ とする．A, B の最初の所持金を n 円，$N-n$ 円とする．このとき，A の破産する確率 r を求める．（→問題8.25）

(i)　$p \neq q$ のとき

$$r=\frac{(q/p)^n-(q/p)^N}{1-(q/p)^N} \tag{5.27}$$

(ii)　$p=q$ のとき

$$r=\frac{N-n}{N} \tag{5.28}$$

5.2　確率変数

5.2.1　確率変数の基本公式

ある確率の事象に対応してさまざまな値を取る変数を**確率変数**という．通常，X, Y, Z のように大文字で表す．確率変数 X が，a 以上 b 以下の値を取る確率を $P(a \leq X \leq b)$ と表す．

離散型確率変数

離散的な値 $x_1, x_2, x_3, \ldots$ のみをとる確率変数 X に対して，$f(x_i)=P(X=x_i)$ として定義される関数 $f(x_i)$ を確率変数 X の**確率関数**という．すべての確率の合計は1となる．

$$\sum_{i=1}^{\infty} f(x_i)=1 \tag{5.29}$$

連続型確率変数

確率変数 X にかかる確率に関して，以下の (5.30) を満たす関数 $f(x)$ が存在するとき，この $f(x)$ を確率変数 X の**確率密度関数**という．

$$\text{任意の } a, b\ (a \leq b) \text{ に対して，}\quad P(a \leq X \leq b) = \int_a^b f(x)dx \tag{5.30}$$

また，特定の点の確率はゼロであるため，$P(X=x)=0$ であり，$P(a \leq X \leq b) = P(a < X < b)$ である．全区間を積分した値は 1 となる．

$$\int_{-\infty}^{\infty} f(x)dx = 1 \tag{5.31}$$

分布関数

確率変数 X に対して，$F(x) = P(X \leq x) = \int_{-\infty}^{x} f(t)dt$ として定義される関数 $F(x)$ を**分布関数**という（下図は左から離散分布関数と連続分布関数のイメージ）．

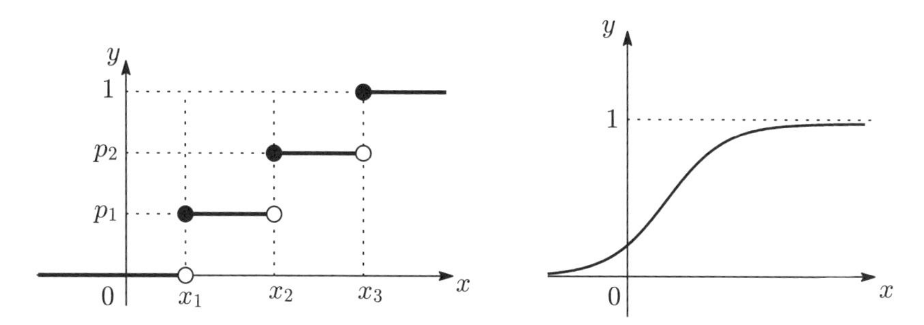

また，以下の性質がある．

$$F'(x) = f(x) \tag{5.32}$$

確率密度関数を求める場合は，分布関数を求めてから微分をして確率密度関数を求めることができる場合が多い．

また $F(x)$ は広義の単調増加関数，つまり，$a < b \Longrightarrow F(a) \leq F(b)$ であり，$F(-\infty) = 0$，$F(\infty) = 1$．

確率変数の独立

確率変数 X, Y が独立とは以下の場合を指す．

●**離散型の場合**　$P(X=m \cap Y=n)=P(X=m) \cdot P(Y=n)$（すべての m, n について成立）

●**連続型の場合**　$P(a<X<b \cap c<Y<d)=P(a<X<b) \cdot P(c<Y<d)$（すべての a, b, c, d $(a<b,\ c<d)$ に対して成立）

5.2.2　期待値と分散

期待値

添え字がない $\sum$, $\int$ は全区間の合計もしくは全区間の積分を表すものとする．このとき，X の**期待値（平均）** $E(X)$ は，

●**離散型**
$$E(X)=\sum x_i \cdot f(x_i) \tag{5.33}$$

●**連続型**
$$E(X)=\int x \cdot f(x)dx \tag{5.34}$$

で定義される．$\mu=E(X)$ と表す場合もある．$g(x)$ を x の関数とするとき，$g(X)$ の平均として，以下が定義できる．

●**離散型**
$$E[g(X)]=\sum g(x_i) \cdot f(x_i) \tag{5.35}$$

●**連続型**
$$E[g(X)]=\int g(x) \cdot f(x)dx \tag{5.36}$$

分散

$g(x)=(x-\mu)^2$ としたとき，$E\left[(X-\mu)^2\right]=V(X)$ と表し，$V(X)$ を X の**分散**という．$V(X)=\sigma^2$ と表すこともある．

また，$\sqrt{V(X)}=\sigma$ を X の**標準偏差**という．

分散を求める場合は，以下の公式を主に使う．

$$V(X)=E\left(X^2\right)-\{E(X)\}^2 \tag{5.37}$$

テイル確率によるしっぽ定理

テイル確率（$P(X>x)$）が与えられている場合は，そのまま全区間を積分すると期待値となる（**しっぽ定理**）.

●**離散型**（$\sum_{k=0}^{\infty} P(X=k)=1$ のとき）

$$E(X)=\sum_{k=1}^{\infty} P(X \geq k)=\sum_{k=0}^{\infty} P(X>k) \tag{5.38}$$

$$E[X(X+1)]=2\sum_{k=1}^{\infty} kP(X \geq k) \tag{5.39}$$

●**連続型**（$P(X \geq 0)=1$ のとき）

$$E(X)=\int_0^{\infty} P(X>t)dt \tag{5.40}$$

$$E(X^n)=\int_0^{\infty} nt^{n-1}P(X>t)dt \tag{5.41}$$

変動係数

標準偏差を期待値で割ったものを**変動係数** $CV(X)$ という.

$$CV(X)=\frac{\sqrt{V(X)}}{E(X)} \tag{5.42}$$

共分散と相関係数

X,Y の**共分散** $Cov(X,Y)$ を以下の通り定義する.

$$Cov(X,Y)=E[\{X-E(X)\}\{Y-E(Y)\}] \tag{5.43}$$

$$=E(XY)-E(X)E(Y) \tag{5.44}$$

X,Y の**相関係数** $\rho(X,Y)$ を以下の通り定義する.

$$\rho(X,Y)=\frac{Cov(X,Y)}{\sqrt{V(X)\,V(Y)}} \tag{5.45}$$

$$=\frac{E(XY)-E(X)E(Y)}{\sqrt{V(X)\,V(Y)}} \tag{5.46}$$

期待値，分散，共分散，相関係数の性質

a, b, c は X, Y, Z に無関係な定数として，以下の性質がある．特に公式 (5.47) は，確率変数の分解というテクニックを使う際に用いる重要な性質である（→問題 8.20）．

$$E(X+Y)=E(X)+E(Y) \tag{5.47}$$

$$E(aX+b)=aE(X)+b \tag{5.48}$$

$$V(aX+b)=a^2V(X) \tag{5.49}$$

$$V(X+Y)=V(X)+V(Y)+2Cov(X,Y) \tag{5.50}$$

$$V(aX+bY)=a^2V(X)+b^2V(Y)+2abCov(X,Y) \tag{5.51}$$

$$Cov(X,X)=V(X) \tag{5.52}$$

$$Cov(X+Y,Z)=Cov(X,Z)+Cov(Y,Z) \tag{5.53}$$

$$Cov(aX+b,Y)=aCov(X,Y) \tag{5.54}$$

$$Cov(aX,\, bY)=abCov(X,Y) \tag{5.55}$$

$$-1\leq \rho(X,Y)\leq 1 \tag{5.56}$$

$a, c\neq 0$ として，

$$\rho(aX+b,\, cY+d)=\rho(X,Y) \tag{5.57}$$

X, Y が独立であるとき，以下の性質がある．

$$E(XY)=E(X)E(Y) \tag{5.58}$$

$$V(X+Y)=V(X)+V(Y) \tag{5.59}$$

$$Cov(X,Y)=\rho(X,Y)=0 \tag{5.60}$$

5.2.3　積率母関数とキュムラント母関数

これらはそれ自体に意味はないが，期待値・分散などを求めるのにいろいろと有用なので覚えよう．

積率母関数

確率変数 X に対して，**積率母関数（モーメント母関数）** $M_X(t)$ を以下の通り定義する．

$$M_X(t)=E(e^{tX}) \tag{5.61}$$

$M_X(t)$ には以下の性質がある．

$$M_X^{(n)}(t)=E(X^n e^{tX}) \tag{5.62}$$

ここで $t=0$ とすると下記の公式を得られる．

$$E(X^n)=M_X^{(n)}(0) \tag{5.63}$$

キュムラント母関数

確率変数 X に対して，**キュムラント母関数** $C_X(t)$ を以下の通り定義する．

$$C_X(t)=\log M_X(t) \tag{5.64}$$

積率母関数とキュムラント母関数の性質

$$E(X)=M_X^{(1)}(0)=C_X^{(1)}(0) \tag{5.65}$$

$$E(X^2)=M_X^{(2)}(0) \tag{5.66}$$

$$V(X)=C_X^{(2)}(0)=M_X^{(2)}(0)-\left\{M_X^{(1)}(0)\right\}^2 \tag{5.67}$$

$$M_X(t)=M_Y(t) \Longleftrightarrow X \text{ の分布}=Y \text{ の分布} \tag{5.68}$$

$$X,Y \text{ が独立} \Longrightarrow M_{X+Y}(t)=M_X(t)M_Y(t) \tag{5.69}$$

積率（モーメント）

原点まわりの n 次**積率（モーメント）**を以下の通り定義する．

$$\mu'_n=E(X^n) \tag{5.70}$$

特に，$n=1$ のとき $\mu'_1=\mu$ である．

また，平均値まわりの n 次積率を以下の通り定義する．

$$\mu_n = E[(X-\mu)^n] \tag{5.71}$$

キュムラントを用いて表すと，

$$\mu_2 = V(X) = C_X^{(2)}(0) = \sigma^2 \tag{5.72}$$

$$\mu_3 = C_X^{(3)}(0) \tag{5.73}$$

$$\mu_4 = C_X^{(4)}(0) + 3\left\{C_X^{(2)}(0)\right\}^2 \tag{5.74}$$

また，

$$E[X(X-1)\cdots(X-r+1)] \tag{5.75}$$

を**階乗モーメント**という．

歪度，尖度

歪度（わいど），**尖度**（せんど）はそれぞれ，以下の通りに定義される．

$$\text{歪度} = \frac{E[(X-\mu)^3]}{\sigma^3} = \frac{\mu_3}{\sigma^3} \tag{5.76}$$

$$\text{尖度} = \frac{E[(X-\mu)^4]}{\sigma^4} = \frac{\mu_4}{\sigma^4} \tag{5.77}$$

キュムラント母関数 $C_X(t)$ を用いると，歪度，尖度は以下の通りに表せる．

$$\text{歪度} = \frac{C_X^{(3)}(0)}{\sigma^3} \tag{5.78}$$

$$\text{尖度} = \frac{C_X^{(4)}(0)}{\sigma^4} + 3 \tag{5.79}$$

ただし，損保数理の尖度の定義は数学の試験とは異なるので注意．尖度を問われる場合，分子がキュムラントなのか，後述の平均値の4次積率なのかでどちらの定義を使用するか判別する．

$$\text{損保数理での尖度の定義} = \frac{C_X^{(4)}(0)}{\sigma^4} \tag{5.80}$$

確率母関数

試験で直接問われることは少ないが，離散型分布の各種証明等で知っていると便利なことがある．**確率母関数** $g_X(t)$ は以下のように定義される．

$$g_X(t) = E(t^X) \tag{5.81}$$

$g_X(t)$ を微分して $t=1$ を代入すると，以下が成立する．

$$g'_X(1) = E(X) \tag{5.82}$$

$$g''_X(1) = E(X(X-1)) \tag{5.83}$$

これらを用いて，離散型分布の $V(X)$ を以下のように求めることができる．

$$\begin{aligned} V(X) &= E(X(X-1)) + E(X) - E(X)^2 \\ &= g''_X(1) + g'_X(1) - g'_X(1)^2 \end{aligned} \tag{5.84}$$

特性関数

特性関数は

$$\phi_X(t) = E(e^{itX}) \equiv E(\cos tX) + iE(\sin tX) \quad (ここで，i = \sqrt{-1}) \tag{5.85}$$

で定義される．

積率母関数が存在する分布については，以下の等式が成立する．

$$\phi_X(t) = M_X(it) \tag{5.86}$$

5.2.4 離散型確率分布

ここからは，有名な分布とその**特性値**（平均，分散といった特別な値）を覚えていこう．

以下では，確率変数 X が分布 D に従うことを $X \sim D$ と表す．そして，X の確率関数を $P(X=x)$，確率密度関数を $f_X(x)$ とし，それらが（0でなく）正となるときの式を記載する．そのときの変数 x の範囲も記す．また，積率母関数を $M_X(t)$ と記す．分布のパラメータ p は $0<p<1$ とし，$q=1-p$ とおく．

離散一様分布

$X \sim DU\{1,2,3,\ldots,n\}, \quad x=1,2,\ldots,n$

$P(X=x)$	$E(X)$	$V(X)$
$\frac{1}{n}$	$\frac{n+1}{2}$	$\frac{(n+1)(n-1)}{12}$

1から N までのカードから1枚カードを引く，といったときによく使われる分布である．0から開始する場合の公式は，下記となる．

$X \sim DU\{0,1,2,3,\cdots,n\}, \quad x=0,1,2,\ldots,n$

$P(X=x)$	$E(X)$	$V(X)$
$\frac{1}{n+1}$	$\frac{n}{2}$	$\frac{n(n+2)}{12}$

二項分布

$X \sim Bin(n,p)$，　n は正の整数，　$x=0,1,2,\ldots,n$

コインを投げると表または裏が出るように，試行結果が2種類しかない試行を**ベルヌーイ試行**という．二項分布は，ベルヌーイ試行を n 回試行した際の，成功回数 x 回の分布．

$P(X=x)$	$M_X(t)$	$E(X)$	$V(X)$
$\binom{n}{x}p^x q^{n-x}$	$(pe^t+q)^n$	np	npq

- **ベルヌーイ分布** $Be(p)$ は，$Be(p)=Bin(1,p)$ であり，試行回数1回で成功確率 p として，成功した場合1，失敗した場合0を取る分布．
- **再生性**：$X \sim Bin(m,p)$，$Y \sim Bin(n,p)$ の場合，X, Y が独立であれば，$X+Y \sim Bin(m+n,p)$

- **最尤推定値**[*1]：$Bin(n,p)$ からの m 個の標本値 $x_1,\ldots,x_m$ について $\overline{x}=\dfrac{1}{m}\displaystyle\sum_{i=1}^{m}x_i$ とおけば，p の最尤推定値 $\hat{p}$ は $\dfrac{\overline{x}}{n}$ である．

ポアソン分布

$X\sim Po(\lambda),\quad \lambda>0,\quad x=0,1,2,\ldots$

ベルヌーイ試行の試行回数が多く，成功確率が小さい場合は，ポアソン分布となる．

$P(X=x)$	$M_X(t)$	$E(X)$	$V(X)$	k 次のキュムラント $C_X^{(k)}(0)$
$e^{-\lambda}\dfrac{\lambda^x}{x!}$	$e^{\lambda\left(e^t-1\right)}$	λ	λ	λ

- $x\geq 0$ として，$p=\dfrac{\lambda}{n}$ である二項分布で $n\to\infty$ の極限をとったのが，ポアソン分布となる．

$$\lim_{n\to\infty}P\left[Bin\left(n,\frac{\lambda}{n}\right)=x\right]=e^{-\lambda}\frac{\lambda^x}{x!}\tag{5.87}$$

- 上記において，極限までとらなくても，n が十分大きいときポアソン分布に近似できる（**ポアソン近似**→問題 8.6）．
- ポアソン分布の階乗モーメント

$$E[X(X-1)]=\lambda^2\ ,\quad E[X(X-1)(X-2)]=\lambda^3\tag{5.88}$$

階乗モーメントはポアソン分布の $E(X^2)$ や $E(X^3)$ を求めるときに役立つ．

- 再生性：$X\sim Po(\lambda_1)$，$Y\sim Po(\lambda_2)$ の場合，X,Y が独立であれば，$X+Y\sim Po(\lambda_1+\lambda_2)$
- 最尤推定値：$Po(\lambda)$ からの n 個の標本値 $x_1,\ldots,x_n$ について $\overline{x}=\dfrac{1}{n}\displaystyle\sum_{i=1}^{n}x_i$ とおけば，λ の最尤推定値 $\hat{\lambda}$ は $\overline{x}$ である．

[*1] 最尤推定値は，統計分野の問題を解くときに覚えておいた方が良い公式として，掲載した．

幾何分布

$X \sim NB(1,p), \qquad x=0,1,2,\ldots$

独立にベルヌーイ試行を行うときに，初めて成功するまでに，失敗した回数 X の分布．負の二項分布で成功回数を1としたもの．

$P(X=x)$	$M_X(t)$	$E(X)$	$V(X)$
pq^x	$\dfrac{p}{1-qe^t}$	$\dfrac{q}{p}$	$\dfrac{q}{p^2}$

- $P(X \geq k)=q^k$ であり，$P(X \geq k+l \mid X \geq k)=P(X \geq l)=q^l$ となる．これを**無記憶性**（**記憶喪失性**）という．
- $X_1 \sim \cdots \sim X_n \sim NB(1,p)$ で互いに独立であるとき，これらの和は負の二項分布になる．

$$X_1+\cdots+X_n \sim NB(n,p) \tag{5.89}$$

- 最小値が従う分布：

$$\min(X_1,X_2) \sim NB(1,1-q^2) \tag{5.90}$$

- $NB(1,p)$ を $Ge(p)$ と表記することもある．
- 最尤推定値：$NB(1,p)$ からの n 個の標本値 $x_1,\ldots,x_n$ について $\overline{x}=\dfrac{1}{n}\displaystyle\sum_{i=1}^{n}x_i$ とおけば，p の最尤推定値 $\hat{p}$ は $\dfrac{1}{1+\overline{x}}$ である．

■ファーストサクセス分布

$X \sim Fs(p), \qquad x=1,2,\ldots$

独立にベルヌーイ試行を行うときに，初めて成功するまでの回数 X の分布．幾何分布より試行回数が1回多い．

$P(X=x)$	$M_X(t)$	$E(X)$	$V(X)$
pq^{x-1}	$\dfrac{pe^t}{1-qe^t}$	$\dfrac{1}{p}$	$\dfrac{q}{p^2}$

負の二項分布

$X \sim NB(\alpha, p), \qquad x = 0, 1, 2, \ldots$

独立にベルヌーイ試行を行うときに，初めて α 回成功するまでに，失敗した回数 X の分布.

$P(X=x)$	$M_X(t)$	$E(X)$	$V(X)$
$\binom{\alpha+x-1}{x} p^{\alpha} q^{x}$	$\left(\dfrac{p}{1-qe^t}\right)^{\alpha}$	$\dfrac{\alpha q}{p}$	$\dfrac{\alpha q}{p^2}$

- 再生性：$X \sim NB(\alpha, p)$，$Y \sim NB(\beta, p)$ の場合，X, Y が独立であれば，$X+Y \sim NB(\alpha+\beta, p)$
- 二項分布との関係：
  n 回のうち少なくとも k 回成功 $=$ k 回成功するまでに，失敗が $n-k$ 以下

$$P(Bin(n,p) \geq k) = P(NB(k,p) \leq n-k) \tag{5.91}$$

- 最尤推定値：$NB(\alpha, p)$ からの n 個の標本値 $x_1, \ldots, x_n$ について $\overline{x} = \dfrac{1}{n}\sum_{i=1}^{n} x_i$ とおけば，p の最尤推定値 $\hat{p}$ は $\dfrac{\alpha}{\alpha+\overline{x}}$ である.

超幾何分布

$X \sim H(N, m, n), \qquad x$ は $\max(0, n-N+m)$ 以上 $\min(m, n)$ 以下の整数

赤玉 m 個，白玉 $N-m$ 個，合計 N 個のボールが入っている壺から，n 個取りだしたとき含まれている赤玉の個数 X の分布.

$P(X=x)$	$E(X)$	$V(X)$
$\dfrac{\binom{m}{x}\binom{N-m}{n-x}}{\binom{N}{n}}$	$n \cdot \dfrac{m}{N}$	$n \cdot \dfrac{m}{N} \cdot \dfrac{N-m}{N} \cdot \dfrac{N-n}{N-1}$

- 1 個ずつ取り出す復元抽出を繰り返すのであれば，n 回の試行で赤玉が出る個数は，$Bin\left(n, \dfrac{m}{N}\right)$ となる．この分散は $n \cdot \dfrac{m}{N} \cdot \dfrac{N-m}{N}$ となる．超

幾何分布の場合はそこにさらに**有限母集団修正係数** $\dfrac{N-n}{N-1}$ を乗じたものとなる．

- $\dfrac{m}{N}$ を一定のまま N を十分大きくとると，$H(N,m,n)$ は二項分布 $Bin(n,\dfrac{m}{N})$ に近づく（→問題8.12）．

対数級数分布

対数級数分布は，損保数理で主に使われる．

$X \sim LS(p), \quad x=1,2,\ldots$

$P(X=x)$	$M_X(t)$	$E(X)$	$V(X)$
$-\dfrac{q^x}{x\log p}$	$\dfrac{\log\left(1-qe^t\right)}{\log p}$	$-\dfrac{q}{p\log p}$	$-\dfrac{q\left(1+\frac{q}{\log p}\right)}{p^2\log p}$

- $c=-\dfrac{1}{\log p}$ とすると，$E(X)=\dfrac{cq}{p}$，$E\left(X^2\right)=\dfrac{cq}{p^2}$

5.2.5 連続型確率分布

一様分布

$X \sim U(a,b), \quad -\infty<a<b<\infty, \quad a<x<b$

$f_X(x)$	$M_X(t)$	$E(X)$	$V(X)$
$\dfrac{1}{b-a}$	$\dfrac{e^{bt}-e^{at}}{(b-a)t}$	$\dfrac{a+b}{2}$	$\dfrac{(b-a)^2}{12}$

- 分布関数：

$$F_X(x)=\frac{x-a}{b-a}, \qquad a<x<b \tag{5.92}$$

- 最尤推定値：a については標本値の最小値，b については標本値の最大値

■**標準一様分布**

$X \sim U(0,1), \quad 0<x<1$

一様分布において $a=0$, $b=1$ としたもの.

$f_X(x)$	$M_X(t)$	$E(X)$	$V(X)$
1	$\frac{e^t-1}{t}$	$\frac{1}{2}$	$\frac{1}{12}$

- 分布関数:

$$F_X(x)=x, \qquad 0<x<1 \tag{5.93}$$

■**三角分布**

$X \sim Y \sim U(0,1)$ で X,Y が独立のとき, $X+Y$, $X-Y$ の分布は**三角分布**となる.

- $Z=X+Y$

$$f(z)=\begin{cases} z & (0<z\leq 1) \\ 2-z & (1\leq z<2) \\ 0 & (\text{その他}) \end{cases} \tag{5.94}$$

- $Z=X-Y$

$$f(z)=\begin{cases} z+1 & (-1<z\leq 0) \\ 1-z & (0\leq z<1) \\ 0 & (\text{その他}) \end{cases} \tag{5.95}$$

正規分布

$X \sim N(\mu,\sigma^2), \quad -\infty<\mu<\infty, \quad \sigma>0, \quad -\infty<x<\infty$

$f_X(x)$	$M_X(t)$	$E(X)$	$V(X)$
$\frac{1}{\sqrt{2\pi}\sigma}e^{-\frac{(x-\mu)^2}{2\sigma^2}}$	$e^{\mu t+\frac{\sigma^2t^2}{2}}$	μ	σ^2

- 再生性:$X \sim N(\mu_1,\sigma_1^2)$, $Y \sim N(\mu_2,\sigma_2^2)$ の場合, X,Y が独立であれば, $X+Y \sim N(\mu_1+\mu_2,\ \sigma_1^2+\sigma_2^2)$

- 正規分布の標準化を行うと，**標準正規分布**になる．

$$Y \sim N(\mu, \sigma^2) \Longrightarrow X = \frac{Y-\mu}{\sigma} \sim N(0,1) \tag{5.96}$$

$$N(\mu, \sigma^2) = \sigma N(0,1) + \mu \tag{5.97}$$

- 最尤推定値：$N(\mu, \sigma^2)$ からの n 個の標本値 $x_1, \ldots, x_n$ について $\overline{x} = \frac{1}{n}\sum_{i=1}^{n} x_i$ とおけば，μ の最尤推定値 $\hat{\mu}$ は $\overline{x}$，
  σ^2 の最尤推定値 $\hat{\sigma}^2$ は $\frac{1}{n}\sum_{i=1}^{n}(x_i - \overline{x})^2$

■**標準正規分布**

$X \sim N(0,1)$，$-\infty < x < \infty$

$f_X(x)$	$M_X(t)$	$E(X)$	$V(X)$
$\frac{1}{\sqrt{2\pi}}e^{-\frac{x^2}{2}}$	$e^{\frac{t^2}{2}}$	0	1

- $a \neq 0$ のとき，

$$aX + b \sim N\left(a\mu + b,\ a^2\sigma^2\right) \tag{5.98}$$

- 標準正規分布の n 乗の平均値

$$E(X^8) = 7 \cdot 5 \cdot 3 \cdot 1, \quad E(X^6) = 5 \cdot 3 \cdot 1, \quad E(X^4) = 3 \cdot 1 \tag{5.99}$$

  n が奇数の場合，X^n は奇関数となるため，$E(X^n) = 0$

- 標準正規分布の絶対値の n 乗の平均値

$$E(|X|^n) = \frac{2^{\frac{n}{2}}}{\sqrt{\pi}}\Gamma\left(\frac{n+1}{2}\right) \tag{5.100}$$

$$E(|X|) = \sqrt{\frac{2}{\pi}} \tag{5.101}$$

- $\phi(z)$ を標準正規分布の確率密度関数，$\Phi(z)$ を分布関数とするとき，次の公式が成り立つ．(5.102) 式は対数正規分布（次頁）を $z = (\log x - \mu)/\sigma$ で置換すると現れる（損保数理で主に使用）．

$$\int_a^b e^{\sigma z+\mu}\phi(z)dz = e^{\mu+\frac{\sigma^2}{2}}\{\Phi(b-\sigma)-\Phi(a-\sigma)\} \tag{5.102}$$

$$\int_{\Phi^{-1}(\alpha)}^{\infty} z\phi(z)dz = \phi\big(\Phi^{-1}(\alpha)\big) \tag{5.103}$$

$$\int z\phi(z)dz = -\phi(z)+C \tag{5.104}$$

対数正規分布

$X \sim LN\big(\mu, \sigma^2\big), \quad -\infty < \mu < \infty, \quad \sigma > 0, \quad 0 < x < \infty$

$f_X(x)$	$E(X)$	$V(X)$
$\frac{1}{\sqrt{2\pi}\sigma x}e^{-\frac{(\log x-\mu)^2}{2\sigma^2}}$	$e^{\mu+\frac{\sigma^2}{2}}$	$e^{2\mu+\sigma^2}\left(e^{\sigma^2}-1\right)$

- $Y \sim N\big(\mu, \sigma^2\big)$ のとき，

$$e^Y \sim LN\big(\mu, \sigma^2\big) \tag{5.105}$$

- 原点まわりのモーメント

$$E(X^k) = \exp\left(\mu k + \frac{\sigma^2}{2}k^2\right) \tag{5.106}$$

ガンマ分布

$X \sim \Gamma(\alpha, \beta), \quad \alpha > 0, \quad \beta > 0, \quad 0 < x < \infty$

$f_X(x)$	$M_X(t)$	$E(X)$	$V(X)$	k 次のキュムラント $C_X^{(k)}(0)$
$\frac{\beta^\alpha}{\Gamma(\alpha)}x^{\alpha-1}e^{-\beta x}$	$\left(\frac{\beta}{\beta-t}\right)^\alpha$	$\frac{\alpha}{\beta}$	$\frac{\alpha}{\beta^2}$	$\frac{\alpha\Gamma(k)}{\beta^k}$

- 再生性：$X \sim \Gamma(\alpha_1, \beta)$，$Y \sim \Gamma(\alpha_2, \beta)$ の場合，X, Y が独立であれば，$X+Y \sim \Gamma(\alpha_1+\alpha_2, \beta)$
- 原点まわりのモーメント

$$E(X^k) = \frac{\Gamma(\alpha+k)}{\Gamma(\alpha)\beta^k} \tag{5.107}$$

- $\Gamma(\alpha,\beta)=\dfrac{1}{\beta}\Gamma(\alpha,1)$
- 分布関数：α が整数のとき

$$F_X(x)=1-e^{-\beta x}\sum_{k=0}^{\alpha-1}\frac{(\beta x)^k}{k!}$$
$$=1-e^{-\beta x}\left(1+\frac{\beta x}{1!}+\frac{(\beta x)^2}{2!}+\cdots\right) \tag{5.108}$$

- 最尤推定値：α を既知として，$\Gamma(\alpha,\beta)$ からの n 個の標本値 $x_1,\ldots,x_n$ について $\bar{x}=\dfrac{1}{n}\sum_{i=1}^{n}x_i$ とおけば，β の最尤推定値 $\hat{\beta}$ は，$\dfrac{\alpha}{\bar{x}}$ である．

■指数分布

$X\sim\Gamma(1,\beta)$,　　$\beta>0$,　$0<x<\infty$

$f_X(x)$	$M_X(t)$	$E(X)$	$V(X)$
$\beta e^{-\beta x}$	$\dfrac{\beta}{\beta-t}$	$\dfrac{1}{\beta}$	$\dfrac{1}{\beta^2}$

指数分布は，ガンマ分布 $\Gamma(\alpha,\beta)$ において $\alpha=1$ としたものである．

- 分布関数：

$$F_X(x)=1-e^{-\beta x}\qquad(x>0) \tag{5.109}$$

- 変数変換：$X\sim\Gamma(1,1)$ のとき，$Y=\alpha e^{\frac{X}{\beta}}$ と変数変換したときの Y の従う分布（損保数理で主に使われる．また，$Pa(\alpha,\beta)$ はパレート分布，後述）

$$Y\sim Pa(\beta,\alpha) \tag{5.110}$$

- ガンマ分布による混合分布：$X|\Lambda\sim\Gamma(1,\Lambda)$ で，$\Lambda\sim\Gamma(\alpha,\beta)$ のとき，X が従う分布（$Pa2(\alpha,\beta)$ は第2種パレート分布，後述）

$$X\sim Pa2(\alpha,\beta) \tag{5.111}$$

- 指数分布の商の分布：$X \sim \Gamma(1, \lambda_1)$, $Y \sim \Gamma(1, \lambda_2)$ で X, Y が独立のとき，Y/X が従う分布

$$\frac{Y}{X} \sim Pa2\left(1, \frac{\lambda_1}{\lambda_2}\right) \tag{5.112}$$

- $P(X \geq k) = e^{-\beta k}$ であり，$P(X \geq k + l \mid X \geq k) = P(X \geq l) = e^{-\beta l}$ となる．これを**無記憶性**（**記憶喪失性**）という．
- 最尤推定値：$\Gamma(1, \beta)$ からの n 個の標本値 $x_1, \ldots, x_n$ について $\overline{x} = \dfrac{1}{n}\sum_{i=1}^{n} x_i$ とおけば，β の最尤推定値 $\hat{\beta}$ は，$\dfrac{1}{\overline{x}}$ である．

■χ^2 分布（カイ二乗分布）

$X \sim \chi^2(n) = \Gamma\left(\dfrac{n}{2}, \dfrac{1}{2}\right)$, n は正の整数，$0 < x < \infty$

$f_X(x)$	$M_X(t)$	$E(X)$	$V(X)$
$\dfrac{(1/2)^{\frac{n}{2}}}{\Gamma(n/2)} x^{\frac{n}{2}-1} e^{-\frac{1}{2}x}$	$\left(\dfrac{1}{1-2t}\right)^{\frac{n}{2}}$	n	$2n$

- この n はカイ二乗分布の**自由度**と呼ばれる．
- $X_i \sim N(0,1)$ で $X_1, X_2, \ldots, X_n$ が独立のとき，$X_1^2 + X_2^2 + \cdots + X_n^2$ が従う分布

$$X_1^2 + X_2^2 + \cdots + X_n^2 \sim \Gamma\left(\frac{n}{2}, \frac{1}{2}\right) \tag{5.113}$$

ベータ分布

$X \sim Beta(p, q)$, $p > 0$, $q > 0$, $0 < x < 1$

$f_X(x)$	$E(X)$	$V(X)$
$\dfrac{1}{B(p,q)} x^{p-1}(1-x)^{q-1}$	$\dfrac{p}{p+q}$	$\dfrac{pq}{(p+q)^2(p+q+1)}$

- 原点まわりのモーメント

$$E(X^k) = \frac{\Gamma(p+k)\,\Gamma(p+q)}{\Gamma(p)\Gamma(p+q+k)} \tag{5.114}$$

- ガンマ分布との関係：
  $X \sim \Gamma(\alpha, q)$，$Y \sim \Gamma(\beta, q)$ で X, Y が独立のとき，$X/(X+Y)$ はベータ分布に従う．

$$\frac{X}{X+Y} \sim Beta(\alpha, \beta) \tag{5.115}$$

- $1-X$ はベータ分布のパラメータを入れ替えたものに従う．

$$1-X \sim Beta(q, p) \tag{5.116}$$

パレート分布

$X \sim Pa(\alpha, \beta), \quad \alpha > 0, \quad \beta > 0, \quad \beta < x < \infty$

$f_X(x)$	$E(X)$	$V(X)$	分布関数 $F_X(x)$
$\dfrac{\alpha\beta^\alpha}{x^{\alpha+1}}$	$\dfrac{\alpha\beta}{\alpha-1}$ $(\alpha>1)$	$\dfrac{\alpha\beta^2}{(\alpha-1)^2(\alpha-2)}$ $(\alpha>2)$	$1-\left(\dfrac{\beta}{x}\right)^\alpha$

- 原点まわりのモーメント

$$E(X^k) = \frac{\alpha\beta^k}{\alpha-k} \tag{5.117}$$

- β が既知であり，$x_1, \ldots, x_n$ を標本値としたときの α の最尤推定値

$$\hat{\alpha} = \frac{n}{\sum_{i=1}^{n} \log x_i - n \log \beta} \tag{5.118}$$

■第2種パレート分布

$X \sim Pa2(\alpha, \beta), \quad \alpha > 0, \quad \beta > 0, \quad 0 < x < \infty$

$f_X(x)$	$E(X)$	$V(X)$	分布関数 $F_X(x)$
$\dfrac{\alpha\beta^\alpha}{(x+\beta)^{\alpha+1}}$	$\dfrac{\beta}{\alpha-1}$ $(\alpha>1)$	$\dfrac{\alpha\beta^2}{(\alpha-1)^2(\alpha-2)}$ $(\alpha>2)$	$1-\left(\dfrac{\beta}{x+\beta}\right)^\alpha$

- 第2種パレート分布は，$Pa(\alpha,\beta)-\beta$ の分布である．また，以下が成り立つ．

$$E\left[(X+\beta)^k\right]=\frac{\alpha\beta^k}{\alpha-k} \tag{5.119}$$

t 分布

$X\sim t(n)$,　　n は正の整数，$-\infty<x<\infty$

$f_X(x)$	$E(X)$	$V(X)$
$\dfrac{1}{\sqrt{n}\,B(n/2,1/2)}\left(1+\dfrac{x^2}{n}\right)^{-\frac{n+1}{2}}$	0 $(n\geq 2)$	$\dfrac{n}{n-2}$ $(n\geq 3)$

- n は t 分布の**自由度**と呼ばれる．
- X,Y が独立で，$X\sim N(0,1)$,　$Y\sim\chi^2(n)$ のとき，$\dfrac{X}{\sqrt{Y/n}}$ は自由度 n の t 分布に従う．

$$\frac{X}{\sqrt{Y/n}}\sim t(n) \tag{5.120}$$

F 分布

$X\sim F(m,n)$,　　m,n は正の整数，$0<x<\infty$

$f_X(x)$	—
$\dfrac{1}{B\left(\dfrac{m}{2},\dfrac{n}{2}\right)}\left(\dfrac{m}{n}\right)^{\frac{m}{2}}x^{\frac{m}{2}-1}\left(1+\dfrac{m}{n}x\right)^{-\frac{m+n}{2}}$	—
$E(X)$	$V(X)$
$\dfrac{n}{n-2}\,(n\geq 3)$	$\dfrac{2n^2(m+n-2)}{m(n-2)^2(n-4)}$ $(n\geq 5)$

- m,n は F 分布の**自由度**と呼ばれる．

- 確率密度関数の別の記法

$$f(x) = \frac{m^{\frac{m}{2}} n^{\frac{n}{2}}}{B\left(\frac{m}{2},\ \frac{n}{2}\right)} x^{\frac{m}{2}-1}(mx+n)^{-\frac{m+n}{2}} \qquad (x>0) \tag{5.121}$$

- X, Y が独立で，$X \sim \chi^2(m)$，　$Y \sim \chi^2(n)$ のとき，$\dfrac{X/m}{Y/n}$ は自由度 m, n の F 分布に従う．

$$\frac{X/m}{Y/n} \sim F(m,n) \tag{5.122}$$

- X と $1/X$ の関係

$$X \sim F(m,n) \quad \Longleftrightarrow \quad \frac{1}{X} \sim F(n,m) \tag{5.123}$$

- m, n の交換

$$F_n^m(\alpha) = \frac{1}{F_m^n(1-\alpha)} \tag{5.124}$$

　F 分布表を用いて下側の実現値を求めるときに必要な公式である．本書付録「代表的な確率分布に関する公式の導出」内の F 分布も参照されたい．(→問題9.13)

- F 分布とベータ分布の関係

$$\frac{1}{1+\frac{m}{n}F(m,n)} = \frac{n}{n+mF(m,n)}$$

$$= \frac{nF(n,m)}{nF(n,m)+m} \sim Beta\left(\frac{n}{2}, \frac{m}{2}\right) \tag{5.125}$$

コーシー分布

$X \sim C(\mu, \sigma)$，$-\infty < \mu < \infty$，　$\sigma > 0$，　$-\infty < x < \infty$

$f_X(x)$	$E(X)$	$V(X)$
$\frac{1}{\pi}\frac{\sigma}{\sigma^2+(x-\mu)^2}$	—	—

- 特に $\mu=0$，$\sigma=1$ のとき，$C(0,1)$ を**標準コーシー分布**と呼ぶ．

- X, Y が独立で，$X, Y \sim N(0,1)$ のとき，$Z = X/Y$ は標準コーシー分布に従う．

$$\frac{X}{Y} \sim C(0,1) \tag{5.126}$$

- X, Y が独立で，$X, Y \sim N(0,1)$，Z が標準コーシー分布に従うとき

$$Z \sim t(1), \qquad \frac{1}{Z} \sim t(1), \qquad Z^2 = \frac{X^2/1}{Y^2/1} \sim F(1,1) \tag{5.127}$$

5.3　多変数の確率変数

以下では，特に断りがない限り，確率変数 X, Y の 2 変数について考える．

5.3.1　同時確率密度関数と周辺確率密度関数

同時確率密度関数

以下の式が成り立つとき，$f(x, y)$ を (X, Y) の**同時確率密度関数**という．

$$P(a \leq X \leq b,\ c \leq Y \leq d) = \int_a^b \int_c^d f(x, y) dx dy \tag{5.128}$$

また，以下の式が成り立つ．

$$\int_{-\infty}^{\infty} \int_{-\infty}^{\infty} f(x, y) dx dy = 1 \tag{5.129}$$

周辺確率密度関数

以下で定義される $f_X(x)$，$f_Y(y)$ を X, Y の**周辺確率密度関数**という．

$$f_X(x) = \int_{-\infty}^{\infty} f(x, y) dy \tag{5.130}$$

$$f_Y(y) = \int_{-\infty}^{\infty} f(x, y) dx \tag{5.131}$$

独立性

X, Y が独立.

$\Longleftrightarrow$ 同時密度関数 $f(x, y)$ が以下の通り，周辺確率密度関数の積で表せる．

$$f(x, y) = f_X(x) \cdot f_Y(y) \tag{5.132}$$

5.3.2　変数変換

1次元の変数変換

X の確率密度関数 $f(x)$ を $U=\phi(X)$ に変数変換するとき，変換後の確率密度関数は，

$$g(u)=f(x)\left|\frac{dx}{du}\right|=f\big(\phi^{-1}(u)\big)\left|\frac{dx}{du}\right| \tag{5.133}$$

■ 1次元の変数変換の公式　積率母関数を $M_X(t)$ とする．ここで，$Y=aX+b$ により変数変換をした場合，Y の確率密度関数 $f_Y(y)$，積率母関数 $M_Y(t)$ は以下の通りとなる．

$$f_Y(y)=\frac{1}{|a|}f_X\left(\frac{y-b}{a}\right) \tag{5.134}$$

$$M_Y(t)=e^{bt}M_X(at) \tag{5.135}$$

$$f_{|X|}(x)=f_X(x)+f_X(-x) \qquad (x\geq 0) \tag{5.136}$$

$$f_{\frac{1}{X}}(x)=f_X\left(\frac{1}{x}\right)\frac{1}{x^2} \tag{5.137}$$

$$f_{X^2}(x)=\frac{1}{2\sqrt{x}}\big\{f_X\big(\sqrt{x}\big)+f_X\big(-\sqrt{x}\big)\big\} \quad (x\geq 0) \tag{5.138}$$

2次元の変数変換

(X,Y) の確率密度関数 $f(X,Y)$ を $(U,V)=\phi(X,Y)$ に変数変換するとき，変換後の確率密度関数は，

$$g(u,v)=f(x,y)\left|\frac{\partial(x,y)}{\partial(u,v)}\right|=f\big(\phi^{-1}(u,v)\big)\left|\frac{\partial(x,y)}{\partial(u,v)}\right| \tag{5.139}$$

ここで，$\dfrac{\partial(x,y)}{\partial(u,v)}$ は**ヤコビアン** (J) と呼ばれ，以下の行列式 J となっている．

$$J=\begin{vmatrix} \dfrac{\partial x}{\partial u} & \dfrac{\partial x}{\partial v} \\ \dfrac{\partial y}{\partial u} & \dfrac{\partial y}{\partial v} \end{vmatrix} \tag{5.140}$$

5.3.3　分布の和差積商

2次元の変数変換において，X, Y を独立として，$U = X + Y$ とした場合，$u = x + y,\quad v = x$ という変数変換を考える．

$$\begin{cases} u = x + y \\ v = x \end{cases} \iff \begin{cases} x = v \\ y = u - v \end{cases}$$

となるため，ヤコビアンを計算すると，

$$J = \begin{vmatrix} \dfrac{\partial x}{\partial u} & \dfrac{\partial x}{\partial v} \\ \dfrac{\partial y}{\partial u} & \dfrac{\partial y}{\partial v} \end{vmatrix} = \begin{vmatrix} 0 & 1 \\ 1 & -1 \end{vmatrix} = -1 \text{ より，} \quad |J| = 1$$

したがって，X, Y が独立であることから，

$$g(u,v) = f_{X,Y}(x,y)\left|\frac{\partial(x,y)}{\partial(u,v)}\right| = f_X(x)f_Y(y)|J| = f_X(v)f_Y(u-v)$$

ここで，U の確率密度関数は，上記同時確率密度関数の U の周辺密度関数であるため，v で積分し，

$$f_U(u) = \int_{-\infty}^{\infty} f_X(v)f_Y(u-v)dv$$

記号を置き換えて，以下の和の公式を得る．差，積，商の場合も同様に変換を行えば和差積商の公式は以下の通り．

$U = X + Y$ の場合　$$f_U(u) = \int_{-\infty}^{\infty} f_X(x)f_Y(u-x)dx \tag{5.141}$$

$U = X - Y$ の場合　$$f_U(u) = \int_{-\infty}^{\infty} f_X(x)f_Y(x-u)dx \tag{5.142}$$

$U = XY$ の場合　$$f_U(u) = \int_{-\infty}^{\infty} f_X(x)f_Y\left(\frac{u}{x}\right)\frac{1}{|x|}dx \tag{5.143}$$

$U = X/Y$ の場合　$$f_U(u) = \int_{-\infty}^{\infty} f_X(uy)f_Y(y)\,|y|\,dy \tag{5.144}$$

和差積商の場合も含め，一般に複数の確率変数の関数 $g(x,y)$ の従う分布を求めるにはヤコビアンを使うことも多いが，実際にはヤコビアンを使わずに簡単に求める方法もある．詳しくは[リスクを知る]の「手法7」(p.112) や「手法11」(p.137) 参照．

5.3.4　分布の再生性

$X_1, \ldots, X_n$ が互いに独立で同じ種類の分布に従い（**独立同分布**），その和も同じ種類の分布に従うとき，その分布は**再生性**をもつという．代表的なものに，二項分布，ポアソン分布，正規分布，ガンマ分布，負の二項分布に再生性がある（→問題8.4）．

5.3.5　大数の法則

$X_1, \ldots, X_n$ を独立同分布 $(E(X_i)=\mu,\ i=1,\ldots,n)$ とする[*2]とき，**大数の法則**[*3]により，

$$\frac{X_1+\cdots+X_n}{n} \to \mu \quad (n \to \infty) \tag{5.145}$$

5.3.6　中心極限定理

$X_1, \ldots, X_n$ は独立同分布（平均 μ，分散 σ^2）で，$\overline{X}=(X_1+\cdots+X_n)/n$ とおく．n が十分大きいとき，**中心極限定理**により，$\overline{X}$ は $N\left(\mu, \dfrac{\sigma^2}{n}\right)$ に従う．

$$\frac{\overline{X}-\mu}{\sqrt{\frac{\sigma^2}{n}}} \sim N(0,1) \tag{5.146}$$

5.3.7　条件付期待値と条件付分散

事象 A のもとでの X の期待値を**条件付期待値**とよび，以下の通り定義する．

$$E(X|A) = \sum_k kP(X=k|A) = \frac{\sum_k kP(X=k \cap A)}{P(A)} \tag{5.147}$$

X は整数値のみをとるものとし，事象 A を $A=\{a \leq X \leq b\}$ とすれば，以下の通りとなる．連続型は $\sum$ を積分に変えればよい．

[*2] 細かいことをいうと，この X_i は期待値が存在する分布を前提としている．期待値が存在しないコーシー分布は大数の法則が成立しない．

[*3] ここで紹介しているものは，**大数の弱法則**と呼ばれるものである．

$$E(X\,|\,a \le X \le b) = \sum_{k=-\infty}^{\infty} kP(X=k\,|\,a \le X \le b) = \frac{\sum_{k=a}^{b} kP(X=k)}{P(a \le X \le b)} \tag{5.148}$$

この事象 A を $A=\{Y=y\}$ として $g(y)=E(X\,|\,Y=y)$ が定義できるときに，$g(Y)$ のことを $E(X|Y)$ と書き，Y のもとでの X の条件付期待値という．その直感的意味や，実際の計算方法については，[リスクを知る] の 2.4 節（p.76）を参照．より厳密な定義に関しては，[分布からはじめる] の p.202 参照．

基本性質は以下の通り．

- $E(X)=E(E(X|Y))$（左辺は確率変数 X の期待値であり，右辺は確率変数 Y の関数の期待値）
- X, Y が独立であれば，$E(X|Y)=E(X)$
- $E(X|X)=X$（値ではなく確率変数であることに注意！）
- $E(g(X)h(Y)|X)=g(X)E(h(Y)|X)$

条件付確率密度関数は以下の通り．

$$f_{X|Y}(x\,|\,y) = \frac{f_{X,Y}(x,y)}{f_Y(y)} \tag{5.149}$$

条件付分散の公式は以下の通り．左辺は確率変数 X の期待値であり，右辺は確率変数 Y の関数の期待値などの和．

$$V(X)=V(E(X|Y))+E(V(X|Y)) \tag{5.150}$$

5.4　複合分布・混合分布

損保数理の例を用いて，複合分布を説明する．数学では出題頻度が低い．ある保険契約において，一定期間内に発生するクレーム件数を N，i 番目のクレーム額を X_i $(i=1,2,\ldots,N)$ で表すとき，クレーム総額は以下の通り表せる．

$$S = X_1 + X_2 + \cdots + X_N \tag{5.151}$$

ここで, $X_1, X_2, \ldots, X_N$ は, 同一の分布 X に従い, また, 確率変数, $N, X_1, X_2, \ldots, X_N$ は互いに独立であるとする.

$$E(S) = E(N)E(X) \tag{5.152}$$

$$V(S) = E(N)V(X) + V(N)\{E(X)\}^2 \tag{5.153}$$

$$M_S(t) = M_N(\log M_X(t)) \tag{5.154}$$

特に $X \sim Bin(1, \pi)$（成功確率 π のベルヌーイ試行）とするとき, 以下が成り立つ.

- $N \sim Po(\lambda)$ であるとき, S が従う分布

$$S \sim Po(\pi\lambda) \tag{5.155}$$

- $N \sim Bin(n, p)$ であるとき, S が従う分布

$$S \sim Bin(n, \pi p) \tag{5.156}$$

- $N \sim NB(\alpha, p)$ であるとき, S が従う分布

$$S \sim NB\left(\alpha,\ \frac{p}{p + (1-p)\pi}\right) \tag{5.157}$$

- $X \sim \Gamma(1, \beta)$, $N \sim NB(1, p)$ であるとき, S が従う分布のモーメント母関数, 分布関数

$$M_S(t) = \frac{p(\beta - t)}{p\beta - t} \tag{5.158}$$

$$F_S(t) = 1 - (1-p)e^{-p\beta t} \tag{5.159}$$

■混合分布

$N \sim Po(\Theta)$, $\Theta \sim \Gamma(\alpha, \beta)$ のとき, N は負の二項分布に従う.

$$N \sim NB\left(\alpha, \frac{\beta}{\beta + 1}\right) \tag{5.160}$$

■独立な2種類の分布による例題

$X \sim NB(1,p)$，$Y \sim Po(\lambda)$ で X, Y は独立のとき，$P(X>Y)$ を求める場合は，排反な積に分けて全確率を求めるように計算する．

$$P(X>Y)=\sum_{k=0}^{\infty} P(X>k)P(Y=k) \tag{5.161}$$

5.4.1 多変数の確率分布

多項分布

三項分布の場合，$(X,Y) \sim mult(N;p_A,p_B)$ ，N は正の整数，$0<p_A<1$，$0<p_B<1$，　k,l は $k,l \geq 0$，$k+l \leq N$ をみたす整数

$P(X=k \cap Y=l)$
$\dfrac{N!}{k!\,l!\,(N-k-l)!}(p_A)^k(p_B)^l(1-p_A-p_B)^{N-k-l}$

- 周辺分布 X は二項分布に従う．$X \sim Bin(N,p_A)$

$$E(X)=Np_A, \qquad V(X)=Np_A(1-p_A)$$

- $Cov(X,Y)=-Np_Ap_B$

2次元正規分布

$-\infty<\mu_1<\infty$，$-\infty<\mu_2<\infty$，$\sigma_1>0$，$\sigma_2>0$，　$-1 \leq \rho \leq 1$ として，

$$(X,Y) \sim N\left(\begin{pmatrix}\mu_1 \\ \mu_2\end{pmatrix}, \begin{pmatrix}\sigma_1^2 & \rho\sigma_1\sigma_2 \\ \rho\sigma_1\sigma_2 & \sigma_2^2\end{pmatrix}\right)=N(\vec{\mu},V)$$

$S \sim T \sim N(0,1)$ で互いに独立として，

$$X=\mu_1+\sigma_1 S\,, \qquad Y=\mu_2+\sigma_2\left(\rho S+\sqrt{1-\rho^2}\,T\right) \tag{5.162}$$

このとき，確率密度関数は，$-\infty<x<\infty$，　$-\infty<y<\infty$ において，

$$f_{(X,Y)}(x,y)=\frac{1}{2\pi\sigma_1\sigma_2\sqrt{1-\rho^2}}e^{-\frac{1}{2}\frac{1}{1-\rho^2}Q} \tag{5.163}$$

ただし,

$$Q=\left(\frac{x-\mu_1}{\sigma_1}\right)^2-2\rho\cdot\frac{x-\mu_1}{\sigma_1}\cdot\frac{y-\mu_2}{\sigma_2}+\left(\frac{y-\mu_2}{\sigma_2}\right)^2$$

- $E(X)=\mu_1,\quad E(Y)=\mu_2$
- $V(X)=\sigma_1^2,\quad V(Y)=\sigma_2^2$
- $Cov(X,Y)=\rho\sigma_1\sigma_2$
- $X=x$ のもとでの Y の条件付分布は,

$$N\left(\mu_2+\rho\frac{\sigma_2}{\sigma_1}(x-\mu_1),\ \sigma_2^2(1-\rho^2)\right) \tag{5.164}$$

多次元ベータ分布

$(X,Y)\sim Beta(a,b,c),\ \ a>0,\ \ b>0,\ \ c>0,\ \ 0<x<1,\ \ 0<y<1,$
$x+y<1$

$f_{(X,Y)}(x,y)$	X の周辺分布 $f_X(x)$	Y の周辺分布 $f_Y(y)$
$\frac{1}{B(a,b,c)}x^{a-1}y^{b-1}(1-x-y)^{c-1}$	$Beta(a,b+c)$	$Beta(b,a+c)$

- **多次元ベータ関数**：$0<a<\infty,\quad 0<b<\infty,\quad 0<c<\infty$ として,

$$B(a,b,c)=\iint_{\substack{x>0,\\ y>0,\\ x+y<1}} x^{a-1}y^{b-1}(1-x-y)^{c-1}dxdy=\frac{\Gamma(a)\,\Gamma(b)\,\Gamma(c)}{\Gamma(a+b+c)}$$

- $X+Y\sim Beta(a+b,c)$

$X\sim Y\sim Z\sim U(0,1)$ で互いに独立であるとき，多次元ベータ関数の性質を利用して以下の計算ができる.

例

$$P(X+Y<1)=\iint_{\substack{x>0,\\ y>0,\\ x+y<1}} x^{1-1}y^{1-1}(1-x-y)^{1-1}dxdy$$

$$= \frac{\Gamma(1)\,\Gamma(1)\,\Gamma(1)}{\Gamma(3)}$$

$$= \frac{1}{2}$$

これは幾何的に解くと，1辺の長さが1の直角三角形の面積になる．

$$P(X+2Y<1) = \frac{1}{2}\iint_{\substack{x>0,\\ u>0,\\ x+u<1}} x^{1-1}u^{1-1}(1-x-u)^{1-1}dxdu$$

$$= \frac{\Gamma(1)\,\Gamma(1)\,\Gamma(1)}{2\cdot\Gamma(3)}$$

$$= \frac{1}{4} \qquad (2y=u \text{ と置換})$$

$$P(X+Y+Z<1) = \iiint_{\substack{x>0,\\ y>0,\\ z>0,\\ x+y+z<1}} x^{1-1}y^{1-1}z^{1-1}(1-x-y-z)^{1-1}dxdydz$$

$$= \frac{\Gamma(1)\Gamma(1)\Gamma(1)\Gamma(1)}{\Gamma(4)}$$

$$= \frac{1}{6}$$

これは幾何的に解くと，1辺の長さが1の直角三角錐の体積になる．

$$P\left(X^2+Y^2+Z^2<1\right)$$

$$= \left(\frac{1}{2}\right)^3 \iiint_{\substack{u>0,\\ v>0,\\ w>0,\\ u+v+w<1}} u^{\frac{1}{2}-1}v^{\frac{1}{2}-1}w^{\frac{1}{2}-1}(1-u-v-w)^{1-1}dudvdw$$

$$= \frac{\Gamma\left(\frac{1}{2}\right)\Gamma\left(\frac{1}{2}\right)\Gamma\left(\frac{1}{2}\right)\Gamma(1)}{8\cdot\Gamma\left(\frac{5}{2}\right)}$$

$$= \frac{\pi}{6} \qquad (x^2=u,\ y^2=v,\ z^2=w \text{ と置換})$$

これは幾何的に解くと，半径1の球の1/8の体積になる．

$$
\begin{aligned}
&P\bigl(X+Y^2+Z<1\bigr)\\
&=\frac{1}{2}\iiint_{\substack{x>0,\\ v>0,\\ z>0,\\ x+v+z<1}} x^{1-1}v^{\frac{1}{2}-1}z^{1-1}\cdot(1-x-v-z)^{1-1}dxdvdz\\
&=\frac{\Gamma(1)\,\Gamma\left(\frac{1}{2}\right)\Gamma(1)\,\Gamma(1)}{2\cdot\Gamma\left(\frac{7}{2}\right)}\\
&=\frac{4}{15} \qquad\qquad (y^2=v \text{ と置換})
\end{aligned}
$$

5.4.2　確率ベクトル

確率変数の組 $(X_1,\ldots,X_n)$ を**確率ベクトル**という．

このとき，確率ベクトル (X,Y) の積率母関数 $\phi(\theta_1,\theta_2)$ は，以下の通り表される．

$$\phi(\theta_1,\theta_2)=E(e^{\theta_1 X+\theta_2 Y})$$

■第 6 章 統計分野公式

6.1 統計総論

総論では，統計全般の基本的事項をまとめている．

6.1.1 標本平均・標本分散・標本不偏分散

標本値 $(x_1, x_2, \ldots, x_n)$ を実現値とする互いに独立な確率変数の組 $(X_1, X_2, \ldots, X_n)$ を標本変量という．この標本変量に対して，標本平均，標本分散，標本不偏分散は以下の通り．

- 標本平均

$$\overline{X} = \frac{1}{n}\sum_{i=1}^{n} X_i \tag{6.1}$$

- 標本分散（電卓で計算するには公式 (6.3) を用いると便利）

$$s^2 = \frac{1}{n}\sum_{i=1}^{n}\left(X_i - \overline{X}\right)^2 = \frac{1}{n}\sum_{i=1}^{n}(X_i - \mu)^2 - \left(\mu - \overline{X}\right)^2 \tag{6.2}$$

$$= \frac{1}{n}\sum_{i=1}^{n} X_i^2 - \overline{X}^2 \tag{6.3}$$

- **標本不偏分散**

$$V^2 = \frac{1}{n-1}\sum_{i=1}^{n}\left(X_i - \overline{X}\right)^2 = \frac{n}{n-1}s^2 \tag{6.4}$$

一般に，標本変量 $(X_1, X_2, \ldots, X_n)$ が，平均 μ，分散 σ^2 の母集団からのものであるとき，その標本平均 $\overline{X}$ について，以下のことがいえる．

$$E\left(\overline{X}\right) = \mu\,, \qquad V\left(\overline{X}\right) = \frac{\sigma^2}{n} \tag{6.5}$$

6.1.2　不偏推定量と有効推定量

推定しようとする未知の母数（確率密度関数等の各パラメータ）θ の推定量として，T をとったとき，$E(T) = \theta$ が成り立つ場合に，T を**不偏推定量**と呼ぶ．出題頻度は高い．

また，T_1, T_2 が，ともに未知母数 θ の不偏推定量で，$V(T_1) < V(T_2)$ を満たすとき，T_1 は T_2 より有効であるという．θ の不偏推定量のうち，分散が最小のものを**有効推定量**，または**最小分散不偏推定量**と呼ぶ．

T を θ の不偏推定量とするとき，下記の**クラメール・ラオの不等式**が成立する．有効推定量は，クラメール・ラオの不等式において等号が成り立つものである．

$$V(T) \geq \frac{1}{nE\left(\left(\dfrac{\partial \log f(X;\theta)}{\partial\theta}\right)^2\right)} = \frac{1}{-nE\left(\dfrac{\partial^2 \log f(X;\theta)}{\partial\theta^2}\right)} \tag{6.6}$$

上式の逆数を**フィッシャー情報量** $I_n(\theta)$ という．

$$I_n(\theta) = nE\left(\left(\frac{\partial \log f(X;\theta)}{\partial\theta}\right)^2\right) = -nE\left(\frac{\partial^2 \log f(X;\theta)}{\partial\theta^2}\right) \tag{6.7}$$

なお，フィッシャー情報量 $I_n(\theta)$ を求めるときは，データによる対数尤度 $l(\theta)$ の式をもとにして，

$$I_n(\theta) = -\frac{\partial^2}{\partial\theta^2}l(\theta) \tag{6.8}$$

とすることができる．この式は検算にとても有効．

6.1.3 一致推定量と十分推定量

推定量は，標本数が大きくなると真の母数に近づくものが望ましい．任意の $\varepsilon > 0$ に対して，

$$\lim_{n \to \infty} P\left(\left|\hat{\theta}_n - \theta\right| > \varepsilon\right) = 0 \tag{6.9}$$

を満たす $\hat{\theta}_n$ を**一致推定量**という．

また，標本変量 $(X_1, X_2, \ldots, X_n)$ の確率密度関数 $\prod_{i=1}^{n} f(x_i; \theta)$ が，$\hat{\theta}_n$ の関数 $g\left(\hat{\theta}_n; \theta\right)$ と θ に無関係な関数 $h(x_1, x_2, \ldots, x_n)$ により，

$$\prod_{i=1}^{n} f(x_i; \theta) = g\left(\hat{\theta}_n(x_1, x_2, \ldots, x_n); \theta\right) \cdot h(x_1, x_2, \ldots, x_n) \tag{6.10}$$

と分解できるとき，$\hat{\theta}_n$ を**十分推定量（充足推定量）**という．この分解ができる場合に，$\hat{\theta}_n$ が与えられたときの $(X_1, X_2, \ldots, X_n)$ の条件付確率密度関数は，母数 θ には依存しないものとなる．これは，θ の推定を行ううえで，$\hat{\theta}_n$ 以外の情報は必要ないことを意味している．

もし十分統計量ならば，その確率密度関数は，十分性を示すための関数 $g(\hat{\theta}; \theta)$ として必ず使える．ゆえに，十分統計量の確率密度関数を書くことがすぐにできるのなら，それを $g(\hat{\theta}; \theta)$ として使う，というのは1つの確実なアプローチである．だが，その場合も含め，確率密度関数を使わなければいけないということはなく，また，確率密度関数が簡単に見いだせない場合もあるので，そのような場合にも十分性を示すための分解ができるように準備しておくべきである．

なお，過去問において，推定量が**不偏性**，**有効性**，**一致性**，**十分性（充足性）**を満たしているか判定させる問題が出題されたが，これらは推定量がそれぞれ不偏推定量，有効推定量，一致推定量，十分推定量（充足推定量）の性質を満たすかどうかを確認すればよい．

6.1.4 チェビシェフの不等式

$E(X) = \mu$，$V(X) = \sigma^2$ とおき，$k > 1$ を任意の定数としたとき，以下が

成り立ち，**チェビシェフの不等式**という．

$$P(|X-\mu| \geq k\sigma) \leq \frac{1}{k^2} \tag{6.11}$$

6.1.5　最尤法とモーメント法

最尤法

最尤法は，統計分野で出題頻度が高い分野の1つ．

未知の母数（確率密度関数等の各パラメータ）θ，母集団分布の確率密度関数（離散型の場合は確率関数）を$f(X;\theta)$とすれば，標本変量$(X_1, X_2, \ldots, X_n)$の実現値$(x_1, x_2, \ldots, x_n)$を得たときの「もっともらしさ」，尤度は，同時確率密度として以下の通り表される．

$$L = L(\theta) = \prod_{i=1}^{n} f(x_i;\theta) \tag{6.12}$$

このLをθの**尤度関数**といい，**最尤法**とは，尤度Lを最大にするようなθを求める方法である．実際には両辺の対数をとり，$\log L$をθで微分して0となるようなθを求めていくこととなる．このようにして得られるθは，$x_1, x_2, \ldots, x_n$を変数とみれば関数となるが，その変数を形式的にさらに$X_1, X_2, \ldots, X_n$に置き換えた関数を**最尤推定量**と呼ぶ．

総数Nの最尤推定

総数Nの母集団からm個を取り出し印を付けた後でサンプル調査をする．このときn個を取得して調べたところk個に印がついていた．この場合は，総数Nの最尤推定値の概算値は以下の通り．

（ア）　サンプルを復元抽出するとき

$$N = \frac{mn}{k} \tag{6.13}$$

これが自然数であれば，それをそのまま答えとして良い．上記公式は2

項母集団 $Bin(1,p)$ の p の最尤推定値が $\dfrac{k}{n}$ であり，これと母比率の推定値 $\hat{p}=\dfrac{m}{N}$ から導出される．

(イ) サンプルを非復元抽出するとき

$$N=\left[\frac{mn}{k}\right] \tag{6.14}$$

ただし，$N=\dfrac{mn}{k}$ が自然数であれば，$N=\dfrac{mn}{k}$，および $N=\dfrac{mn}{k}-1$ の両方が最尤推定値となる．

モーメント法

データが従っている分布がわかっている場合，その分布の理論的な $E(X), V(X)$ と，標本から得られる標本平均，標本分散が等しいとして，母数を未知数とする連立方程式をたてて，母数を求める方法．

有限母集団

母集団 N 個，標本の個数 n 個 $(X_1, X_2, \ldots, X_n)$，母平均を μ，母分散を σ^2 としたとき，

$$E(\overline{X})=\mu, \qquad V(\overline{X})=\frac{N-n}{N-1}\cdot\frac{\sigma^2}{n} \tag{6.15}$$

$$Cov\,(X_i, X_j)=-\frac{\sigma^2}{N-1}\ (i\neq j), \quad \rho(X_i, X_j)=-\frac{1}{N-1}\ (i\neq j) \tag{6.16}$$

公式 (6.15) の $V(\overline{X})$ の式の右辺の係数 $\dfrac{N-n}{N-1}$ は，**有限母集団修正係数**である．

6.1.6 区間推定・検定の手順

区間推定・検定の手順は以下の通りだが，これは必須問題集にあるような具体的な問題を解いていくほうが理解しやすいと思う．

通常，最初に母集団の従う分布が与えられているため，その統計量を覚えておくことによって，問題を解くことができる．(→6.2 参照)

- 「ある分布」に従う統計量を作る
- 推定の場合は，その統計量が与えられた「比率」（信頼区間）以内で収まる範囲を作る
- 検定の場合は，その統計量が与えられた「比率」（＝1−有意水準）内で収まる範囲の内か外かを判定する

6.1.7　第一種の誤りと第二種の誤り

統計的検定において，棄却しようとする仮説を**帰無仮説**（H_0）といい，それに対立する仮説を**対立仮説**（H_1）という．

第一種の誤り　帰無仮説（H_0）が正しいにもかかわらず棄却してしまう誤り

第二種の誤り　帰無仮説（H_0）が誤っている，すなわち H_1 が正しいにもかかわらず，H_0 を採択する（棄却できない）誤り

第一種の誤りを起こす確率を**有意水準**といい，1−（第二種の誤りを起こす確率）を**検出力**という．

第一種の誤りが起きる確率は，帰無仮説 H_0（添字0が第一種の1から1をひいたもの）のもとで検定を誤るような事象だと考え，第二種の誤りが起きる確率は，対立仮説 H_1（添字1が第二種の2から1をひいたもの）のもとで検定を誤るような事象だと考えると記憶しやすい．

6.2　統計各論

区間推定・検定にあたっては，母集団・特性値ごとの統計量を覚えておく．もしくは，該当する信頼区間，棄却域の公式を覚えておけば，公式どおりに解答できるものがほとんどである．大変ではあるが，頭を悩ます必要はないので，問題とセットで覚えていこう．

試験に出題されたことのある統計量・推定量，およびそれらを使った重要公式を記載する．

6.2.1　正規母集団 $\boldsymbol{N(\mu, \sigma^2)}$ の母平均 $\boldsymbol{\mu}$ の統計的推測

母分散 $\boldsymbol{\sigma^2}$ は既知

推定量	$\hat{\mu} = \overline{X} \sim N\left(\mu, \dfrac{\sigma^2}{n}\right)$
統計量	$T = \dfrac{\overline{X} - \mu}{\sqrt{\sigma^2/n}} \sim N(0,1)$
信頼区間	$\overline{x} - u\left(\dfrac{\varepsilon}{2}\right) \cdot \sqrt{\dfrac{\sigma^2}{n}} \leq \mu \leq \overline{x} + u\left(\dfrac{\varepsilon}{2}\right) \cdot \sqrt{\dfrac{\sigma^2}{n}}$
棄却域	帰無仮説 H_0 は $\mu = \mu_0$ とする．
	$t_0 = \dfrac{\overline{x} - \mu_0}{\sqrt{\sigma^2/n}}$ とする．
	$H_1 : \mu \neq \mu_0 \Longrightarrow \lvert t_0 \rvert > u\left(\dfrac{\varepsilon}{2}\right)$
	$H_1 : \mu > \mu_0 \Longrightarrow t_0 > u(\varepsilon)$
	$H_1 : \mu < \mu_0 \Longrightarrow t_0 < -u(\varepsilon)$

母分散 σ^2 は未知

推定量	$\hat{\mu}=\overline{X}\sim N\left(\mu,\dfrac{\sigma^2}{n}\right)$
統計量	$T=\dfrac{\hat{\mu}-\mu}{\sqrt{\dfrac{\hat{\sigma}^2}{n}}}=\dfrac{\overline{X}-\mu}{\sqrt{\dfrac{\sum_{i=1}^{n}\left(X_i-\overline{X}\right)^2}{n(n-1)}}}\sim t(n-1)$
信頼区間	$\overline{x}-t_{n-1}\left(\dfrac{\varepsilon}{2}\right)\cdot\sqrt{\dfrac{\sum_{i=1}^{n}(x_i-\overline{x})^2}{n(n-1)}}\leq\mu\leq$ $\overline{x}+t_{n-1}\left(\dfrac{\varepsilon}{2}\right)\cdot\sqrt{\dfrac{\sum_{i=1}^{n}(x_i-\overline{x})^2}{n(n-1)}}$
棄却域	帰無仮説 H_0 は $\mu=\mu_0$ とする.
	$t_0=\dfrac{\overline{x}-\mu_0}{\sqrt{\dfrac{\sum_{i=1}^{n}(x_i-\overline{x})^2}{n(n-1)}}}$ とする.
	$H_1:\mu\neq\mu_0\Longrightarrow\|t_0\|>t_{n-1}\left(\dfrac{\varepsilon}{2}\right)$
	$H_1:\mu>\mu_0\Longrightarrow t_0>t_{n-1}(\varepsilon)$
	$H_1:\mu<\mu_0\Longrightarrow t_0<-t_{n-1}(\varepsilon)$

$\hat{\sigma}^2$ は母分散の不偏推定量 $\hat{\sigma}^2=\dfrac{\sum_{i=1}^{n}\left(X_i-\overline{X}\right)^2}{n-1}$ であり,

$\dfrac{(n-1)\hat{\sigma}^2}{\sigma^2}\sim\chi^2(n-1)$. $\hat{\sigma}^2,\overline{X}$ は独立.

6.2.2 2つの正規母集団の母平均の差 δ の統計的推測

2つの正規母集団を $N\left(\mu_1, \sigma_1^2\right)$, $N\left(\mu_2, \sigma_2^2\right)$ とし，$\delta = \mu_1 - \mu_2$ とする．

母分散 $\boldsymbol{\sigma_1^2, \sigma_2^2}$ は既知

推定量	$\hat{\delta} = \overline{X}_1 - \overline{X}_2 \sim N\left(\delta,\ \dfrac{\sigma_1^2}{n_1} + \dfrac{\sigma_2^2}{n_2}\right)$
統計量	$T = \dfrac{\hat{\delta} - \delta}{\sqrt{\sigma_1^2/n_1 + \sigma_2^2/n_2}} = \dfrac{\overline{X}_1 - \overline{X}_2 - (\mu_1 - \mu_2)}{\sqrt{\sigma_1^2/n_1 + \sigma_2^2/n_2}} \sim N(0,1)$
信頼区間	$\overline{x}_1 - \overline{x}_2 - u\left(\dfrac{\varepsilon}{2}\right) \cdot \sqrt{\dfrac{\sigma_1^2}{n_1} + \dfrac{\sigma_2^2}{n_2}} \leq \delta \leq \overline{x}_1 - \overline{x}_2 + u\left(\dfrac{\varepsilon}{2}\right) \cdot \sqrt{\dfrac{\sigma_1^2}{n_1} + \dfrac{\sigma_2^2}{n_2}}$
棄却域	帰無仮説 H_0 は $\delta = \delta_0$ とする．
	$t_0 = \dfrac{\overline{x}_1 - \overline{x}_2 - \delta_0}{\sqrt{\sigma_1^2/n_1 + \sigma_2^2/n_2}}$ とする．
	$H_1 : \delta \neq \delta_0 \Longrightarrow \lvert t_0 \rvert > u\left(\dfrac{\varepsilon}{2}\right)$
	$H_1 : \delta > \delta_0 \Longrightarrow t_0 > u(\varepsilon)$
	$H_1 : \delta < \delta_0 \Longrightarrow t_0 < -u(\varepsilon)$

母分散 $\left(\boldsymbol{\sigma_1^2=\sigma_2^2=\sigma^2}\right)$ は等分散だが $\boldsymbol{\sigma^2}$ は未知

$s_1^2=\dfrac{1}{n_1}\sum_{i=1}^{n_1}\left(X_{1i}-\overline{X}_1\right)^2,\quad s_2^2=\dfrac{1}{n_2}\sum_{i=1}^{n_2}\left(X_{2i}-\overline{X}_2\right)^2$ とし，次の表ではこれらの実現値もそれぞれ s_1^2, s_2^2 で表す．

推定量	$\hat{\delta}=\overline{X}_1-\overline{X}_2 \sim N\left(\delta,\left(\dfrac{1}{n_1}+\dfrac{1}{n_2}\right)\sigma^2\right)$
統計量	$T=\dfrac{\hat{\delta}-\delta}{\sqrt{\left(\frac{1}{n_1}+\frac{1}{n_2}\right)\hat{\sigma}^2}}=\dfrac{\overline{X}_1-\overline{X}_2-(\mu_1-\mu_2)}{\sqrt{\left(\frac{1}{n_1}+\frac{1}{n_2}\right)\frac{n_1s_1^2+n_2s_2^2}{n_1+n_2-2}}} \sim t(n_1+n_2-2)$
信頼区間	$\overline{x}_1-\overline{x}_2-t_{n_1+n_2-2}\left(\dfrac{\varepsilon}{2}\right)\cdot\sqrt{\left(\dfrac{1}{n_1}+\dfrac{1}{n_2}\right)\dfrac{n_1s_1^2+n_2s_2^2}{n_1+n_2-2}} \le \delta \le$ $\overline{x}_1-\overline{x}_2+t_{n_1+n_2-2}\left(\dfrac{\varepsilon}{2}\right)\cdot\sqrt{\left(\dfrac{1}{n_1}+\dfrac{1}{n_2}\right)\dfrac{n_1s_1^2+n_2s_2^2}{n_1+n_2-2}}$
棄却域	帰無仮説 H_0 は $\delta=\delta_0$ とする．
	$t_0=\dfrac{\overline{x}_1-\overline{x}_2-\delta_0}{\sqrt{\left(\dfrac{1}{n_1}+\dfrac{1}{n_2}\right)\dfrac{n_1s_1^2+n_2s_2^2}{n_1+n_2-2}}}$ とする．
	$H_1:\delta\neq\delta_0 \Longrightarrow \lvert t_0\rvert > t_{n_1+n_2-2}\left(\dfrac{\varepsilon}{2}\right)$
	$H_1:\delta>\delta_0 \Longrightarrow t_0 > t_{n_1+n_2-2}(\varepsilon)$
	$H_1:\delta<\delta_0 \Longrightarrow t_0 < -t_{n_1+n_2-2}(\varepsilon)$

母分散 $\boldsymbol{\sigma_1^2, \sigma_2^2}$ は等分散ではなく，ともに未知の場合

$\hat{\sigma}_1^2 = \dfrac{1}{n_1-1}\displaystyle\sum_{i=1}^{n_1}(X_{1i}-\overline{X}_1)^2$,　$\hat{\sigma}_2^2 = \dfrac{1}{n_2-1}\displaystyle\sum_{i=1}^{n_2}(X_{2i}-\overline{X}_2)^2$ とし，次の表ではこれらの実現値もそれぞれ $\hat{\sigma}_1^2, \hat{\sigma}_2^2$ で表す．

推定量	$\hat{d}=\overline{X}_1-\overline{X}_2 \sim N\left(d,\ \dfrac{\sigma_1^2}{n_1}+\dfrac{\sigma_2^2}{n_2}\right)$
統計量	$T=\dfrac{\hat{d}-d}{\sqrt{\dfrac{\hat{\sigma}_1^2}{n_1}+\dfrac{\hat{\sigma}_2^2}{n_2}}}=\dfrac{\overline{X}_1-\overline{X}_2-(\mu_1-\mu_2)}{\sqrt{\dfrac{\hat{\sigma}_1^2}{n_1}+\dfrac{\hat{\sigma}_2^2}{n_2}}} \sim t(m)$
信頼区間	$\overline{x}_1-\overline{x}_2-t_m\left(\dfrac{\varepsilon}{2}\right)\sqrt{\dfrac{\hat{\sigma}_1^2}{n_1}+\dfrac{\hat{\sigma}_2^2}{n_2}} \leq d \leq$ $\overline{x}_1-\overline{x}_2+t_m\left(\dfrac{\varepsilon}{2}\right)\sqrt{\dfrac{\hat{\sigma}_1^2}{n_1}+\dfrac{\hat{\sigma}_2^2}{n_2}}$
棄却域	帰無仮説 H_0 は $d=d_0$ とする．
	$t_0=\dfrac{\overline{x}_1-\overline{x}_2-d_0}{\sqrt{\dfrac{\hat{\sigma}_1^2}{n_1}+\dfrac{\hat{\sigma}_2^2}{n_2}}}$ とする．
	$H_1\colon d \neq d_0 \Longrightarrow \lvert t_0 \rvert > t_m\left(\dfrac{\varepsilon}{2}\right)$
	$H_1\colon d > d_0 \Longrightarrow t_0 > t_m(\varepsilon)$
	$H_1\colon d < d_0 \Longrightarrow t_0 < -t_m(\varepsilon)$

ここで，m は以下の通り．

$$m=\frac{\left(\dfrac{\hat{\sigma}_1^2}{n_1}+\dfrac{\hat{\sigma}_2^2}{n_2}\right)^2}{\dfrac{(\hat{\sigma}_1^2)^2}{n_1^2(n_1-1)}+\dfrac{(\hat{\sigma}_2^2)^2}{n_2^2(n_2-1)}}$$

以上の場合の検定を**ウェルチの検定**という．

6.2.3　正規母集団 $\boldsymbol{N(\mu, \sigma^2)}$ の母分散 $\boldsymbol{\sigma^2}$ の統計的推測

母平均 $\boldsymbol{\mu}$ は既知

推定量	$\hat{\sigma}^2 = \dfrac{1}{n}\sum_{i=1}^{n}(X_i - \mu)^2 \sim \Gamma\left(\dfrac{n}{2}, \dfrac{n}{2\sigma^2}\right) = \dfrac{\sigma^2}{n}\chi^2(n)$
統計量	$T = \dfrac{n\hat{\sigma}^2}{\sigma^2} = \dfrac{\sum_{i=1}^{n}(X_i - \mu)^2}{\sigma^2} \sim \chi^2(n)$
信頼区間	$\dfrac{\sum_{i=1}^{n}(x_i - \mu)^2}{\chi_n^2\left(\dfrac{\varepsilon}{2}\right)} \leq \sigma^2 \leq \dfrac{\sum_{i=1}^{n}(x_i - \mu)^2}{\chi_n^2\left(1 - \dfrac{\varepsilon}{2}\right)}$
棄却域	帰無仮説 H_0 は $\sigma^2 = \sigma_0^2$ とする.
	$t_0 = \dfrac{\sum_{i=1}^{n}(x_i - \mu)^2}{\sigma_0^2}$ とする.
	$H_1 : \sigma^2 \neq \sigma_0^2 \Longrightarrow t_0 > \chi_n^2\left(\dfrac{\varepsilon}{2}\right) \cup t_0 < \chi_n^2\left(1 - \dfrac{\varepsilon}{2}\right)$
	$H_1 : \sigma^2 > \sigma_0^2 \Longrightarrow t_0 > \chi_n^2(\varepsilon)$
	$H_1 : \sigma^2 < \sigma_0^2 \Longrightarrow t_0 < \chi_n^2(1 - \varepsilon)$

母平均 μ は未知

推定量	$\hat{\sigma}^2 = \frac{1}{n-1}\sum_{i=1}^{n}\left(X_i - \overline{X}\right)^2 \sim \Gamma\left(\frac{n-1}{2}, \frac{n-1}{2\sigma^2}\right) = \frac{\sigma^2}{n-1}\chi^2(n-1)$
統計量	$T = \frac{(n-1)\hat{\sigma}^2}{\sigma^2} = \frac{\sum_{i=1}^{n}\left(X_i - \overline{X}\right)^2}{\sigma^2} \sim \chi^2(n-1)$
信頼区間	$\frac{\sum_{i=1}^{n}(x_i - \overline{x})^2}{\chi^2_{n-1}\left(\frac{\varepsilon}{2}\right)} \leq \sigma^2 \leq \frac{\sum_{i=1}^{n}(x_i - \overline{x})^2}{\chi^2_{n-1}\left(1-\frac{\varepsilon}{2}\right)}$
棄却域	帰無仮説 H_0 は $\sigma^2 = \sigma_0^2$ とする.
	$t_0 = \frac{\sum_{i=1}^{n}(x_i - \overline{x})^2}{\sigma_0^2}$ とする.
	$H_1 : \sigma^2 \neq \sigma_0^2$ $\Longrightarrow$ $t_0 > \chi^2_{n-1}\left(\frac{\varepsilon}{2}\right) \cup t_0 < \chi^2_{n-1}\left(1-\frac{\varepsilon}{2}\right)$
	$H_1 : \sigma^2 > \sigma_0^2 \Longrightarrow t_0 > \chi^2_{n-1}(\varepsilon)$
	$H_1 : \sigma^2 < \sigma_0^2 \Longrightarrow t_0 < \chi^2_{n-1}(1-\varepsilon)$

6.2.4　2つの正規母集団の母分散比の区間推定と等分散仮説の検定

2つの正規母集団を $N\left(\mu_1, \sigma_1^2\right)$, $N\left(\mu_2, \sigma_2^2\right)$ とする．また，

$$\hat{\sigma}_1^2 = \frac{1}{n_1-1}\sum_{i=1}^{n_1}\left(X_{1i} - \overline{X}\right)^2 = \frac{n_1 s_1^2}{n_1-1}$$

$$\hat{\sigma}_2^2 = \frac{1}{n_1-1}\sum_{i=1}^{n_2}\left(X_{2i} - \overline{X}\right)^2 = \frac{n_2 s_2^2}{n_2-1}$$

とし，次の表ではこれらの実現値もそれぞれ $\hat{\sigma}_1^2, \hat{\sigma}_2^2$ で表す．

統計量	$T = \dfrac{\frac{n_1 s_1^2}{(n_1-1)\sigma_1^2}}{\frac{n_2 s_2^2}{(n_2-1)\sigma_2^2}} = \dfrac{\hat{\sigma}_1^2/\sigma_1^2}{\hat{\sigma}_2^2/\sigma_2^2} \sim F(n_1-1, n_2-1) = \dfrac{\frac{\chi^2(n_1-1)}{n_1-1}}{\frac{\chi^2(n_2-1)}{n_2-1}}$
信頼区間	$\dfrac{1}{F_{n_1-1}^{n_2-1}\left(\frac{\varepsilon}{2}\right)}\dfrac{\hat{\sigma}_2^2}{\hat{\sigma}_1^2} \leq \dfrac{\sigma_2^2}{\sigma_1^2} \leq F_{n_2-1}^{n_1-1}\left(\dfrac{\varepsilon}{2}\right)\dfrac{\hat{\sigma}_2^2}{\hat{\sigma}_1^2}$
棄却域	帰無仮説 H_0 は $\sigma_1^2 = \sigma_2^2$ とする．
	$t_0 = \dfrac{\hat{\sigma}_1^2}{\hat{\sigma}_2^2}$ とする．
	$H_1 : \sigma_1^2 \neq \sigma_2^2 \Longrightarrow t_0 > F_{n_2-1}^{n_1-1}\left(\dfrac{\varepsilon}{2}\right) \cup t_0 < \dfrac{1}{F_{n_1-1}^{n_2-1}\left(\frac{\varepsilon}{2}\right)}$
	$H_1 : \sigma_1^2 > \sigma_2^2 \Longrightarrow t_0 > F_{n_2-1}^{n_1-1}(\varepsilon)$
	$H_1 : \sigma_1^2 < \sigma_2^2 \Longrightarrow t_0 < \dfrac{1}{F_{n_1-1}^{n_2-1}(\varepsilon)}$

6.2.5 2次元正規母集団の無相関検定と母相関係数の検定

2次元正規母集団の無相関検定

2つの正規母集団を $N(\mu_1,\sigma_1^2)$, $N(\mu_2,\sigma_2^2)$ とし，標本相関係数を $\hat{\rho}$, 母相関係数を ρ とする．

無相関検定の統計量	$T_0=\dfrac{\hat{\rho}\sqrt{n-2}}{\sqrt{1-\hat{\rho}^2}} \sim t(n-2)$
棄却域	帰無仮説 H_0 は $\rho=0$ とする．
	$H_1:\rho\neq 0 \Longrightarrow \lvert t_0\rvert > t_{n-2}\left(\dfrac{\varepsilon}{2}\right)$

2次元正規母集団の母相関係数の検定

2つの正規母集団を $N(\mu_1,\sigma_1^2)$, $N(\mu_2,\sigma_2^2)$ とし，標本相関係数を $\hat{\rho}$, 母相関係数を ρ とする．また，以下の通り関数を定義する（**z 変換**という）．

$$z(r)=\frac{1}{2}\log\frac{1+r}{1-r} \tag{6.17}$$

統計量	$T=\dfrac{z(\hat{\rho})-z(\rho)}{1/\sqrt{n-3}} \sim N(0,1)$
信頼区間	$z^{-1}\left(z(\hat{\rho})-u\left(\dfrac{\varepsilon}{2}\right)\dfrac{1}{\sqrt{n-3}}\right) \leq \rho \leq z^{-1}\left(z(\hat{\rho})+u\left(\dfrac{\varepsilon}{2}\right)\dfrac{1}{\sqrt{n-3}}\right)$
棄却域	帰無仮説 H_0 は $\rho=\rho_0$, $\rho_0\neq 0$ とする．
	$t_0=\dfrac{z(\hat{\rho})-z(\rho_0)}{1/\sqrt{n-3}}$ とする．
	$H_1:\rho\neq\rho_0 \Longrightarrow \lvert t_0\rvert > u\left(\dfrac{\varepsilon}{2}\right)$
	$H_1:\rho>\rho_0 \Longrightarrow t_0>u(\varepsilon)$
	$H_1:\rho<\rho_0 \Longrightarrow t_0<-u(\varepsilon)$

【注意！】

[国沢統計] には，無相関検定を行う場合は，標本の大きさ n が100未満のときは t 分布に従う統計量を用い，100以上のときは z 変換により正規分布に従う統計量を用いるという旨の記述がある．しかし実際には標本の大小によらず t 分布に従う統計量を用いるのがふつうである．(t 検定を行ったほうが精確であるし，一貫性もある．また，現在では t 検定用の数表は計算機に入っているものを使うので，自由度が大きい場合でも困ることはない．)

なお，無相関検定ではない，母相関係数の統計的推測を行う場合は，つねに z 変換により正規分布に従う統計量を用いる．

6.2.6　2項母集団 $Bin(1,p)$ の母比率 p の統計的推測

$t=n\overline{x}$ とする．

小標本，精密法 ($n\overline{x} \leq 4$)［$n\overline{x} \geq 5$ のときでも使用してよい］

推定量	$\hat{p}=\overline{X}$
統計量	$T=n\hat{p}=n\overline{X} \sim Bin(n,p)$
信頼区間	$n_1=2(n-t+1),\quad n_2=2t$ $n'_1=2(t+1),\quad n'_2=2(n-t)$ $\dfrac{n_2}{n_1F_{n_2}^{n_1}\left(\frac{\varepsilon}{2}\right)+n_2}<p<\dfrac{n'_1F_{n'_2}^{n'_1}\left(\frac{\varepsilon}{2}\right)}{n'_1F_{n'_2}^{n'_1}\left(\frac{\varepsilon}{2}\right)+n'_2}$
棄却域	帰無仮説 H_0 は $p=p_0$ とする．
	$H_1: p \neq p_0$ $\Longrightarrow \dfrac{n_2(1-p_0)}{n_1p_0}>F_{n_2}^{n_1}\left(\dfrac{\varepsilon}{2}\right) \cup \dfrac{n'_2p_0}{n'_1(1-p_0)}>F_{n'_2}^{n'_1}\left(\dfrac{\varepsilon}{2}\right)$
	$H_1: p>p_0 \Longrightarrow \dfrac{n_2(1-p_0)}{n_1p_0}>F_{n_2}^{n_1}(\varepsilon)$
	$H_1: p<p_0 \Longrightarrow \dfrac{n'_2p_0}{n'_1(1-p_0)}>F_{n'_2}^{n'_1}(\varepsilon)$

大標本，近似法 ($n\overline{x} \geq 5$)

推定量	$\hat{p} = \overline{X}$
統計量	$T = \dfrac{\hat{p}-p}{\sqrt{\dfrac{p(1-p)}{n}}} = \dfrac{\overline{X}-p}{\sqrt{\dfrac{p(1-p)}{n}}} \sim N(0,1)$
信頼区間	$\overline{x} - u\left(\dfrac{\varepsilon}{2}\right)\sqrt{\dfrac{\overline{x}(1-\overline{x})}{n}} \leq p \leq \overline{x} + u\left(\dfrac{\varepsilon}{2}\right)\sqrt{\dfrac{\overline{x}(1-\overline{x})}{n}}$
棄却域	帰無仮説 H_0 は $p = p_0$ とする．
	$t_0 = \dfrac{\hat{p}-p_0}{\sqrt{\dfrac{p_0(1-p_0)}{n}}} = \dfrac{\overline{x}-p_0}{\sqrt{\dfrac{p_0(1-p_0)}{n}}}$
	$H_1 : p \neq p_0 \Longrightarrow \lvert t_0 \rvert > u\left(\dfrac{\varepsilon}{2}\right)$
	$H_1 : p > p_0 \Longrightarrow t_0 > u(\varepsilon)$
	$H_1 : p < p_0 \Longrightarrow t_0 < -u(\varepsilon)$

二項分布と $\boldsymbol{F}$ 分布の関係

$X \sim Bin(n,p)$，$Y_1 \sim F(n_1', n_2')$，$Y_2 \sim F(n_1, n_2)$ のとき，以下の関係がある．

$$n_1 = 2(n-t+1)\,, \quad n_2 = 2t$$

$$n_1' = 2(t+1)\,, \quad n_2' = 2(n-t)$$

$$P(X \leq t) = \sum_{i=0}^{t} \binom{n}{i} p^i (1-p)^{n-i} \tag{6.18}$$

$$P(X \leq t) = P\left(Y_1 \geq \frac{n_2' p}{n_1'(1-p)}\right) \geq P\left(Y_1 \geq F_{n_2'}^{n_1'}\left(\frac{\varepsilon}{2}\right)\right) = \frac{\varepsilon}{2} \tag{6.19}$$

$$P(X \geq t) = P\left(Y_2 \geq \frac{n_2(1-p)}{n_1 p}\right) \geq P\left(Y_2 \geq F_{n_2}^{n_1}\left(\frac{\varepsilon}{2}\right)\right) = \frac{\varepsilon}{2} \tag{6.20}$$

6.2.7　2項母集団の母比率差 δ の統計的推測

2つの2項母集団を $Bin(1,p_1), Bin(1,p_2)$ とし，$\delta=p_1-p_2$ とする．

<table>
<tr><td>推定量</td><td>$\hat{\delta}=\overline{X}_1-\overline{X}_2 \sim N\left(\delta,\ \frac{p_1(1-p_1)}{n_1}+\frac{p_2(1-p_2)}{n_2}\right)$</td></tr>
<tr><td>統計量</td><td>$T=\dfrac{\hat{\delta}-\delta}{\sqrt{\dfrac{\hat{p}_1(1-\hat{p}_1)}{n_1}+\dfrac{\hat{p}_2(1-\hat{p}_2)}{n_2}}} \sim N(0,1)$</td></tr>
<tr><td>信頼区間</td><td>$\overline{x}_1-\overline{x}_2-u\left(\frac{\varepsilon}{2}\right)\cdot\sqrt{\dfrac{\hat{p}_1(1-\hat{p}_1)}{n_1}+\dfrac{\hat{p}_2(1-\hat{p}_2)}{n_2}} \leq \delta$
$\leq \overline{x}_1-\overline{x}_2+u\left(\frac{\varepsilon}{2}\right)\cdot\sqrt{\dfrac{\hat{p}_1(1-\hat{p}_1)}{n_1}+\dfrac{\hat{p}_2(1-\hat{p}_2)}{n_2}}$</td></tr>
<tr><td rowspan="5">棄却域</td><td>帰無仮説 H_0 は $\delta=\delta_0$ とする．</td></tr>
<tr><td>$t_0=\dfrac{\hat{p}_1-\hat{p}_2-\delta_0}{\sqrt{\dfrac{\hat{p}_1(1-\hat{p}_1)}{n_1}+\dfrac{\hat{p}_2(1-\hat{p}_2)}{n_2}}}$ とする．</td></tr>
<tr><td>$H_1:\delta\neq\delta_0 \Longrightarrow |t_0|>u\left(\frac{\varepsilon}{2}\right)$</td></tr>
<tr><td>$H_1:\delta>\delta_0 \Longrightarrow t_0>u(\varepsilon)$</td></tr>
<tr><td>$H_1:\delta<\delta_0 \Longrightarrow t_0<-u(\varepsilon)$</td></tr>
</table>

6.2.8 指数母集団 $\boldsymbol{\Gamma\left(1, \frac{1}{\mu}\right)}$ の母平均 $\boldsymbol{\mu}$ の統計的推測

推定量	$\hat{\mu}=\overline{X} \sim \Gamma\left(n, \dfrac{n}{\mu}\right)$
統計量	$T=\dfrac{2n\hat{\mu}}{\mu}=\dfrac{2n\overline{X}}{\mu} \sim \Gamma\left(n, \dfrac{1}{2}\right)=\chi^2(2n)$
信頼区間	$\dfrac{2n\overline{x}}{\chi^2_{2n}\left(\dfrac{\varepsilon}{2}\right)} \leq \mu \leq \dfrac{2n\overline{x}}{\chi^2_{2n}\left(1-\dfrac{\varepsilon}{2}\right)}$
棄却域	帰無仮説 H_0 は $\mu=\mu_0$ とする.
	$t_0=\dfrac{2n\hat{\mu}}{\mu_0}=\dfrac{2n\overline{x}}{\mu_0}$
	$H_1: \mu \neq \mu_0 \Longrightarrow t_0<\chi^2_{2n}\left(1-\dfrac{\varepsilon}{2}\right) \cup t_0>\chi^2_{2n}\left(\dfrac{\varepsilon}{2}\right)$
	$H_1: \mu>\mu_0 \Longrightarrow t_0>\chi^2_{2n}(\varepsilon)$
	$H_1: \mu<\mu_0 \Longrightarrow T_0<\chi^2_{2n}(1-\varepsilon)$

■データが $\boldsymbol{n}$ 個で打ち切られた場合の信頼区間　大きさ N 個の標本がその大きさの順に並べられたとき，n 番目のものまで観測され，残りの $N-n$ 個は観測されない場合

$$\frac{2n\hat{\mu}}{\chi^2_{2n}\left(\frac{\varepsilon}{2}\right)} \leq \mu \leq \frac{2n\hat{\mu}}{\chi^2_{2n}\left(1-\frac{\varepsilon}{2}\right)}$$

ただし，$\hat{\mu}=\dfrac{1}{n}\left\{\sum_{i=1}^{n} x_i+(N-n)x_n\right\}$ とする.

■データが $\boldsymbol{X}$ で打ち切られた場合の信頼区間　大きさ N 個の標本がその値が X 以下であるもののみが測定され，n 個の値は，$x_1, x_2, \ldots, x_n$ であったとする場合

$$\frac{2n\hat{\mu}}{\chi^2_{2n}\left(\frac{\varepsilon}{2}\right)} \leq \mu \leq \frac{2n\hat{\mu}}{\chi^2_{2n}\left(1-\frac{\varepsilon}{2}\right)}$$

ただし，$\hat{\mu}=\dfrac{1}{n}\left\{\sum_{i=1}^{n} x_i+(N-n)X\right\}$ とする.

6.2.9　ポアソン母集団 $Po(\lambda)$ の母平均 λ の統計的推測

$t=n\overline{x}$ とする．

小標本，精密法 ($n\overline{x} \le 4$)［$n\overline{x} \ge 5$ のときでも使用してよい］

推定量	$\hat{\lambda}=\overline{X}$
統計量	$T=n\overline{X} \sim Po(n\lambda)$
信頼区間	$\dfrac{\chi^2_{2t}\left(1-\dfrac{\varepsilon}{2}\right)}{2n} \le \lambda \le \dfrac{\chi^2_{2t+2}\left(\dfrac{\varepsilon}{2}\right)}{2n}$
棄却域	帰無仮説 H_0 は $\lambda=\lambda_0$ とする．
	$H_1:\lambda \ne \lambda_0$ $\Longrightarrow \quad 2n\lambda_0 < \chi^2_{2t}\left(1-\dfrac{\varepsilon}{2}\right) \cup 2n\lambda_0 > \chi^2_{2t+2}\left(\dfrac{\varepsilon}{2}\right)$
	$H_1:\lambda > \lambda_0 \Longrightarrow 2n\lambda_0 < \chi^2_{2t}(1-\varepsilon)$
	$H_1:\lambda < \lambda_0 \Longrightarrow 2n\lambda_0 > \chi^2_{2t+2}(\varepsilon)$

大標本，近似法 ($n\overline{x} \ge 5$)

推定量	$\hat{\lambda}=\overline{X}$
統計量	$T=\dfrac{\hat{\lambda}-\lambda}{\sqrt{\lambda/n}}=\dfrac{\overline{X}-\lambda}{\sqrt{\lambda/n}} \sim N(0,1)$
信頼区間	$\overline{x}-u\left(\dfrac{\varepsilon}{2}\right)\sqrt{\dfrac{\overline{x}}{n}} \le \lambda \le \overline{x}+u\left(\dfrac{\varepsilon}{2}\right)\sqrt{\dfrac{\overline{x}}{n}}$
棄却域	帰無仮説 H_0 は $\lambda=\lambda_0$ とする．
	$t_0=\dfrac{\hat{\lambda}-\lambda_0}{\sqrt{\lambda/n}}=\dfrac{\overline{x}-\lambda_0}{\sqrt{\lambda/n}}$
	$H_1:\lambda \ne \lambda_0 \Longrightarrow \lvert t_0 \rvert > u\left(\dfrac{\varepsilon}{2}\right)$
	$H_1:\lambda > \lambda_0 \Longrightarrow t_0 > u(\varepsilon)$
	$H_1:\lambda < \lambda_0 \Longrightarrow t_0 < -u(\varepsilon)$

ポアソン分布と χ^2 分布の関係

$$P(Po(\lambda) \le k) = P\left(\chi^2(2(k+1)) \ge 2\lambda\right) \tag{6.21}$$

$$P(Po(\lambda) \ge k) = P\left(\chi^2(2k) \le 2\lambda\right) \tag{6.22}$$

$$= P(\Gamma(k,1) \le \lambda) \tag{6.23}$$

6.2.10 適合度検定と独立性の検定

適合度

母集団が，k 個の排反する階級 $A_1, A_2, \dots, A_k$ に分類されている．

仮説 H_0：$A_1, A_2, \dots, A_k$ の現れる確率はそれぞれ，$p_1, p_2, \dots, p_k$ として，母集団から大きさ N の標本をとったとき，各階級の実現度数 n_i と理論度数 Np_i が下表の通りとなった．

階級	A_1	A_2	$\cdots$	A_k	合計
実現度数	n_1	n_2	$\cdots$	n_k	N
理論確率	p_1	p_2	$\cdots$	p_k	1
理論度数	Np_1	Np_2	$\cdots$	Np_k	N

このとき以下の統計量 T が χ^2 分布に従う．

$$T = \sum_{i=1}^{k} \frac{(n_i - Np_i)^2}{Np_i} = \sum_{i=1}^{k} \frac{(\text{実現度数} - \text{理論度数})^2}{\text{理論度数}} \sim \chi^2(k-1) \tag{6.24}$$

上記は，すべての階級で $Np_i \ge 5$，$n_i \ge 5$ が成り立っている必要があるため，少数の階級は隣の階級と併合した上で計算を行う．理論度数の従う分布について，未知母数を推定している場合，未知母数の数 r だけさらに，自由度を減らさなければならない．

棄却域は，$T > \chi^2_{k-r-1}(\varepsilon)$ である．

独立性

■$m \times n$ 分割表による検定

H_0：$m \times n$ 分割表において，属性 A,B は独立である．

これを検定する統計量 T の実現値 n_{ij} と理論値 m_{ij} は，下表の通りとする．

	B_1	$\cdots$	B_n	合計
A_1	n_{11}, m_{11}	$\cdots$	n_{1n}, m_{1n}	$n_{1\bullet}, m_{1\bullet}$
$\vdots$	$\vdots$	$\ddots$	$\vdots$	$\vdots$
A_m	n_{m1}, m_{m1}	$\cdots$	n_{mn}, m_{mn}	$n_{m\bullet}, m_{m\bullet}$
合計	$n_{\bullet 1}, m_{\bullet 1}$	$\cdots$	$n_{\bullet n}, m_{\bullet n}$	N

このとき，以下の統計量が χ^2 分布に従う．

$$\sum_{j=1}^{m}\sum_{i=1}^{n}\frac{(n_{ij}-m_{ij})^2}{m_{ij}}=\sum_{j=1}^{m}\sum_{i=1}^{n}\frac{(\text{実現度数}-\text{理論度数})^2}{\text{理論度数}} \tag{6.25}$$

$$=N\left(\sum_{i=1}^{m}\sum_{j=1}^{n}\frac{n_{ij}^2}{n_{i\bullet}\cdot n_{\bullet j}}-1\right) \tag{6.26}$$

$$\sim\chi^2((m-1)(n-1))$$

■2×2 分割表による検定

特に 2×2 の場合は，以下の公式も覚えると計算が速い．

H_0：2×2 分割表において，属性 A,B は独立である．

これを検定する統計量 T の実現値は，

	B_1	B_2	合計
A_1	a	b	$a+b$
A_2	c	d	$c+d$
合計	$a+c$	$b+d$	N

のとき，

$$T = \frac{N(ad-bc)^2}{(a+b)(c+d)(a+c)(b+d)} \sim \chi^2(1) \tag{6.27}$$

で表せる．

a, b, c, d のうち少なくとも 1 つが 5 以下であるときは，以下のイェーツの補正を行う．

$$T = \frac{N(|ad-bc|-N/2)^2}{(a+b)(c+d)(a+c)(b+d)} \sim \chi^2(1) \tag{6.28}$$

$T > \chi_1^2(\varepsilon)$ のとき，H_0 を棄却できる．

6.2.11　尤度比検定

注目している母数を θ，有意水準を ε，帰無仮説を H_0，対立仮説を H_1 とする．また，標本 $X_1, X_2, \ldots, X_n$ の母集団の確率密度関数（確率関数）を $f_X(x;\theta)$ とする．このとき，尤度比 $\lambda(x_1, x_2, \ldots, x_n)$ を以下の通り定義する．

$$\lambda(x_1, x_2, \ldots, x_n) = \frac{\max \prod_{i=1}^{n} f_X\left(x_i; \hat{\theta}_1\right)}{\prod_{i=1}^{n} f_X\left(x_i; \hat{\theta}_0\right)} = \frac{\text{対立仮説の尤度}}{\text{帰無仮説の尤度}} \tag{6.29}$$

このとき，$P(\lambda(x_1, x_2, \ldots, x_n) > k) \leq \varepsilon$ を満たす最小の k（たとえば左辺の確率がちょうど ε になるような k）によって作られる，$\lambda(x_1, x_2, \ldots, x_n) > k$ を棄却域とする．ここで，$\hat{\theta}_0$ は帰無仮説のもとでの θ の最尤推定値であり，$\hat{\theta}_1$ は対立仮説のもとでの θ の最尤推定値である．

なお，尤度比を以下の通り定義する流儀もある．

$$\lambda'(x_1, x_2, \ldots, x_n) = \frac{\text{帰無仮説の尤度}}{\text{対立仮説の尤度}} \tag{6.30}$$

このときは，$P(\lambda(x_1, x_2, \ldots, x_n) < k) \leq \varepsilon$ として同様に考える．

6.2.12　順序統計量

順序統計量の確率密度関数

$X_1, X_2, \ldots, X_n$ を独立同分布の確率変数とする．これらを昇順に並べて，$X_{(1)} \leq X_{(2)} \leq \cdots \leq X_{(n)}$ とする．このとき (i) 番目の $X_{(i)}$ の確率密度関数は以下のように表される．問題9.1の【補足】も参照のこと．

$$f_{X_{(i)}}(x) = \frac{n!}{(i-1)!\,(n-i)!}\{F(x)\}^{i-1} \cdot f(x) \cdot \{1-F(x)\}^{n-i} \tag{6.31}$$

順序統計量の最大値，最小値

順序統計量の確率密度関数の公式 $f_{X_{(i)}}(x)$ で，$i=1$ で最小値，$i=n$ で最大値となる．

したがって，最小値の確率密度関数，分布関数は，

$$f_{X_{(1)}}(x) = n \cdot f(x) \cdot \{1-F(x)\}^{n-1} \tag{6.32}$$

$$F_{X_{(1)}}(x) = 1-\{1-F(x)\}^{n} \tag{6.33}$$

最大値の確率密度関数，分布関数は，

$$f_{X_{(n)}}(x) = n\{F(x)\}^{n-1} \cdot f(x) \tag{6.34}$$

$$F_{X_{(n)}}(x) = \{F(x)\}^{n} \tag{6.35}$$

■ $\boldsymbol{X_i \sim \Gamma(1, \beta)}$ の場合

$$X_{(1)} \sim \Gamma(1, n\beta) \tag{6.36}$$

$$F_{X_{(n)}}(x) = \{F_X(x)\}^n = \left(1-e^{-\beta x}\right)^n \tag{6.37}$$

順序統計量の同時分布の確率密度関数

確率密度関数が $f(x)$ なる分布を持つ母集団からの大きさ n の標本値 $(x_1, x_2, \ldots, x_n)$ を小さいものから順に並べて，$x_{(1)}, x_{(2)}, \ldots, x_{(n)}$ としたとき，$x_{(r)}$ を実現値とする標本変量 $X_{(r)}$ を r 番目の順序統計量という．大きさ n の標本による k 個の順序統計量 $X_{(r_1)}, X_{(r_2)}, \cdots, X_{(r_k)} (r_1 < r_2 < \ldots < r_k)$

の同時分布の確率密度関数は，以下で与えられる．

$$
\begin{aligned}
&f\left(X_{(r_1)}, X_{(r_2)}, \ldots, X_{(r_k)}\right)\\
&=\frac{n!}{(r_1-1)!\,(r_2-r_1-1)!\cdots(n-r_k)!}\\
&\cdot\left(\int_{-\infty}^{x_{(r_1)}} f(x)dx\right)^{r_1-1}\cdot\left(\int_{x_{(r_1)}}^{x_{(r_2)}} f(x)dx\right)^{r_2-r_1-1}\cdots\left(\int_{x_{(r_k)}}^{\infty} f(x)dx\right)^{n-r_k}\\
&\cdot f\left(x_{(r_1)}\right)f\left(x_{(r_2)}\right)\cdots f\left(x_{(r_k)}\right) \qquad (6.38)
\end{aligned}
$$

順序統計量の範囲の確率密度関数

$X_1, X_2, \ldots, X_n$ を独立同分布（確率密度関数 $f(x)$，分布関数 $F(x)$）の確率変数とする．これらを昇順に並べて，$X_{(1)} \leq X_{(2)} \leq \cdots \leq X_{(n)}$ とする．このとき $R = X_{(j)} - X_{(i)}$ の分布（範囲の分布）の確率密度関数を以下のように表す．

$$
\begin{aligned}
f_R(x) = &\frac{n!}{(i-1)!\,(j-i-1)!\,(n-j)!}\\
&\cdot\int_{-\infty}^{\infty}\{F(t)\}^{i-1}f(t)\{F(t+x)-F(t)\}^{j-i-1}\\
&\qquad\cdot f(t+x)\{1-F(t+x)\}^{n-j}dt \qquad (6.39)
\end{aligned}
$$

$R' = X_{(n)} - X_{(1)}$ とした場合，

$$
f_{R'}(x) = \frac{n!}{(n-2)!}\int_{-\infty}^{\infty} f(t)\{F(t+x)-F(t)\}^{n-2}f(t+x)dt \qquad (6.40)
$$

$$
f_{R'}(x) = n(n-1)\int_{-\infty}^{\infty} f\left(x_{(1)}\right)\left\{\int_{x_{(1)}}^{R+x_{(1)}} f(x)dx\right\}^{n-2}\cdot f\left(R+x_{(1)}\right)dx_{(1)} \qquad (6.41)
$$

$\boldsymbol{X_i \sim U(0,1)}$ の順序統計量

下記公式の一番上の公式を覚えておけば，以降の公式にも応用が効く．

$$
X_{(i)} \sim Beta(i,\, n-i+1) \qquad (6.42)
$$

$$X_{(j)}-X_{(i)} \sim Beta(j-i,\, n-j+i+1) \tag{6.43}$$

$$X_{(1)} \sim Beta(1, n) \tag{6.44}$$

$$X_{(n)} \sim Beta(n, 1) \tag{6.45}$$

$$X_{(n)}-X_{(1)} \sim Beta(n-1,\, 2) \tag{6.46}$$

また $X_i \sim U(0,\theta)$ の順序統計量であれば，

$$X_{(i)} \sim \theta \cdot Beta(i,\, n-i+1) \tag{6.47}$$

一様分布の順序統計量と二項分布等の関係

$X_1, X_2, \ldots, X_n \sim U(0,1)$ として，これらを昇順に並べて，$X_{(1)} \leq X_{(2)} \leq \cdots \leq X_{(k)} \leq \cdots \leq X_{(n)}$ とする．

$$\begin{aligned}
&P(Bin(n,p) \geq k) \\
&= P(n\text{ 回のベルヌーイ試行のうち成功が }k\text{ 回以上}) \\
&= P(\text{初めて }k\text{ 回成功するまでに失敗が }n-k\text{ 回以下}) \\
&= P(NB(k,p) \leq n-k) && (6.48) \\
&= P(X_1, X_2, \ldots, X_n\text{ のうち少なくとも }k\text{ 個が }p\text{ 以下}) \\
&= P\left(X_{(k)} \leq p\right) && (6.49) \\
&= P(Beta(k, n-k+1) \leq p) && (6.50) \\
&= P\left(\frac{1}{1+\frac{n-k+1}{k}F(2(n-k+1), 2k)} \leq p\right) && (6.51)
\end{aligned}$$

■第7章
モデリング分野公式

7.1　回帰分析

7.1.1　単回帰

単回帰の回帰式 $y=\alpha+\beta x$ の求め方（r_{xy} は相関係数）.

$$\beta=\frac{\overline{xy}-\overline{x}\cdot\overline{y}}{\overline{x^2}-\overline{x}^2}=\frac{Cov(x,y)}{s_x^2}=\frac{r_{xy}s_y}{s_x} \tag{7.1}$$

$$\alpha=\overline{y}-\beta\overline{x} \tag{7.2}$$

また，覚えやすい形として，次も覚えておく．ここからも回帰式が導ける．y を x で回帰した式となる．

$$\frac{y-\overline{y}}{s_y}=r_{xy}\cdot\frac{x-\overline{x}}{s_x} \tag{7.3}$$

ここで，x を y で回帰した式がどうなるかというと，相関係数を残して左右を入れ替えた式となる．

$$\frac{x-\overline{x}}{s_x}=r_{xy}\cdot\frac{y-\overline{y}}{s_y} \tag{7.4}$$

両者の直線の交点は $(\overline{x},\overline{y})$ というのも知識として知っておくとよい．

別の形として，**正規方程式**の形もある．

$$\begin{pmatrix}1 & \overline{x}\\ \overline{x} & \overline{x^2}\end{pmatrix}\begin{pmatrix}\alpha\\ \beta\end{pmatrix}=\begin{pmatrix}\overline{y}\\ \overline{xy}\end{pmatrix} \tag{7.5}$$

7.1.2　重回帰

頻出．実際この連立方程式は 4.7.2 のクラーメルの公式を使うとよい．

回帰式を $y=\alpha+\beta_1\cdot x_1+\beta_2\cdot x_2$ とするとき，下記の正規方程式が成立する．

$$\begin{pmatrix} 1 & \overline{x_1} & \overline{x_2} \\ \overline{x_1} & \overline{x_1^2} & \overline{x_1\cdot x_2} \\ \overline{x_2} & \overline{x_1\cdot x_2} & \overline{x_2^2} \end{pmatrix}\begin{pmatrix} \alpha \\ \beta_1 \\ \beta_2 \end{pmatrix}=\begin{pmatrix} \overline{y} \\ \overline{x_1\cdot y} \\ \overline{x_2\cdot y} \end{pmatrix} \tag{7.6}$$

■ダミー変数　データ (x_i, y_i) に，定数項ダミー変数 d_i を取り入れる．d_i は通常 0,1 の値を取り，回帰式を切り替えられる．通常の単回帰式ではなく，$y=\alpha+\beta_1\cdot d+\beta_2\cdot x$ の重回帰式として正規方程式を解く．

7.1.3　非線形回帰

ロジスティック関数モデル $y=\dfrac{e^{\alpha+\beta x}}{1+e^{\alpha+\beta x}}\ (\beta>0)$ の推定法：下記の式で y を y' に変換してから α, β を推定する．

$$y'=\log\frac{y}{1-y} \tag{7.7}$$

対数線形モデル $y=\alpha x^{\beta}$ の推定 法：$y'=\log y$，$x'=\log x$ と変換することにより，以下の線形回帰モデルに帰着させることができる．

$$y'=\log\alpha+\beta x' \tag{7.8}$$

指数関数モデル $y=\alpha e^{\beta x}$ の推定法：$y'=\log y$ と変換することにより，以下の線形回帰モデルに帰着させることができる．

$$y'=\log\alpha+\beta x \tag{7.9}$$

プロビットモデルの場合は，標準正規分布の分布関数を用いている．$y'=F^{-1}(y)$ として標準正規分布表を用いて y を y' に変換してから，α, β を推定する．

7.1.4 確率分布の前提を置いた回帰モデルの分析

誤差項を確率変数としたモデルの推定量の分布については未出である．

誤差分散のみ試験に出た．β の推定量をもとにした検定は，損保数理で出題されている．

$Y_i = \alpha + \beta \cdot x_i + \varepsilon_i \left(\varepsilon_i \sim N\left(0, \sigma^2\right),\ i = 1, 2, \ldots, n,\ \text{互いに独立}\right)$ を前提とする．
また，誤差分散 $\sigma^2 = V(\varepsilon_i)$ の推定値 $\hat{\sigma}^2$ を，

$$\hat{\sigma}^2 = \frac{ns_y^2}{n-2}\left(1 - r_{xy}^2\right) = \frac{\text{全変動}}{n-2}\left(1 - r_{xy}^2\right) = \frac{\text{残差変動}}{n-2} \tag{7.10}$$

とすれば，$\hat{\sigma}^2$ は，以下の $\hat{\alpha}, \hat{\beta}$ それぞれと独立であり，

$$\frac{(n-2)\hat{\sigma}^2}{\sigma^2} \sim \chi^2(n-2) \tag{7.11}$$

であることを用いる．

[推定量の分布]

$$\hat{\alpha} \sim N\left(\alpha,\ \frac{\sigma^2}{n} \cdot \frac{\overline{x^2}}{\overline{x^2} - \overline{x}^2}\right),$$

$$\frac{\hat{\alpha} - \alpha}{\sqrt{\frac{\sigma^2}{n} \cdot \frac{\overline{x^2}}{\overline{x^2} - \overline{x}^2}}} \sim N(0, 1),$$

$$\frac{\hat{\alpha} - \alpha}{\sqrt{\frac{\hat{\sigma}^2}{n} \cdot \frac{\overline{x^2}}{\overline{x^2} - \overline{x}^2}}} \sim t(n-2) \tag{7.12}$$

$$\hat{\beta} \sim N\left(\beta,\ \frac{\sigma^2}{n} \cdot \frac{1}{\overline{x^2} - \overline{x}^2}\right),$$

$$\frac{\hat{\beta} - \beta}{\sqrt{\frac{\sigma^2}{n} \cdot \frac{1}{\overline{x^2} - \overline{x}^2}}} \sim N(0, 1),$$

$$\frac{\hat{\beta} - \beta}{\sqrt{\frac{\hat{\sigma}^2}{n} \cdot \frac{1}{\overline{x^2} - \overline{x}^2}}} \sim t(n-2) \tag{7.13}$$

$$(\alpha, \beta) \sim N\left(\begin{pmatrix} \alpha \\ \beta \end{pmatrix}, \frac{\sigma^2}{n}\begin{pmatrix} 1 & \overline{x} \\ \overline{x} & \overline{x^2} \end{pmatrix}^{-1}\right) \tag{7.14}$$

$$\text{全変動}=ns_y^2 \tag{7.15}$$

$$\text{決定係数}\ R^2=1-\frac{\text{残差変動}}{\text{全変動}}=\frac{\text{回帰変動}}{\text{全変動}}=r_{xy}^2 \tag{7.16}$$

$$\frac{(n-2)\hat{\sigma}^2}{\sigma^2}\sim\chi^2(n-2) \tag{7.17}$$

[予測誤差 $Y_{n+1}-\hat{Y}_{n+1}$ の分布]

$$\hat{Y}_{n+1}=\hat{\alpha}+\hat{\beta}\cdot\hat{x}_{n+1} \qquad (\text{未出})$$

$$Y_{n+1}-\hat{Y}_{n+1}\sim N\left(0,\ \sigma^2+\frac{\sigma^2}{n}\left(1+\frac{(x_{n+1}-\overline{x})^2}{\overline{x^2}-\overline{x}^2}\right)\right) \tag{7.18}$$

$$\frac{Y_{n+1}-\hat{Y}_{n+1}}{\sqrt{\sigma^2+\frac{\sigma^2}{n}\left(1+\frac{(x_{n+1}-\overline{x})^2}{\overline{x^2}-\overline{x}^2}\right)}}\sim N(0,1),$$

$$\frac{Y_{n+1}-\hat{Y}_{n+1}}{\sqrt{\hat{\sigma}^2+\frac{\hat{\sigma}^2}{n}\left(1+\frac{(x_{n+1}-\overline{x})^2}{\overline{x^2}-\overline{x}^2}\right)}}\sim t(n-2) \tag{7.19}$$

7.2　時系列解析

過去のデータを用いて，将来をモデリングする手法の一つである．初学者には理解しにくいが，頑張ろう．

7.2.1　総論

確率過程 $\{Y_t\}$ が**定常**とは，以下の条件を満たすものである．要は，時間が移っても確率分布は不変，という性質である．

条件1　期待値 $E(Y_t)=\mu$（定数）

条件2　分散 $V(Y_t)=\gamma_0$（定数）

条件3　自己共分散は時差 h のみに依存する．

$$Cov(Y_t,\ Y_{t-h})=E((Y_t-E(Y_t))\,(Y_{t-h}-E(Y_{t-h})))=\gamma_h \tag{7.20}$$

逆に，定常でないときは，t に依存する．

$$E(Y_t) = \mu_t, \quad V(Y_t) = \gamma_t, \quad Cov(Y_t,\ Y_{t-h}) = \gamma_{t,h} \tag{7.21}$$

■**標本自己共分散（時差 $\boldsymbol{h}$）**

$$\hat{\gamma}_h = \frac{\sum_{t=h+1}^{n} (y_t - \bar{y})(y_{t-h} - \bar{y})}{n} \tag{7.22}$$

■**標本自己相関（時差 $\boldsymbol{h}$）**

$$\rho_h = \frac{\hat{\gamma}_h}{\hat{\gamma}_0} = \frac{\sum_{t=h+1}^{n} (y_t - \bar{y})(y_{t-h} - \bar{y})}{\sum_{t=1}^{n} (y_t - \bar{y})^2} \tag{7.23}$$

■**ラグ作用素**　時刻 t をパラメータとしてもつ確率変数の時刻を 1 つ前に戻す作用素を，**ラグ作用素**という．これを L で表すと，L は次のように作用する．i を正の整数として，

$$L^i Y_t = Y_{t-i} \tag{7.24}$$

定数 a に対しては，

$$L^i a = a \tag{7.25}$$

7.2.2　自己回帰モデル：$\boldsymbol{AR(p)}$

定義

$\{Y_t\}$ が，次の式を満たすとき，Y_t は，p 次の**自己回帰モデル**に従うといい，$Y_t \sim AR(p)$ と表す．

$$Y_t = \phi_0 + \phi_1 Y_{t-1} + \phi_2 Y_{t-2} + \cdots + \phi_p Y_{t-p} + \varepsilon_t \tag{7.26}$$

ただし，$\phi_0, \phi_1, \phi_2, \ldots, \phi_p$ は定数，ε_t は t に依存しない独立同分布の確率変数で，$\varepsilon_t \sim N(0, \sigma^2)$．

定常性の条件

$AR(p)$ の特性方程式 $\phi(x)=1-\left(\phi_1 x+\phi_2 x^2+\cdots+\phi_p x^p\right)=0$ の解の絶対値がすべて1より大きいとき，$AR(p)$ は定常性を持つ．

7.2.3　$\boldsymbol{AR(1)}$

前小節において，$p=1$ の自己回帰モデルのとき，以下の事項が成り立つ．

$$Y_t=\phi_0+\phi_1 Y_{t-1}+\varepsilon_t, \quad \varepsilon_t \sim N\left(0,\sigma^2\right) \tag{7.27}$$

$$\mu=\frac{\phi_0}{1-\phi_1} \tag{7.28}$$

$$\gamma_0=\frac{\sigma^2}{1-\phi_1^2} \tag{7.29}$$

$$\gamma_1=\frac{\phi_1\sigma^2}{1-\phi_1^2} \tag{7.30}$$

$$\gamma_h=\frac{\phi_1^{|h|}\sigma^2}{1-\phi_1^2} \tag{7.31}$$

$$\rho_h=\frac{\gamma_h}{\gamma_0}=\phi_1^{|h|} \tag{7.32}$$

定常性の条件：$-1<\phi_1<1$

7.2.4　$\boldsymbol{AR(2)}$

$p=2$ の自己回帰モデルのとき，以下の事項が成り立つ．

$$Y_t=\phi_0+\phi_1 Y_{t-1}+\phi_2 Y_{t-2}+\varepsilon_t, \quad \varepsilon_t \sim N\left(0,\sigma^2\right) \tag{7.33}$$

$$\mu=\frac{\phi_0}{1-\phi_1-\phi_2} \tag{7.34}$$

$$\gamma_0=\phi_1\gamma_1+\phi_2\gamma_2+\sigma^2 \tag{7.35}$$

$$\gamma_1=\phi_1\gamma_0+\phi_2\gamma_1 \tag{7.36}$$

$$\gamma_2=\phi_1\gamma_1+\phi_2\gamma_0 \tag{7.37}$$

$$\gamma_h=\phi_1\gamma_{h-1}+\phi_2\gamma_{h-2} \tag{7.38}$$

$\boldsymbol{AR(2)}$ モデルの定常性の条件

特性方程式 $\phi(x)=1-\left(\phi_1 x+\phi_2 x^2\right)=0$ の 2 解の絶対値がともに 1 より大きい条件は，下図の三角形の内部に (ϕ_1,ϕ_2) が存在することである．三角形の各辺上は含まない．なお，放物線上とその上側が実数解に対応する領域であり，下側が虚数解に対応する領域である．

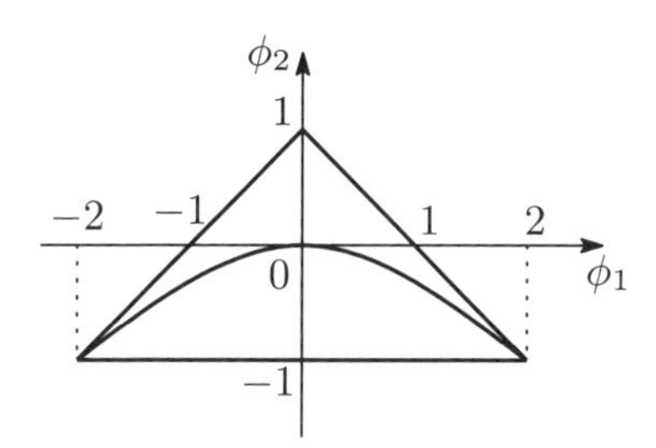

7.2.5 移動平均モデル：$\boldsymbol{MA(q)}$

定義

$\{Y_t\}$ が次の式を満たすとき，Y_t は，q 次の**移動平均モデル**に従うといい，$Y_t \sim MA(q)$ と表す．

$$Y_t = \theta_0 + \varepsilon_t - \theta_1\varepsilon_{t-1} - \theta_2\varepsilon_{t-2} - \cdots - \theta_q\varepsilon_{t-q} \tag{7.39}$$

ただし，$\theta_0,\theta_1,\theta_2,\ldots,\theta_q$ は定数，ε_t は t に依存しない独立同分布の確率変数で，$\varepsilon_t \sim N\left(0,\sigma^2\right)$．

$MA(q)$ モデルは常に定常性を持つ．

$\boldsymbol{MA(2)}$

特に $q=2$ のときの移動平均モデルは以下が成り立つ．

$$Y_t = \theta_0 + \varepsilon_t - \theta_1\varepsilon_{t-1} - \theta_2\varepsilon_{t-2} \tag{7.40}$$

$$\mu = \theta_0 \tag{7.41}$$

$$\gamma_0 = \sigma^2\left(1+\theta_1^2+\theta_2^2\right) \tag{7.42}$$

$$\gamma_1 = \sigma^2(-\theta_1 + \theta_1\theta_2) \tag{7.43}$$

$$\gamma_2 = \sigma^2(-\theta_2) \tag{7.44}$$

$$\gamma_h = 0 \quad (h \geq 3) \tag{7.45}$$

$MA(1)$ については，$MA(2)$ を暗記し，$\theta_2 = 0$ とおけばよい．

$AR(1)$ の $MA(\infty)$ 表現

$Y_t = \phi_0 + \phi_1 Y_{t-1} + \varepsilon_t$ のとき，$AR(1)$ の $MA(\infty)$ 表現は，

$$Y_t = \frac{\phi_0}{1-\phi_1} + \sum_{k=0}^{\infty} \phi_1^k \varepsilon_{t-k} \tag{7.46}$$

$AR(p)$ の $MA(\infty)$ 表現

$AR(p)$ を，$MA(\infty)\left(Y_t = \xi_0 + \varepsilon_t + \sum_{k=1}^{\infty} \xi_k \varepsilon_{t-k}\right)$ で表現したとき，各係数 $\xi_0, \xi_1, \xi_2, \ldots$ は以下のようになる．

$$\xi_0 = \frac{\phi_0}{1-\phi_1-\phi_2-\cdots-\phi_p} = \mu \tag{7.47}$$

$$\xi_1 = \phi_1 \tag{7.48}$$

$$\xi_2 = \phi_1\xi_1 + \phi_2 \tag{7.49}$$

$$\xi_3 = \phi_1\xi_2 + \phi_2\xi_1 + \phi_3 \tag{7.50}$$

この ξ_k の一般項を求めるには，次の特性方程式を立てて，漸化式を解けばよい．

$$t^2 = \phi_1 t + \phi_2 \tag{7.51}$$

この2つの解を α, β とすれば，以下のように表すことができる．

異なる解が2つある場合　　$\xi_k = C\alpha^k + D\beta^k$ (7.52)

2解が重解である場合　　$\xi_k = (Ck + D)\alpha^k$ (7.53)

$$Y_t = \frac{\phi_0}{(1-a)(1-b)} + \sum_{i=0}^{\infty} \frac{b^{i+1}-a^{i+1}}{b-a} \varepsilon_{t-i} \tag{7.54}$$

反転可能性と識別可能性

$MA(q)$ を $AR(p)$ で表現できるかどうかを**反転可能性**といい，次の $MA(q)$ の特性方程式の解の絶対値がすべて 1 より大きいとき，$MA(q)$ は反転可能である．

$$\theta(x) = 1 - \left(\theta_1 x + \theta_2 x^2 + \cdots + \theta_q x^q\right) = 0 \tag{7.55}$$

また，平均，分散および自己共分散が与えられたときにモデルが一意に定まることを**識別可能性**があるといい，上記特性方程式の解の絶対値がすべて 1 以上のとき $MA(q)$ は識別可能である．

7.2.6 自己回帰移動平均モデル：$\boldsymbol{ARMA(p,q)}$

$\boldsymbol{ARMA(1,1)}$ モデル

$$Y_t = \phi_1 Y_{t-1} + \varepsilon_t - \theta_1 \varepsilon_{t-1} \tag{7.56}$$

$$E(Y_t) = 0 \tag{7.57}$$

$$\frac{\sigma^2}{\gamma_0} = \frac{1 - 2\phi_1\rho_1 + \phi_1^2}{1+\theta_1^2} \tag{7.58}$$

$$\rho_h = \phi_1^{h-1} \frac{(\phi_1-\theta_1)(1-\phi_1\theta_1)}{1 - 2\phi_1\theta_1 + \theta_1^2} \quad (h = 1, 2, 3, \ldots) \tag{7.59}$$

7.2.7 偏自己相関

確率過程 $\{Y_t\}$ の自己相関を $\rho_1, \rho_2, \rho_3, \ldots$ として，次の連立方程式を満たす ϕ_{hh} を Y_t と Y_{t-h} の**偏自己相**という．

$$\begin{cases} \rho_1 = \phi_{h1} + \phi_{h2}\rho_1 + \cdots + \phi_{hh}\rho_{h-1} \\ \rho_2 = \phi_{h1}\rho_1 + \phi_{h2} + \cdots + \phi_{hh}\rho_{h-2} \\ \quad \vdots \\ \rho_h = \phi_{h1}\rho_{h-1} + \phi_{h2}\rho_{h-2} + \cdots + \phi_{hh} \end{cases} \tag{7.60}$$

7.3　確率過程

主に出題されるのは，推移確率行列とウィーナー過程（ブラウン運動）.

7.3.1　マルコフ過程

「将来の状況は過去の推移に依存せず，現在の状況のみに依存する」ことを**マルコフ性**といい，マルコフ性を満たす確率過程を**マルコフ過程**という.

推移確率行列

$P = \begin{pmatrix} P_{00} & P_{01} & P_{02} \\ P_{10} & P_{11} & P_{12} \\ P_{20} & P_{21} & P_{22} \end{pmatrix}$ といった行列で表されているもので，ある状態から次の状態へ移る確率を表している.

$$\begin{array}{cc} & \begin{array}{ccc} & T & \\ A' & B' & C' \end{array} \\ S \begin{array}{c} A \\ B \\ C \end{array} & \begin{pmatrix} P_{00} & P_{01} & P_{02} \\ P_{10} & P_{11} & P_{12} \\ P_{20} & P_{21} & P_{22} \end{pmatrix} \end{array}$$

S 側に表される縦の列が，現時点での状態を表している．T 側が次の状態を表している．3ケース A, B, C の現在の状態があり，そこから次の状態に移るときの確率が，記載されている．A という状態から，次の状態 A', B', C' に移る確率がそれぞれ P_{00}, P_{01}, P_{02} であるという意味である．各行の和は，それぞれ1である.

ここで，$\{X_t\}$ が $0, 1, 2$ の 3 つの値しかとらないとし，$P(X_n=0)=p_n$，$P(X_n=1)=p'_n$，$P(X_n=2)=p''_n$ とおくと，推移確率行列 P を用いて，以下の通り表すことができる．

$$\left(p_n, p'_n, p''_n\right) = \left(p_{n-1}, p'_{n-1}, p''_{n-1}\right)P \tag{7.61}$$

$$= \left(p_0, p'_0, p''_0\right)P^n \tag{7.62}$$

ここで，$\lim_{n\to\infty} P^n$ が存在する場合，ある定常状態のそれぞれの割合を，$\vec{\pi}=(\pi_1, \pi_2)$ と表し，**定常分布**と呼び，下記の方程式を解くことにより，定常状態のそれぞれの割合を求めることができる．

$$\vec{\pi} = \vec{\pi} P \tag{7.63}$$

$\boldsymbol{P}=\begin{pmatrix} \mathbf{1}-\boldsymbol{p} & \boldsymbol{p} \\ \boldsymbol{q} & \mathbf{1}-\boldsymbol{q} \end{pmatrix}$ の場合

$$P^n = \frac{1}{p+q}\begin{pmatrix} q & p \\ q & p \end{pmatrix} + \frac{(1-p-q)^n}{p+q}\begin{pmatrix} p & -p \\ -q & q \end{pmatrix} \tag{7.64}$$

$$\lim_{n\to\infty} P^n = \frac{1}{p+q}\begin{pmatrix} q & p \\ q & p \end{pmatrix} \tag{7.65}$$

$$\vec{\pi} = \frac{1}{p+q}\begin{pmatrix} q & p \end{pmatrix} \tag{7.66}$$

$\boldsymbol{P}=\begin{pmatrix} \boldsymbol{E} & \mathbf{0} \\ \boldsymbol{U} & \boldsymbol{R} \end{pmatrix}$ の場合

$$P^n = \begin{pmatrix} E & 0 \\ (E-R^n)(E-R)^{-1}U & R^n \end{pmatrix} \tag{7.67}$$

$$\lim_{n\to\infty} P^n = \begin{pmatrix} E & 0 \\ (E-R)^{-1}U & 0 \end{pmatrix} \tag{7.68}$$

7.3.2　ウィーナー過程（ブラウン運動）

[弱点克服] 問題 82（p.186）の解説がわかりやすい．いわゆるランダムウォークの分布である．

- 確率過程 $\{W_t\}$ が，パラメータ t の**ウィーナー過程（ブラウン運動）**に従うとき，W_t は，$N(0,t)$ の正規分布に従う．

$$W_t \sim N(0,t) \quad (W_0 = 0) \tag{7.69}$$

- **独立増分性**：$0 < s < t < u < v$ として，W_s，$W_t - W_s$，$W_v - W_u$ は独立．W_s と W_t は独立ではない．
- **定常増分性**：$0 < s < t$ として，$W_t - W_s \sim N(0, t-s)$
- $Cov(W_s, W_t) = s \, (s \leq t)$
- 独立増分性の性質を活用して解く問題も多く，$W_t = W_t - W_s + W_s$ という式変形を行うと，その性質を活用しやすい．
- $W_t \sim N(0,t)$ であるため，$P(W_t > 0) = \dfrac{1}{2}$.
- $W_1 \sim N(0,1)$，$W_2 \sim N(0,2)$　ここで，$W_1 + W_2$ を計算する際，独立でないことに注意する．
  $V(W_1 + W_2) = V(W_1) + V(W_2) + 2Cov(W_1, W_2)$

7.3.3　ポアソン過程

これは，期間 $[0,t]$ で起こったイベント（たとえば事故）の回数の分布であり，件数過程と呼ばれるもののうち，基本的で重要なものである．[弱点克服] 問題 81（p.184）の記載がわかりやすい．

- 確率過程 $\{N_t\}$ が，パラメータ λ の**ポアソン過程**に従うとき，N_t は，平均 λt のポアソン分布に従う．

$$N_t \sim Po(\lambda t) \quad (N_0 = 0) \tag{7.70}$$

- $\{N_t\}$ が m から，$m+1$ に増えるための時間は，指数分布 $\Gamma(1,\lambda)$ に従う．同様に $\{N_t\}$ が m から，$m+n$ に増えるための時間は，ガンマ分布 $\Gamma(n,\lambda)$ に従う．
- 独立増分性：$0<s<t<u<v$ として，N_s, N_t-N_s, N_v-N_u は独立.
- 定常増分性：$0<s<t$ として，$N_t-N_s \sim Po(\lambda(t-s))$

7.4 シミュレーション

7.4.1 逆関数法

さまざまな分布に従う確率変数 X を，コンピューターによく実装されている乱数 $U(0,1)$ を用いて作ることができる．その際，以下の定理を利用してシミュレーションを行う（確率変数の実数値を生成する）.

$$X \sim F_X^{-1}(U), \qquad U \sim U(0,1) \tag{7.71}$$

- 手順としては，求めたい確率分布の分布関数を求め，その逆関数を求め，X と U に差し替える.
- 以下，分布ごとの逆関数法による公式
  - 指数分布 $Y \sim \Gamma(1,\beta)$ のとき，$Y \sim \dfrac{-1}{\beta}\log(1-U)$
  - 正規分布 $Y \sim N(\mu,\sigma^2)$ のとき，$Y \sim \mu+\sigma\Phi^{-1}(U)$
  - 一様分布 $Y \sim U(a,b)$ のとき，$Y \sim a+(b-a)U$
  - 二項分布 $Y \sim Bin(n,p)$ のとき，個々の事象の確率を求め，$U(0,1)$ の下からの確率に対応させる
  - 幾何分布 $Y \sim NB(1,p)$ のとき，$Y \sim \left[\dfrac{\log U}{\log(1-p)}\right]$

7.4.2 棄却法

確率密度関数 $g(y)$ である分布に従う確率変数を生成する手段を持っており，一方，確率密度関数が $f(y)$ である分布に従う確率変数を生成すること

を考える．このとき，ある c が存在して，すべての y に対して，$\dfrac{f(y)}{g(y)} \leq c$ であるならば，下記の方法で，確率密度関数が $f(y)$ である分布に従う確率変数 X を生成することができる．

手順1　確率密度関数 $g(y)$ の確率変数 Y を生成する．

手順2　標準一様分布に従う確率変数 $U \sim U(0,1)$ を生成する．

手順3　$U \leq \dfrac{f(y)}{cg(y)}$ ならば，$X = Y$ とする（X として Y を採用する）．そうでない場合はその結果を棄却して，手順1に戻ってやり直し．

1つの標本数を得るために Y および U を生成する回数 N の平均は c．また，$N-1 \sim NB(1, c-1)$．

したがって，c を小さくするほど，手順は効率化できるため，c の最小値を求める問題として出題されることがある．

つまり，$\dfrac{f(y)}{g(y)}$ の最大値を求める問題となる．

■Box-Muller（ボックス・ミュラー）法[*1]

これにより，$N(0,1)$ に従う確率変数を生成できる．互いに独立な $U_1 \sim U_2 \sim U(0,1)$ を生成してから，

$$
\begin{cases}
X = (-2\log U_1)^{1/2}\cos(2\pi U_2) & (7.72\text{a}) \\
Y = (-2\log U_1)^{1/2}\sin(2\pi U_2) & (7.72\text{b})
\end{cases}
$$

と変換すれば，互いに独立な $X \sim Y \sim N(0,1)$ を生成できる．

■Box-Muller 法（極座標法）

極座標系を導入し，次のような棄却法の考え方で(効率よく)，互いに独立な $X \sim Y \sim N(0,1)$ を生成できる．

手順1　互いに独立な $U_1 \sim U_2 \sim U(0,1)$ を生成する．

---

*1 [モデリング教科書] には，ボックス・マーラーと記載されているが，日本語での発音はミュラーの方が適切である．

手順 2 次のように変換する．

$$\begin{cases} V_1 = 2U_1 - 1 & (7.73a) \\ V_2 = 2U_2 - 1 & (7.73b) \end{cases}$$

手順 3 $S = V_1^2 + V_2^2 > 1$ ならば，手順 1 に戻る．

手順 4 $S \leq 1$ ならば，これらを採用し，

$$\begin{cases} X = \sqrt{\dfrac{-2\log S}{S}}V_1 & (7.74a) \\ Y = \sqrt{\dfrac{-2\log S}{S}}V_2 & (7.74b) \end{cases}$$

と変換すればよい．

7.4.3 合成法

複数の確率密度関数を合成した結果を生成する方法．求めたい確率密度関数を $f(x)$ として，合成したい確率密度関数をそれぞれ，$g_1(x), g_2(x), g_3(x)$ とし，また，それぞれの関数の重みを h_1, h_2, h_3 とすると，$f(x)$ は，

$$f(x) = h_1 g_1(x) + h_2 g_2(x) + h_3 g_3(x) \tag{7.75}$$

手順 1 標準一様分布に従う確率変数 $U_1 \sim U(0,1)$，$U_2 \sim U(0,1)$ を生成する．一つ目の U_1 は重みづけに使用し，二つ目の U_2 は通常の逆関数法のパラメータとして使用する．

手順 2 U の値を見て，逆関数法を適用する確率密度関数を決める．たとえば，$h_1 = 30\%$，$h_2 = 50\%$，$h_3 = 20\%$ とした場合，以下のように逆関数法を適用する．$g_1(x)$，$g_2(x)$，$g_3(x)$ の分布関数の逆関数をそれぞれ $G_1^{-1}(x)$，$G_2^{-1}(x)$，$G_3^{-1}(x)$ とすると，以下のように適用できる．

$$0 \leq U_1 \leq 0.3 \Longrightarrow X = G_1^{-1}(U_2) \tag{7.76}$$

$$0.3 < U_1 \leq 0.8 \Longrightarrow X = G_2^{-1}(U_2) \tag{7.77}$$

$$0.8 < U_1 \leq 1 \Longrightarrow X = G_3^{-1}(U_2) \tag{7.78}$$

7.4.4　分散減少法

負の相関法

同じデータ群でシミュレートするのであれば，推定量の誤差が少ない方がよいシミュレーション結果が得られるという話．$U_i \sim U(0,1)$ を $2M$ 個使用してシミュレートした場合と，$U_i \sim U(0,1)$ を M 個，$1-U_i \sim U(0,1)$ を M 個，合計 $2M$ 個用意してシミュレートした場合を比較すると，用意したデータの個数は後者の方が半分で済み，かつ，推定量の分散は後者のほうが小さいという結果になる．これを具体的に計算させる問題が出題された．

$$V\left(\hat{\theta}_{2M}^{(1)}\right) = \frac{1}{2M}\{V(g(U)) + Cov(g(U), g(1-U))\} \tag{7.79}$$

制御変量法

シミュレートしたい $g(X)$ に制御変量（$g(x)$ と相関があって期待値が既知の確率変数）$h(X)$ のデータも加えて行うことにより，誤差分散がかなり減少する．

$$V\left(\hat{\theta}_{n}^{(3)}\right) = \frac{1}{n}\left\{V(g(X)) - \frac{Cov(g(X), h(X))^2}{V(h(X))}\right\} \tag{7.80}$$

負の相関法と制御変量法の出題形式を予想してみる．

- 数個の一様乱数をもとに，分散減少法を用いないときのモンテカルロ積分とこれらの手法を用いたときの推定値を対比する．
- シミュレーションの結果に基づいて推定量の分散の推定値を求める．
- 解析的に答えが分かっている事例につき，推定量の分散の理論値を求める．
- 原理の説明文の空欄を補充する．

過去問や [モデリング教科書] をよく理解しておこう．

第 III 部

アクチュアリー試験「数学」必須問題集

30年分以上の過去問を分析し，基本中の基本となるパターンを見つけ出し，さまざまな公式の暗記にも役立つように，この必須問題集を組み上げました．

無駄な問題は一切含んでいませんので，全問暗記しても損はありません．最初は公式集を見ながら解いて構いません．

問題を見た瞬間に必要な公式と解法が思い出せるように，繰り返し練習して，1問5分以内くらいで答えを出せるようにしましょう．

ただ，必須問題集だけで合格するのは無理です．必須問題集がすらすらできるようになったら，[合タク]や過去問30年分に取り組みましょう．

統計問題を解くには数表が必要です．本書の巻末に掲載された数表は，以下のURLにある本書の紹介ページからダウンロードして使用することもできます．

http://www.tokyo-tosho.co.jp/

なお，私は30年以上マジックを趣味として取り組んできたこともあり，問題構成にあたっては，マジシャンらしさがあふれている点，ご容赦ください．

■ MAH's check

私が問題をチョイスした理由，習熟して欲しいポイントなどをコメントしました．

■ IWASAWA's comment

企画構成にご協力頂いている岩沢先生からコメントをいただきましたので，参考にしてください．

■第 8 章

確率分野問題

8.1 離散一様分布

問題8.1　マジシャンが，A（数字の1とみなす）から9のダイヤのトランプの数札9枚をよく切り混ぜて持っている．マジシャンがテクニックを使わないまま，観客にそのなかから無作為に1枚を取らせたときの数札の値を確率変数 X としたとき，X の平均 $E(X)$ および分散 $V(X)$ をそれぞれ求めよ．

■ **MAH's check**

- 分布の知識を知っているだけで，瞬時に解答できる問題（以下，「瞬答」）が出題されることもあるが，今ではこれだけ単品で出題されることはなく，他の知識などと組み合わせで出題される．それでも時間が厳しい試験なので，問題文から判別できれば，瞬時に平均や分散の公式が使えるように準備しておこう．既知の分布と判別して公式を適用できれば，計算量や解答時間を減らすことができる．
- どの分布も平均や分散などを定義式から計算できるようにする必要がある．付録に導出などを用意したので，すべて自力で導出できるようトレーニングしておこう．その地道な積み重ねが，合格に至る近道だ．

【解答】

X は離散一様分布 $DU\{1,2,\ldots,9\}$ に従う（以下，$X\sim DU\{1,2,\ldots,9\}$ と表記する）ので，

$$E(X)=\frac{9+1}{2}=5 \quad \text{（答）}$$

$$V(X)=\frac{(9+1)(9-1)}{12}=\frac{20}{3} \quad \text{（答）}$$

問題 8.2 1番のビリヤードボールが1個，2番のビリヤードボールが2個，…，9番のビリヤードボールが9個入っている箱がある．この箱から無作為に取り出した1個のボールの番号を確率変数 X とするとき，$E(X)$ および $V(X)$ をそれぞれ求めよ．

■ **MAH's check**

- 平均および分散といった特性値を定義式から計算できるか，という問題．付録にも特性値の導出を多数掲載したので，習熟してほしい．
- 級数の主要な公式を覚えていなければ合格は厳しい．実際に公式の導出などの証明問題にも級数の知識は相当必要で，十分に習熟しておきたい．
- 公式をただ丸暗記するよりも，問題演習を積んで習熟したほうが使いこなせるようになる．

【解答】

ボールの総個数は

$$\sum_{k=1}^{9} k = \frac{9(9+1)}{2} = 45$$

であり，X の確率関数 $P(X=k)$ は

$$P(X=k) = \frac{k}{45}, \qquad k=1,2,\ldots,9$$

である．したがって，求める期待値は，

$$E(X) = \sum_{k=1}^{9} k \cdot \frac{k}{45} = \frac{9(9+1)(2\cdot 9+1)}{45\cdot 6} = \frac{19}{3} \quad (答)$$

また，$E(X^2)$ は，

$$E(X^2) = \sum_{k=1}^{9} k^2 \cdot \frac{k}{45} = \frac{1}{45}\left\{\frac{9(9+1)}{2}\right\}^2 = 45$$

なので,

$$V(X)=E\left(X^2\right)-E(X)^2=45-\left(\frac{19}{3}\right)^2=\frac{44}{9}\quad(答)$$

【補足】

分散は，公式集記載の (5.37) 式で計算するとよい．この公式を示そう．$\sigma^2=V(X)$, $\mu=E(X)$ とおくと,

$$\begin{aligned}\sigma^2&=E\left[(X-\mu)^2\right]\\&=E\left(X^2-2\mu X+\mu^2\right)\\&=E(X^2)-2\mu E(X)+\mu^2\\&=E\left(X^2\right)-2\mu^2+\mu^2\\&=E\left(X^2\right)-\mu^2\end{aligned}$$

また，一般に，1番のビリヤードボールが1個，2番のビリヤードボールが2個，…，n 番のビリヤードボールが n 個ある中から，無作為に1個のボールを取り出したときにその番号を確率変数 Y とすると,

$$E(Y)=\frac{2n+1}{3},\quad V(Y)=\frac{n^2+n-2}{18}$$

で表せる.

実際，この公式まで覚えておく必要はないが，似たような問題が頻出すると思ったら，計算をショートカットするための自分なりの公式を用意しておくのも有効な手段.

8.2 二項分布

問題8.3 マジシャンが，A（数字の1とみなす）から9のダイヤのトランプの数札9枚をよく切り混ぜて持っている．マジシャンがテクニックを使わないまま，観客にその中から無作為に1枚を取らせる試行をn回繰り返す（取り出したカードは都度戻す）．ここで観客が3の数札を取り出す回数を確率変数Xとしたとき，$P(X=k)$，$E(X)$，$V(X)$，Xの原点まわりの2次モーメント$E\left(X^2\right)$およびモーメント母関数$M_X(t)$をそれぞれ求めよ．

■ **MAH's check**

- 二項分布の知識で瞬答する問題．
- 既知の分布の$E(X)$，$V(X)$および$M_X(t)$くらいは瞬時に出てくるレベルに達していなければ，試験中に考えて解く問題に時間を配分できない．
- 計算が苦手であるほど，計算量を減らす工夫が必要．
- 忘れたときでも，下記の$M_X(t)$のように導けるようにしておく一方で，演習を繰り返して結果が自然に出てくるよう定着させよう．

【解答】

$X \sim Bin\left(n,\, \dfrac{1}{9}\right)$ なので，

$$P(X=k)=\binom{n}{k}\left(\frac{1}{9}\right)^k\left(\frac{8}{9}\right)^{n-k}, \qquad k=0,1,2,\ldots,n \quad (答)$$

$$E(X)=\frac{n}{9} \quad (答), \qquad V(X)=n\cdot\frac{1}{9}\cdot\frac{8}{9}=\frac{8n}{81} \quad (答)$$

$$E\left(X^2\right)=V(X)+\{E(X)\}^2=\frac{n(n+8)}{81} \quad (答)$$

一般に$X' \sim Bin(n,\, p)$について，$q=1-p$とおいて

$$M_{X'}(t)=E\left(e^{tX'}\right)=\sum_{k=0}^{n}e^{tk}\binom{n}{k}p^k q^{n-k}$$
$$=\sum_{k=0}^{n}\binom{n}{k}\left(pe^t\right)^k q^{n-k}$$
$$=\left(pe^t+q\right)^n,\qquad -\infty<t<\infty$$

((4.8) 式 [二項定理] を用いた.)

であるから，$p=\dfrac{1}{9}$ のとき

$$M_X(t)=\left(\frac{e^t+8}{9}\right)^n,\qquad -\infty<t<\infty\quad(答)$$

【補足】

アクチュアリー試験「数学」において，$E(X^2)$ を求めるとき，定義どおり $\sum x^2 f(x)$ もしくは $\int x^2 f(x)dx$ で計算するより，上記のように $V(X)+E(X)^2$ で計算したほうが速い.

■ IWASAWA's comment

この解答に示されているような $M_X(t)$ の計算がすらすらできるように演習を積むことは勉強の過程では大変有意義だと思う.

その一方，$Bin(n,p)$ のモーメント母関数の計算そのものについては，次のようにすれば「瞬答」できるし，記憶にも定着しやすい.

すなわち，ベルヌーイ分布 $Bin(1,p)$ のモーメント母関数は定義からただちに pe^t+q とわかるので，二項分布の再生性から $Bin(n,p)$ のモーメント母関数はその n 乗の $(pe^t+q)^n$ である．この例も含め，分布ごとのモーメント母関数の上手な求め方については，[分布からはじめる]「第II部 確率・統計分布小事典」を参照されたい.

問題 8.4 X を問題 8.3 で定義したものとし，また問題 8.3 同様の試行を別途 m 回行って 9 の数札のトランプを取り出す回数を確率変数 Y とするとき，$E(X+Y)$，$V(X+Y)$ および $M_{X+Y}(t)$ をそれぞれ求めよ．

■ MAH's check

- 再生性の知識を問う問題．補足に掲載した再生性の知識は超重要で導出もできるようにしておきたいし，結果自体は瞬時に引き出せるようにしなければならない．

【解答】

$Y \sim Bin\left(m, \dfrac{1}{9}\right)$ であり，X と Y が互いに独立であるから，二項分布の再生性により，

$$X+Y \sim Bin\left(m+n, \frac{1}{9}\right)$$

よって，$E(X+Y) = \dfrac{m+n}{9}$ (答)，$V(X+Y) = \dfrac{8(m+n)}{81}$ (答)

$$M_{X+Y}(t) = \left(\frac{e^t+8}{9}\right)^{m+n}, \quad -\infty < t < \infty \quad (答)$$

【補足】再生性を持つ分布のうち，代表的なものは以下の通りである．

	X	Y	$X+Y$
二項分布	$Bin(m, p)$	$Bin(n, p)$	$Bin(m+n, p)$
ポアソン分布	$Po(\lambda_1)$	$Po(\lambda_2)$	$Po(\lambda_1+\lambda_2)$
負の二項分布	$NB(\alpha, p)$	$NB(\beta, p)$	$NB(\alpha+\beta, p)$
正規分布	$N(\mu_1, \sigma_1^2)$	$N(\mu_2, \sigma_2^2)$	$N(\mu_1+\mu_2, \sigma_1^2+\sigma_2^2)$
コーシー分布	$C(\mu_1, \sigma_1^2)$	$C(\mu_2, \sigma_2^2)$	$C(\mu_1+\mu_2, \sigma_1^2+\sigma_2^2)$
ガンマ分布	$\Gamma(\alpha_1, \beta)$	$\Gamma(\alpha_2, \beta)$	$\Gamma(\alpha_1+\alpha_2, \beta)$

なお，負の二項分布の特殊形である幾何分布の和は負の二項分布となり，ガンマ分布の特殊形である指数分布の和はガンマ分布となる．また，ガンマ分布の特殊形であるカイ二乗分布は，それ自体が再生性を持つ（カイ二乗分布の和はカイ二乗分布）．

8.3　ポアソン分布

問題 8.5　確率変数 X が平均 λ のポアソン分布に従うとき，$E\left(X^2\right)$，$E\left(X^3\right)$，X の歪度および尖度をそれぞれ求めよ．

■ **MAH's check**

- ポアソン分布は階乗モーメント $(E(X(X-1)(X-2)\cdots))$ が特徴的．準備段階では計算結果を確かめておくべきだが，試験では結果いちいち計算していると時間がたりなくなるので結果を瞬時にアウトプットできるようにしておこう．
- 歪度，尖度の定義式も，すぐ思い出せるようにしておこう．尖度の定義式は損保数理や確率分野の問題と統計分野の問題とで異なる場合があるので問題文に注意しよう．
- キュムラント母関数をこの機会にマスターしよう．歪度や尖度を求める時など計算速度を上げるのに非常に有用．

【解答】

$X \sim Po(\lambda)$ なので，階乗モーメントについて，

$$E(X(X-1))=\lambda^2$$

だから，

$$E\left(X^2\right)=\lambda^2+E(X)=\lambda^2+\lambda \quad (答)$$

また，

$$E(X(X-1)(X-2))=\lambda^3$$

より，

$$E\left(X^3\right)-3E\left(X^2\right)+2E(X)=\lambda^3$$

したがって,

$$E\left(X^3\right)=\lambda^3+3(\lambda^2+\lambda)-2\lambda=\lambda^3+3\lambda^2+\lambda \quad (\text{答})$$

次に，キュムラント母関数 $C_X(t)$ は,

$$C_X(t)=\log M_X(t)=\log\exp\left\{\lambda\left(e^t-1\right)\right\}=\lambda\left(e^t-1\right)$$

であり，これを1回，2回，$\ldots, n$ 回微分していくと,

$$C_X^{(1)}(t)=\lambda e^t,\quad C_X^{(2)}(t)=\lambda e^t,\quad \ldots,\quad C_X^{(n)}(t)=\lambda e^t$$

なので,

$$(X\text{の歪度})=\frac{C_X^{(3)}(0)}{C_X^{(2)}(0)^{\frac{3}{2}}}=\frac{1}{\sqrt{\lambda}} \quad (\text{答})$$

$$(X\text{の尖度})=\frac{C_X^{(4)}(0)}{C_X^{(2)}(0)^2}+3=\frac{1}{\lambda}+3 \quad (\text{答})$$

【補足】

本書付録の「代表的な確率分布に関する公式の導出」では，$X\sim Po(\lambda)$ について，確率母関数を用いて階乗モーメントを求めているが，例えば $E(X(X-1))$ は次のようにしても求めることができる．

$$\begin{aligned}E(X(X-1))&=\sum_{k=0}^{\infty}k(k-1)e^{-\lambda}\frac{\lambda^k}{k!}\\&=\lambda^2\sum_{k=2}^{\infty}e^{-\lambda}\frac{\lambda^{k-2}}{(k-2)!}\\&=\lambda^2\underbrace{\sum_{k=0}^{\infty}e^{-\lambda}\frac{\lambda^k}{k!}}_{(Po(\lambda)\text{ の全確率})=1}\\&=\lambda^2\end{aligned}$$

また，歪度，尖度とキュムラントの関係は，[リスクを知る] の 2.3.4 節や [分布からはじめる] の 5.3 節を参照してほしい．

問題 8.6　あるマジシャンがマジックのステージで最後に実演するネタを失敗する頻度は，過去の実績により2%であることが分かっている．このマジシャンが100ステージ実演したときにこのネタを3回以上失敗する確率を，ポアソン近似を用いて求めよ．なお $e=2.718$ とし，小数点以下第4位を四捨五入のうえ答えよ．

■ MAH's check

- ポアソン分布も頻出．損保数理でも重要なので，習熟しておいたほうがよい．
- 二項分布とポアソン分布の関係を理解しておこう．基本となる重要な性質．

【解答】

100ステージ実演したときの失敗回数を確率変数 X とすると，X は $Po(2)$ に近似できるので，

$$P(X \geq 3) = 1 - P(X \leq 2) \approx 1 - \sum_{k=0}^{2} \frac{2^k}{k!} e^{-2}$$
$$= 1 - 5e^{-2} \approx 0.323 \quad \text{（答）}$$

【補足】

二項分布 $Bin(n, p)$ は，n が（100のように）大きな整数で，かつ p が（0.02のように）小さな値であり，その平均 np が定数 λ（この問題では2）であるとき，ポアソン分布 $Po(\lambda)$（この問題では $Po(2)$）で近似できる．

この問題において，失敗回数の確率変数を二項分布としてそのまま解くことも可能だが，電卓を何回も叩くことになり，本番で実践するのは不向き．ちなみに，実際に計算してみると，

$$
\begin{aligned}
P(X \geq 3) &= 1 - P(X \leq 2) \\
&= 1 - \sum_{k=0}^{2} \binom{100}{k} \left(\frac{2}{100}\right)^k \left(\frac{98}{100}\right)^{100-k} \\
&= 1 - \left\{ \binom{100}{0} \left(\frac{2}{100}\right)^0 \left(\frac{98}{100}\right)^{100} \right. \\
&\quad + \binom{100}{1} \left(\frac{2}{100}\right)^1 \left(\frac{98}{100}\right)^{99} \\
&\quad \left. + \binom{100}{2} \left(\frac{2}{100}\right)^2 \left(\frac{98}{100}\right)^{98} \right\} \\
&= 0.323314377\ldots
\end{aligned}
$$

となり，よい近似となっていることがわかる．

$X \sim Bin(n, p)$ のとき，$M_X(t)$ は，

$$M_X(t) = \left\{pe^t + (1-p)\right\}^n, \qquad -\infty < t < \infty$$

である．

$np = \lambda$（定数）であるときに $p = \dfrac{\lambda}{n}$ を代入すると，

$$M_X(t) = \left\{\frac{\lambda}{n}e^t + \left(1 - \frac{\lambda}{n}\right)\right\}^n = \left\{1 + \frac{\lambda\left(e^t - 1\right)}{n}\right\}^n \cdots (1)$$

$e^x = \lim_{n \to \infty}\left(1 + \dfrac{x}{n}\right)^n$ なので，(1) において $n \to \infty$ とすると，

$$M_X(t) \to \exp\left\{\lambda\left(e^t - 1\right)\right\}$$

であり，ポアソン分布 $Po(\lambda)$ のモーメント母関数に一致する．

すなわち $Bin(n, p)$ に対し，その平均 np が定数 λ であるとき，$n \to \infty$ $(p \to +0)$ とした極限がポアソン分布 $Po(\lambda)$ となる．したがって，ベルヌーイ試行の回数 n が十分に大きくて，かつ成功確率 p がゼロに近く，平均成功回数 np を定数とみなせるときに成功回数の従う分布は，ポアソン分布で近似できる．

8.4 幾何分布，ファーストサクセス分布

問題 8.7　マジックの観客がA（数字の1とみなす）から9のダイヤのトランプの数札9枚をよく切り混ぜて持っている．観客はそのうちの1枚を「当たり」と決め，いったん決めたら変更しない．マジシャンはテクニックを使わないままその中から「当たり」を引くために，無作為に1枚を引いて再び観客に戻し，よく切り混ぜるという試行を繰り返す．マジシャンが初めて「当たり」のカードを引くまでの試行回数（「当たり」を引いた回数も含める）を確率変数 X としたとき，$P(X=k)$，$E(X)$，$E\left(X^2\right)$，$V(X)$ および $M_X(t)$ をそれぞれ求めよ．

■ MAH's check

- 離散分布のうちの重要分布である幾何分布とは微妙に異なる，ファーストサクセス分布に習熟するための問題．
- 問題文を正しく読み取り，幾何分布なのかファーストサクセス分布なのかを，瞬時に見極めよう．この問題の場合，問題文に「初めて『当たり』のカードを引くまでの試行回数」とあるので，ファースト（初めて）サクセス（当たり）分布に従うと読み取れる．

【解答】

$X \sim Fs\left(\dfrac{1}{9}\right)$ なので，

$$P(X=k)=\frac{1}{9}\left(\frac{8}{9}\right)^{k-1}, \qquad k=1,2,\ldots \quad (答)$$

$$E(X)=\frac{1}{1/9}=9 \quad (答)$$

$$V(X) = \frac{8/9}{(1/9)^2} = 72 \quad (答)$$

$$E\left(X^2\right) = V(X) + E(X)^2 = 153 \quad (答)$$

一般に $X \sim Fs(p)$ について，$q = 1-p$ とおいて，

$$\begin{aligned} M_X(t) &= E\left(e^{tX}\right) = \sum_{k=1}^{\infty} e^{tk} \cdot pq^{k-1} \\ &= pe^t + pqe^{2t} + pq^2e^{3t} + \cdots \qquad \cdots(1) \end{aligned}$$

これが収束するのは $qe^t < 1$ のときであり，

$$qe^t \cdot M_X(t) = \qquad pqe^{2t} + pq^2e^{3t} + \cdots \qquad \cdots(2)$$

(1) から (2) の両辺を引くと

$$\left(1-qe^t\right)M_X(t) = pe^t$$

$$M_X(t) = \frac{pe^t}{1-qe^t}, \qquad qe^t < 1$$

$p = 1/9$ のとき，

$$M_X(t) = \frac{1/9 \cdot e^t}{1-8/9 \cdot e^t} = \frac{e^t}{9-8e^t}, \qquad e^t < \frac{9}{8} \quad (答)$$

【補足】

過去問では，幾何分布やファーストサクセス分布の確率関数が具体的に与えられたこともある．そのようなときは確率関数の形から分布のパラメータを読み取り，期待値やモーメント母関数の公式を用いて解答するとよい．

問題 8.8　問題 8.7 の試行で，マジシャンが初めて「当たり」を引くまでに失敗した試行回数を確率変数 X としたとき，$P(X=k)$，$E(X)$，$E\left(X^2\right)$，$V(X)$ および $M_X(t)$ をそれぞれ求めよ．

■ MAH's check

- 今度は幾何分布の問題．初めて「当たり」を引くまでに「失敗した試行回数」は幾何分布に従う．
- 「成功までの試行回数」はファーストサクセス分布に従う．

【解答】

$X \sim NB\left(1, \dfrac{1}{9}\right)$ なので，

$$P(X=k)=\frac{1}{9}\left(\frac{8}{9}\right)^k, \qquad k=0,1,2,\dots \quad (\text{答})$$

$$E(X)=\frac{8/9}{1/9}=8 \quad (\text{答})$$

$$V(X)=\frac{8/9}{(1/9)^2}=72 \quad (\text{答})$$

$$E\left(X^2\right)=V(X)+E(X)^2=136 \quad (\text{答})$$

一般に $X \sim NB(1, p)$ について $q=1-p$ とおいて，

$$M_X(t)=\frac{p}{1-qe^t}, \qquad e^t<\frac{1}{q}$$

$p=1/9$ のとき，

$$M_X(t)=\frac{1/9}{1-8e^t/9}=\frac{1}{9-8e^t}, \qquad e^t<\frac{9}{8} \quad (\text{答})$$

8.5 負の二項分布

問題 8.9 マジックの観客が，A（数字の1とみなす）から9のダイヤのトランプの数札9枚をよく切り混ぜて持っている．観客はそのうちの1枚を「当たり」と決め，いったん決めたら変更しない．マジシャンはテクニックを使わないまま，その中から「当たり」を引くために無作為に1枚を引いて再び観客に戻し，よく切り混ぜるという試行を繰り返す．マジシャンが「当たり」のカードを3回引くまでに失敗した試行回数を確率変数 X としたとき，$P(X=k)$，$E(X)$，$E(X^2)$，$V(X)$ および $M_X(t)$ をそれぞれ求めよ．

■ MAH's check

- 幾何分布の和が負の二項分布．
- 分布が既知であれば，$E(X)$，$V(X)$ および $M_X(t)$ くらいは瞬時にアウトプットできるように，本書付録にある公式の導出も参考に練習しておこう．

【解答】

$X \sim NB(3, 1/9)$ なので，

$$P(X=k)=\binom{3+k-1}{k}\left(\frac{1}{9}\right)^3\left(\frac{8}{9}\right)^k=\frac{1}{729}\binom{k+2}{2}\left(\frac{8}{9}\right)^k,$$

$$k=0,1,2,\ldots \quad (答)$$

$$E(X)=\frac{3\cdot 8/9}{1/9}=24 \quad (答)$$

$$V(X)=\frac{3\cdot 8/9}{(1/9)^2}=216 \quad (答)$$

$$E(X^2)=V(X)+\{E(X)\}^2=792 \quad (答)$$

$$M_X(t)=\left(\frac{1/9}{1-8/9\cdot e^t}\right)^3=\left(\frac{1}{9-8e^t}\right)^3, \qquad e^t<\frac{9}{8} \quad (答)$$

問題 8.10　問題8.9の $P(X=k)$ が最大値をとるときの k の値を求めよ.

■ **MAH's check**

- 初学者にとって最大値，最小値を求める問題は苦手な形式の1つかもしれない.
- 本問の解法はいろいろ考えられる．時間はかかるが，答えと推測される値を1個ずつ代入して成立を確かめる方法がある．試験は8択から10択なので，中央の値から大きい方，小さい方と代入してみて答えを絞り込むことができる.
- 解答のように，なるべく絞り込む工夫をしたうえで見当をつけよう.

【解答】

まず，$P(X=k)$ は，

$$P(X=k)=\frac{1}{729}\binom{k+2}{2}\left(\frac{8}{9}\right)^k$$
$$=\frac{(k+2)(k+1)}{1458}\left(\frac{8}{9}\right)^k \quad \cdots(1)$$

である.

求める k は，次の不等式を満たせばよい.

$$\begin{cases} P(X=k-1)\leq P(X=k) & \cdots(2) \\ P(X=k)\geq P(X=k+1) & \cdots(3) \end{cases}$$

1から代入してもよいが，ある程度の見当をつけたい．(1) より，$P(X=k)$ と $P(X=k+1)$ の関係を考えると，

$$P(X=k)\cdot\frac{8}{9}\cdot\frac{k+3}{k+1}=P(X=k+1) \quad \cdots(4)$$

となる．(4) を (3) に代入して

$$P(X=k) \geq P(X=k) \cdot \frac{8}{9} \cdot \frac{k+3}{k+1}$$

この不等式を解いて，k が 15 以上の値となるときに (2) を満たすかを調べればよい．

$k=15$ のとき

$$\underbrace{P(X=14)}_{0.03164\cdots} < \underbrace{P(X=15)}_{0.03188\cdots}$$

であり，(2) を満たす．

$k=16$ のとき

$$\underbrace{P(X=15)}_{0.03188\cdots} = \underbrace{P(X=16)}_{0.03188\cdots}$$

であり，(2) を満たす．

$k=17$ のとき

$$\underbrace{P(X=16)}_{0.03188\cdots} > \underbrace{P(X=17)}_{0.03167\cdots}$$

であり，(2) を満たさない．

したがって，求める k の値は 15, 16　(答)

【補足】

$P(X=k)$ の k は連続量ではなく，整数値しかとらないので，k で微分することはできない．ただ確率関数が容易に微分できる形の場合，極値を見つけるヒントになる可能性もあるので，試験本番で最後の手段で試してみるのもあり．

8.6 超幾何分布

問題 8.11　ある箱に，1番から9番までのビリヤードボールが2セット，合計18個入っている．この箱から無作為に，ボールを5個同時に取り出す．それらの5個に含まれる奇数の番号のボールの個数を確率変数 X として，$P(X=k)$，$E(X)$ および $V(X)$ をそれぞれ求めよ．

■ **MAH's check**

- 超幾何分布は初学者にとって苦手な分布の一つ．特に組み合わせの計算が楽にできるように，付録の導出などで，十分練習しよう．過去問の大問でも時折登場する．
- 組み合わせを丁寧に考えていこう．瞬時にアウトプットできるよう慣れるまで練習しておこう．

【解答】

18個から5個を取り出す組み合わせは全部で $\binom{18}{5}$ 通りあるのに対して，取り出した5個のうち，奇数のボール（10個）が k 個含まれる組み合わせは $\binom{10}{k}\binom{8}{5-k}$ 通りあるので，

$$P(X=k)=\frac{\binom{10}{k}\binom{8}{5-k}}{\binom{18}{5}}, \qquad k=0,1,2,\ldots,5 \quad (\text{答})$$

したがって，$X \sim H(18, 10, 5)$ なので，

$$E(X)=5\cdot\frac{10}{18}=\frac{25}{9} \quad (\text{答})$$

$$V(X)=5\cdot\frac{10}{18}\cdot\frac{18-10}{18}\cdot\frac{18-5}{18-1}=\frac{1,300}{1,377} \quad (\text{答})$$

問題 8.12 問題 8.11 においてビリヤードボールが 100 セットで合計 900 個あるとき，$E(X)$ および $V(X)$ を，小数点以下第 3 位を四捨五入のうえそれぞれ求めよ．

■ MAH's check

- 超幾何分布で，対象となる有限母集団の総数が十分に大きければ二項分布に近似できる．非常に重要な性質なので習熟しておこう．

【解答】

箱に入っているボールの総数が 900 で十分に大きいので，そこから同時に 5 個のボールを取り出すということ（非復元抽出）は，ボールを 1 個取り出して箱に戻しまたそこから取り出すこと（復元抽出）を 5 回繰り返すことと近似できる．すなわち，X の従う分布は $Bin\left(5, \frac{5}{9}\right)$ で近似できるから

$$P(X=k) = \binom{5}{k}\left(\frac{5}{9}\right)^k\left(\frac{4}{9}\right)^{5-k}, \qquad k=0,1,2,\ldots,5,$$

$$E(X) = 5\cdot\frac{5}{9} \approx 2.78, \quad V(X) = 5\cdot\frac{5}{9}\cdot\frac{4}{9} \approx 1.23 \quad (\text{答})$$

【別解・そのまま求める方法】

$X \sim H(900, 500, 5)$ なので，

$$P(X=k) = \frac{\binom{500}{k}\binom{400}{5-k}}{\binom{900}{5}}, \qquad k=0,1,2,\ldots,5 \quad (\text{答})$$

$$E(X) = 5\cdot\frac{500}{900} = \frac{25}{9} \approx 2.78 \quad (\text{答})$$

$$V(X) = 5\cdot\frac{500}{900}\cdot\frac{900-500}{900}\cdot\frac{900-5}{900-1} = \frac{89,500}{72,819} \approx 1.23 \quad (\text{答})$$

となり，良い近似であることがわかる．5 章 p.56 の (5.47) より，$E(X)$ を求める際は $Bin\left(5, \frac{5}{9}\right)$ で近似してもしなくても値は変わらない．

8.7　多項分布

問題 8.13　ある箱に1番から9番までのビリヤードボールが9個入っており，無作為にボール1個を取り出してまた戻す，という試行を N 回繰り返す．1番のボール，偶数番号のボールを取り出した回数をそれぞれ確率変数 X, Y とするとき，次の (1), (2) の問に答えよ．

(1)　$E(X)$, $V(X)$ および確率変数の組 (X, Y) の同時確率関数 $P(X = k \cap Y = l)$ をそれぞれ求めよ．

(2)　$E(XY)$ および X, Y の共分散 $Cov(X, Y)$ をそれぞれ求めよ．

■ MAH's check

- 多項分布は初学者にはとりつきにくいが，慣れれば得点源となり得る．
- 共分散は頻出．二項分布は多項分布の特殊形．

【解答】

(1)　$X \sim Bin\left(N, \frac{1}{9}\right)$ なので，

$$E(X) = \frac{N}{9} \quad (答)$$

$$V(X) = N \cdot \frac{1}{9} \cdot \frac{8}{9} = \frac{8N}{81} \quad (答)$$

$(X, Y) \sim mult\left(N; \frac{1}{9}, \frac{4}{9}\right)$ なので，

$$P(X = k \cap Y = l) = \frac{N!}{k!\,l!\,(N-k-l)!}\left(\frac{1}{9}\right)^k\left(\frac{4}{9}\right)^l\left(\frac{4}{9}\right)^{N-k-l},$$

k, l は $k+l \leq N$ を満たす非負整数　(答)

(2)　$Cov(X, Y) = -N \cdot \frac{1}{9} \cdot \frac{4}{9} = -\frac{4N}{81}$　(答)

$Y \sim Bin\left(N, \frac{4}{9}\right)$ なので，

$$E(XY) = Cov(X, Y) + E(X)E(Y)$$

$$= -\frac{4N}{81} + \frac{N}{9} \cdot \frac{4N}{9} = \frac{4N(N-1)}{81} \quad (答)$$

8.8 正規分布

問題 8.14 3つの確率変数 X, Y および Z があり，互いに独立である．X, Y は標準正規分布 $N(0, 1)$ に従い，Z は正規分布 $N(0, 5)$ に従うとき，次の (1), (2) の問に答えよ．

(1) $|X|$ の確率密度関数 $f_{|X|}(x)$, $E(|X|)$, $f_Z(z)$, $V(Z)$, $E(|Z|)$, $W_1 = X+Z$ とおいたときの $E(W_1)$ および $V(W_1)$ をそれぞれ求めよ．

(2) $W_2 = X^2+Y^2$ とおいたときの $f_{W_2}(w)$ および $E(W_2)$ をそれぞれ求めよ．

■ **MAH's check**

- 正規分布は連続型確率分布の中では最頻出の分布．積分が難しいだけに，分布関数の知識も含めてよく練習しておこう．
- 準備段階では実際に時間をとって積分計算を練習しておき，積分に慣れることも必要．
- 正規分布とカイ二乗分布の関係は頻出．標準正規分布の2乗和の期待値 $E\big(X^2+Y^2\big)$ を，知識だけで30秒で求めることができる．本番で直接計算するには時間がかかる．

【解答】

$X \sim N(0, 1)$ の分布関数 $F_X(x)$ を $\Phi(x)$ で，確率密度関数 $f_X(x)$ を $\phi(x)$ で表すことにする．

(1) $F_{|X|}(x)$ は

$$F_{|X|}(x) = P(|X| \leq x) = P(-x \leq X \leq x) = \Phi(x) - \Phi(-x)$$

$$f_{|X|}(x) = F'_{|X|}(x) = \phi(x) + \phi(-x)$$

$$= 2\phi(x) \quad (\because \phi(x) \text{ は偶関数})$$

$$= \sqrt{\frac{2}{\pi}} e^{-\frac{x^2}{2}}, \qquad 0 < x < \infty \quad (答)$$

期待値 $E(|X|)$ は,

$$E(|X|) = \int_0^\infty x \cdot \sqrt{\frac{2}{\pi}} e^{-\frac{x^2}{2}} dx = \sqrt{\frac{2}{\pi}} \left[-e^{-\frac{x^2}{2}} \right]_0^\infty = \sqrt{\frac{2}{\pi}} \quad (答)$$

$Z \sim N(0,5)$ なので,

$$f_Z(z) = \frac{1}{\sqrt{10\pi}} e^{-\frac{z^2}{10}}, \qquad -\infty < z < \infty \quad (答)$$

$$V(Z) = 5 \quad (答)$$

Z を標準化した分布は標準正規分布である．すなわち

$$\frac{Z}{\sqrt{5}} \sim N(0, 1)$$

である．標準正規分布に従う確率変数の絶対値の期待値は，先に求めたとおり $\sqrt{\frac{2}{\pi}}$ なので,

$$E\left(\left| \frac{Z}{\sqrt{5}} \right| \right) = \sqrt{\frac{2}{\pi}}$$

$$E(|Z|) = \sqrt{\frac{10}{\pi}} \quad (答)$$

正規分布の再生性により，$W_1 \sim N(0, 6)$ なので,

$$E(W_1) = 0, \qquad V(W_1) = 6 \quad (答)$$

(2)　$W_2 \sim \chi^2(2) \sim \Gamma(1, 1/2)$ なので，$f_{W_2}(w)$ は,

$$f_{W_2}(w) = \frac{1}{2} e^{-\frac{w}{2}}, \qquad 0 < w < \infty \quad (答)$$

また，期待値 $E(W_2)$ は,

$$E(W_2) = \frac{1}{1/2} = 2 \quad (答)$$

8.9　指数分布，ガンマ分布

問題 8.15　マジシャンが同じマジックの道具を n 個持っているが，個々の道具は使用頻度によらず，ある日突然壊れる．通し番号が i の道具が壊れるまでの時間を確率変数 $X_i\,(i=1,2,\ldots,n)$ とすると，X_i は互いに独立であり，平均 λ の指数分布 $\Gamma(1,\,1/\lambda)$ に従うことがわかっている．このとき，次の (1), (2) の問に答えよ．

(1)　n 個のうちのどれか 1 個が最初に壊れるまでの時間を確率変数 $X_{(1)}$ としたとき，$E\bigl(X_{(1)}\bigr)$ を求めよ．

(2)　$E(X_i^n)$ を求めよ．

■ MAH's check

- 指数分布，ガンマ分布は正規分布と同様に，頻出分布．公式を駆使すれば最速で答えにたどりつける．
- 指数分布，ガンマ分布の $E\bigl(X^k\bigr)=\dfrac{\Gamma(\alpha+k)}{\Gamma(\alpha)\beta^k}$ の公式は便利．損保数理でも頻出．
- 確率分野の問題としているが，最小値や最大値が従う分布は，統計分野の順序統計量の問題としてもよく出題されるので習熟しておくとお得な分野と考えることもできるので，しっかり習熟しよう．

【解答】

(1)　指数分布の無記憶性より，1 個の道具をみたときに壊れる前のどの時点においても，壊れるまでの時間の従う分布は同一のままである．よって n 個全体をみたときに，まだ 1 個も壊れていない間のどの時点においても，最初の 1 個が壊れるまでの時間の分布に変化はなく，$X_{(1)}$ も無記憶性を持ち，指数分布に従う．そして n 個全体を見たときに最初の 1 個が壊れるまでの時間 $X_{(1)}$ の平均は，1 個を見たときにそれが壊れるまでの時間（平均 λ）の $1/n$ 倍であるから，

$$E\left(X_{(1)}\right)=\frac{\lambda}{n}\quad (答)$$

(2)
$$E(X_i^n)=\frac{\Gamma(n+1)}{\Gamma(1)(1/\lambda)^n}=\frac{n!}{(1/\lambda)^n}=\lambda^n\cdot n!\quad (答)$$

【別解】

(1)を式を立てて解くと，$X_{(1)}$ の分布関数 $F_{X_{(1)}}(x)$ は，$0<x<\infty$ として，

$$\begin{aligned}F_{X_{(1)}}(x)&=P\left(X_{(1)}\leq x\right)\\&=1-P\left(X_{(1)}>x\right)\\&=1-P(X_1>x\cap\cdots\cap X_n>x)\\&=1-\{P(X_1>x)\}^n\end{aligned}$$

$X_1\sim\Gamma(1,1/\lambda)$ のテイル確率 $P(X_1>x)=e^{-\frac{1}{\lambda}x}$ を代入して，

$$F_{X_{(1)}}(x)=1-e^{-\frac{n}{\lambda}x}$$

分布関数の形より，$X_{(1)}\sim\Gamma\left(1,\dfrac{n}{\lambda}\right)$ であるから，

$$E\left(X_{(1)}\right)=\frac{\lambda}{n}\quad (答)$$

【補足】

n 個のうちの2個目が壊れるまでの時間 $X_{(2)}$ の期待値 $E\left(X_{(2)}\right)$ も，次のようにして計算できる.

$$\begin{aligned}E\left(X_{(2)}\right)&=E\left(X_{(2)}-X_{(1)}+X_{(1)}\right)\\&=E\left(X_{(2)}-X_{(1)}\right)+E\left(X_{(1)}\right)\end{aligned}$$

指数分布の無記憶性より，$X_{(2)}-X_{(1)}\sim\Gamma\left(1,\dfrac{n-1}{\lambda}\right)$ なので，

$$E\left(X_{(2)}\right)=\frac{\lambda}{n-1}+\frac{\lambda}{n}$$

p.197の IWASAWA's comment も参照してほしい.

問題 8.16 2つの確率変数 Y および Z があり，互いに独立である．Y はガンマ分布 $\Gamma(3, 5)$ に従い，Z は $\Gamma(2, 5)$ に従うとき，Y の歪度および $V(Y+Z)$ を求めよ．

■ MAH's check

- ガンマ分布はキュムラントの公式とそこから導かれる各種特性値の公式までまでしっかり身に付けよう．

$$C_X^{(k)}(0)=\frac{\alpha\Gamma(k)}{\beta^k}$$

【解答】

Y の k 次のキュムラント $C_Y^{(k)}(0)$ は，

$$C_Y^{(k)}(0)=\frac{3\Gamma(k)}{5^k}$$

であるから，

$$(Y\text{ の歪度})=\frac{C_Y^{(3)}(0)}{C_Y^{(2)}(0)^{\frac{3}{2}}}=\frac{3\Gamma(3)/5^3}{(3\Gamma(2)/5^2)^{\frac{3}{2}}}=\frac{2}{\sqrt{3}}\quad(\text{答})$$

また再生性により，$Y+Z\sim\Gamma(5, 5)$ なので，

$$V(Y+Z)=\frac{1}{5}\quad(\text{答})$$

8.10 ベータ分布，多次元ベータ分布

問題 8.17　c をある定数として，確率変数の組 (X, Y) の同時確率密度関数 $f_{(X,Y)}(x, y)$ が次の通り与えられている．

$$f_{(X,Y)}(x, y) = cx^2y(1-x-y), \quad 0<x<1,\ 0<y<1,\ x+y<1$$

このとき，X，Y それぞれの周辺確率密度関数 $f_X(x)$，$f_Y(y)$，$E(X)$，$V(X)$，$E(Y^3)$ および X と Y の相関係数 $\rho(X, Y)$ をそれぞれ求めよ．

■ **MAH's check**

- ベータ分布もガンマ分布と並んで重要な頻出分布．
- 本問は計算量が多いが，すらすら解けるようになるまでガンマ関数とベータ分布の扱いや積分計算に習熟しよう．
- 藤田先生曰く，「ガンマ関数・ベータ関数は空気だ．空気がなかったらアウト．それと一緒で，ガンマ関数・ベータ関数を自在に操れずにアクチュアリー試験に合格できない．」

【解答】

(全確率) = 1 であるから，

$$\begin{aligned}1 &= c\iint_{\substack{0<x<1,0<y<1,\\ x+y<1}} x^{3-1}y^{2-1}(1-x-y)^{2-1}dxdy \\ &= cB(3, 2, 2) \\ &= \frac{c\Gamma(3)\cdot\Gamma(2)\cdot\Gamma(2)}{\Gamma(3+2+2)}\end{aligned}$$

よって，$c = 360$ である．

$f_{(X,Y)}(x, y)$ は，

$$f_{(X,Y)}(x, y) = 360x^2y(1-x-y), \quad 0<x<1,\ 0<y<1,\ x+y<1$$

であり，$f_X(x)$ は，

$$
\begin{aligned}
f_X(x) &= 360x^2 \int_0^{1-x} y(1-x-y)dy \\
&= 60x^2(1-x)^3, \qquad 0<x<1 \quad (\text{答})
\end{aligned}
$$

なので，$X \sim Beta(3, 4)$ である．

$$
\begin{aligned}
E(X) &= \frac{3}{3+4} = \frac{3}{7} \quad (\text{答}) \\
V(X) &= \frac{3\cdot 4}{(3+4)^2(3+4+1)} = \frac{3}{98} \quad (\text{答})
\end{aligned}
$$

また，$f_Y(y)$ は，

$$
\begin{aligned}
f_Y(y) &= 360y \int_0^{1-y} x^2(1-x-y)dx \\
&= 30y(1-y)^4, \qquad 0<y<1 \quad (\text{答})
\end{aligned}
$$

なので，$Y \sim Beta(2, 5)$ である．

$$
E\left(Y^3\right) = \frac{\Gamma(2+3)\,\Gamma(2+5)}{\Gamma(2)\,\Gamma(2+5+3)} = \frac{1}{21} \quad (\text{答})
$$

さらに，

$$
\begin{aligned}
E(XY) &= 360 \iint_{\substack{0<x<1,0<y<1,\\ x+y<1}} x^{4-1}y^{3-1}(1-x-y)^{2-1}dxdy \\
&= 360B(4, 3, 2) \\
&= \frac{3}{28}
\end{aligned}
$$

これまでの結果と，$E(Y) = \dfrac{2}{7}$，$V(Y) = \dfrac{5}{196}$ を用いることで，

$$
\rho(X, Y) = \frac{E(XY) - E(X)E(Y)}{\sqrt{V(X)}\sqrt{V(Y)}} = -\frac{\sqrt{30}}{10} \quad (\text{答})
$$

問題8.18　3つの確率変数 X，Y および Z が互いに独立で標準一様分布 $U(0,1)$ に従うとき，次の(1)，(2)を求めよ．

(1)　$P(X^2+Y^2+Z<1)$

(2)　$P(3X+2Y+5Z<1)$

■ MAH's check

- 一見，確率分布を合成してから積分計算する手順に見えるが，初学者がその方法で10分以内に解き終えるのは困難．
- 多次元ベータ関数の知識を活用して，短時間で解く手法を覚えておくのもよいだろう．各変数を置換すると，多次元ベータ関数に置きかえられて，計算が容易になる．
- [合タク]にも様々な手法を掲載しているので，自分に合った解き方を見つけよう．

【解答】

(1)　求める確率は，

$$P(X^2+Y^2+Z<1)=\iiint_{\substack{0<x<1,\\0<y<1,\\0<z<1,\\x^2+y^2+z<1}} dxdydz$$

を計算すればよい．

$t=x^2$，$u=y^2$ とおくと，

$$0<t<1,\ 0<u<1,\ dx=\frac{1}{2}t^{-\frac{1}{2}}dt,\ dy=\frac{1}{2}u^{-\frac{1}{2}}du$$

であるから，

$$\begin{aligned}&P(X^2+Y^2+Z<1)\\&=\frac{1}{4}\iiint_{\substack{0<t<1,\\0<u<1,\\0<z<1,\\t+u+z<1}} t^{\frac{1}{2}-1}u^{\frac{1}{2}-1}z^{1-1}\cdot(1-t-u-z)^{1-1}dtdudz\\&=\frac{1}{4}\cdot B\left(\frac{1}{2},\frac{1}{2},1,1\right)=\frac{\pi}{8}\quad(答)\end{aligned}$$

(2)　$S=3X$，$T=2Y$ および $U=5Z$ の確率密度関数 $f_S(s)$，$f_T(t)$ および $f_U(u)$ はそれぞれ，

$$f_S(s)=\frac{1}{3},\qquad 0<s<3$$

$$f_T(t)=\frac{1}{2},\qquad 0<t<2$$

$$f_U(u)=\frac{1}{5},\qquad 0<u<5$$

であるから，

$$P(3X+2Y+5Z<1)=P(S+T+U<1)$$

$$=\iiint_{\substack{0<s<1,\\0<t<2,\\0<u<5,\\s+t+u<1}} f_S(s)f_T(t)f_U(u)dsdtdu$$

$$=\frac{1}{3}\cdot\frac{1}{2}\cdot\frac{1}{5}\iiint_{\substack{0<s<1,\\0<t<1,\\0<u<1,\\s+t+u<1}} s^{1-1}t^{1-1}u^{1-1}(1-s-t-u)^{1-1}dsdtdu$$

$$=\frac{1}{30}\cdot B(1,1,1,1)$$

$$=\frac{1}{180}\quad(答)$$

【別解・図形的に解く方法】

(1)　$P\left(X^2+Y^2+Z<1\right)$ は，xyz 座標空間内の次の領域 D の体積と等しい．

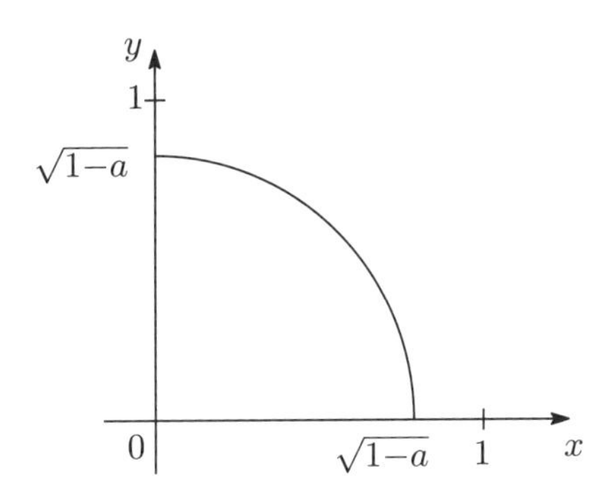

$$D=\left\{(x,\,y,\,z)\in\mathbb{R}^3\,\middle|\,0<x<1,\,0<y<1,\,0<z<1,\,x^2+y^2+z<1\right\}$$

D と平面 $z=a\,(0<a<1)$ との共通部分の面積 $S(a)$ は,

$$x^2+y^2<1-a$$

より,

$$S(a)=\frac{\pi(1-a)}{4}$$

であるから,

$$P\left(X^2+Y^2+Z<1\right)=\int_0^1 S(a)da=\frac{\pi}{4}\int_0^1(1-a)da=\frac{\pi}{8}\ (\text{答})$$

(2)　求める確率は，次図の三角錐の体積と等しいので,

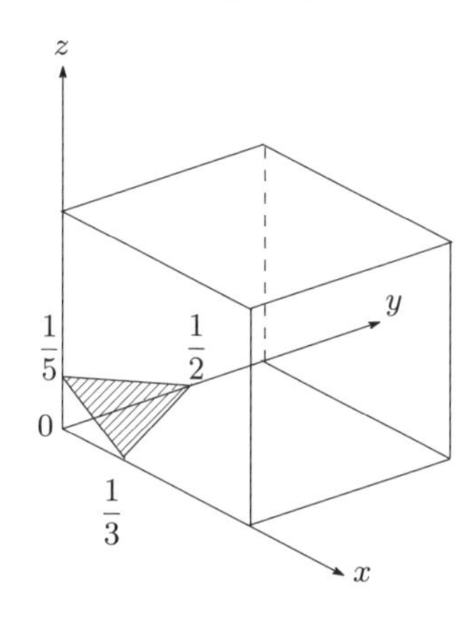

$$\begin{aligned}P(3X+2Y+5Z<1)&=\left(\text{上図三角錐の体積}\right)\\&=\frac{1}{2}\cdot\frac{1}{2}\cdot\frac{1}{3}\cdot\frac{1}{5}\cdot\frac{1}{3}\\&=\frac{1}{180}\qquad(\text{答})\end{aligned}$$

8.11 トレーズ，確率変数の分解

問題 8.19 ある箱に1番から9番までのビリヤードボール9個が入っている．9個のボール全部を無作為に1個ずつ取り出していき，箱には戻さない．ボールを取り出した順番とボールの番号とが1回以上一致する確率を，e を用いて近似表現せよ．

■ **MAH's check**

- トレーズは，有名な確率の問題．昔の数学者が相当の時間をかけて解いた問題を，初めて見て10分で解けるのは結構な天才．初学者には難しいだろう．岩沢先生曰く，「知っているから解ける」．
- 包除原理を使って解く方法など，[合タク] にも各種方法が掲載されているので参考にしてほしい．

【解答】

$$(\text{求める確率}) = \frac{1}{1!} - \frac{1}{2!} + \frac{1}{3!} - \frac{1}{4!} + \cdots + \frac{1}{9!} \approx 1 - \frac{1}{e} \quad (\text{答})$$

公式 (4.86) $e^x = \sum_{n=0}^{\infty} \frac{x^n}{n!}$ は有用で，上記は $e^{-1} = \sum_{n=0}^{\infty} \frac{(-1)^n}{n!}$ を用いて計算している．

トレーズについての詳しい解説は [弱点克服] 問題 11(p.22)，トレーズに関連する有名問題については，[リスクを知る] 問題 9(p.16) を参照せよ．

【補足】

そのまま確率を計算すると，

$$\frac{1}{1!} - \frac{1}{2!} + \frac{1}{3!} - \frac{1}{4!} + \cdots + \frac{1}{9!} = 0.632120811\ldots$$

であるのに対し，近似表現した結果の数値は

$$1 - \frac{1}{e} = 0.632120559\ldots$$

であり，よい近似といえる．

問題 8.20　ある箱に，1番から9番までのビリヤードボールが2セットで計18個入っている．この箱から無作為にボール5個を同時に取り出したときに同じ番号のボールの組が含まれることがあるが，その組数を確率変数 X とするとき，$E(X)$ を求めよ．

■ **MAH's check**

- 難しそうな問題も，確率変数の分解という手法により，単純な確率変数に一旦置き換えてから，個々の平均の和をとれば容易に解ける．
- この問題はイヤリングや靴のペアなどで出題されうる．

【解答】

確率変数 $Y_i\,(i=1,2,\ldots,9)$ を，

$$Y_i=\begin{cases}1 & (\text{番号}\, i\, \text{の組が入る})\\ 0 & (\text{番号}\, i\, \text{の組が入らない})\end{cases}$$

とおく．このことから，

$$E(Y_i)=P(Y_i=1) \quad \cdots(1)$$

であることに注意する．

1番から9番のうちの1つの番号 i の組が入る組み合わせは，番号 i の2個以外の16個から3個を取り出す組み合わせに等しく $\binom{16}{3}$ 通りあるから，

$$P(Y_i=1)=\frac{\binom{16}{3}}{\binom{18}{5}}=\frac{10}{153}$$

これを (1) に代入し，$X=\sum_{i=1}^{9}Y_i$ で期待値の加法性を用いて，

$$E(X)=9E(Y_i)=\frac{10}{17} \quad (\text{答})$$

【別解・そのまま解くと…】

セットA	1	2	3	4	5	6	7	8	9
セットB	1	2	3	4	5	6	7	8	9

同じ番号の組数ごとに確率を考える（便宜上，ビリヤードボールの2セットをそれぞれA, Bと呼ぶことにする）．

(i) 同じ番号が1組のとき
同じ番号のボール2個を1組取り出すのは $\binom{9}{1}$ 通り．そのもとで，異なる番号のボールが含まれる組み合わせは，上の表のセットAより3個を取り出して $\binom{8}{3}$ 通り，またはセットAより2個かつセットBより1個を取り出して $\binom{8}{2}\cdot 6$ 通り，A, Bを入れ替えて $2\left\{\binom{8}{3}+\binom{8}{2}\cdot 6\right\}$ 通りある．したがって，同じ番号が1組だけ含まれる確率は，

$$\frac{\binom{9}{1}\cdot 2\left\{\binom{8}{3}+\binom{8}{2}\cdot 6\right\}}{\binom{18}{5}}=\frac{8}{17}$$

(ii) 同じ番号が2組のとき
同じ番号のボール2個を2組取り出すのは $\binom{9}{2}$ 通り．そのもとで，残り1個の選び方は14通りあるので，同じ番号が2組含まれる確率は，

$$\frac{\binom{9}{2}\cdot 14}{\binom{18}{5}}=\frac{1}{17}$$

よって求める期待値は，$1\cdot\dfrac{8}{17}+2\cdot\dfrac{1}{17}=\dfrac{10}{17}$ （答）

(i)の考え方は複雑で，計算ミスしやすい．そのまま解くより，確率変数の分解の手法を用いるのが便利だということがおわかりいただけるだろう．

■ IWASAWA's comment

確率の計算結果は直感的な検証が難しく，不安が残りやすい．本問だと $P(Y_i=1)=10/153$ の計算に自信が持ちにくい．こういうものはできれば2通りの方法で解きたい．試験中にいつもそれを課すのは難しくても，学習過程では大いに訓練になるであろう．

このケースでは，たとえば次のように考える．番号 i の組の2つのうちの1個目が選ばれる確率は5/18で，さらにもう1つが選ばれる確率は4/17なので，$5/18\cdot 4/17=10/153$．これで一安心．

8.12　包除原理，複合分布

問題 8.21　ある箱に1番から9番までのビリヤードボール9個が入っており，無作為に1個のボールを取り出してまた戻す，という試行を5回繰り返す．そして事象 A，B および C を次の通り定義する．

- A：1回目かつ3回目かつ5回目に3の倍数の番号のボールを取り出すという事象
- B：2回目かつ4回目に偶数の番号のボールを取り出すという事象
- C：4回目かつ5回目に5以上の番号のボールを取り出すという事象

このとき，事象 A，B および C のうちの少なくとも1つが生じる確率を求めよ．

■ **MAH's check**

- 集合論の基本知識である和集合，積集合をうまく組み合わせて解く問題．
- 簡単だが，試験では時間がかかりそうだと判断するなら，後回しにしてもよいかもしれない．
- 「少なくとも〜である確率を求めよ」というタイプの問題ではまず余事象の確率を求めるのが定石だが，本問の場合余事象が複雑なので適用しづらい．

【解答】

求める確率 $P(A\cup B\cup C)$ は，包除原理（加法定理）より

$$P(A\cup B\cup C)=P(A)+P(B)+P(C)-P(A\cap B)-P(A\cap C)$$
$$-P(B\cap C)+P(A\cap B\cap C)$$

右辺の各項の確率を計算する．事象 A は，1回目かつ3回目かつ5回目に3, 6, 9番のいずれかを取り出し，2回目と4回目はどれを取り出してもよい

ので，

$$P(A)=\frac{1}{3}\cdot 1\cdot \frac{1}{3}\cdot 1\cdot \frac{1}{3}=\frac{1}{27}$$

事象 B は，2 回目かつ 4 回目に 2, 4, 6, 8 番のいずれかを取り出すので，

$$P(B)=1\cdot \frac{4}{9}\cdot 1\cdot \frac{4}{9}\cdot 1=\frac{16}{81}$$

事象 C は，4 回目かつ 5 回目に 5, 6, 7, 8, 9 番のいずれかを取り出すので，

$$P(C)=1\cdot 1\cdot 1\cdot \frac{5}{9}\cdot \frac{5}{9}=\frac{25}{81}$$

$P(A\cap B)$ については，事象 A と B が互いに独立であるから，

$$P(A\cap B)=P(A)\cdot P(B)=\frac{1}{27}\cdot \frac{16}{81}=\frac{16}{2,187}$$

事象 $A\cap C$ は，1 回目かつ 3 回目に 3, 6, 9 番のいずれかを取り出し，かつ 4 回目に 5, 6, 7, 8, 9 番のいずれかを取り出し，かつ 5 回目に 6 番または 9 番を取り出すという事象であるから，

$$P(A\cap C)=\frac{1}{3}\cdot 1\cdot \frac{1}{3}\cdot \frac{5}{9}\cdot \frac{2}{9}=\frac{10}{729}$$

事象 $B\cap C$ は，2 回目に 2, 4, 6, 8 番のいずれかを取り出し，かつ 4 回目に 6 番または 8 番を取り出し，かつ 5 回目に 5, 6, 7, 8, 9 番のいずれかを取り出すという事象であるから，

$$P(B\cap C)=1\cdot \frac{4}{9}\cdot 1\cdot \frac{2}{9}\cdot \frac{5}{9}=\frac{40}{729}$$

事象 $A\cap B\cap C$ は，1, 3 回目に 3, 6, 9 番のいずれかを取り出し，2 回目に 2, 4, 6, 8 番を取り出し，4 回目に 6 番または 8 番を取り出し，かつ 5 回目に 6 番または 9 番を取り出すという事象であるから，

$$P(A\cap B\cap C)=\frac{1}{3}\cdot \frac{4}{9}\cdot \frac{1}{3}\cdot \frac{2}{9}\cdot \frac{2}{9}=\frac{16}{6,561}$$

これらを代入して計算すると，

$$P(A\cup B\cup C)=\frac{3,082}{6,561} \quad \text{(答)}$$

問題 8.22　ある箱に1番から9番までのビリヤードボール9個が入っている．いま歪みのないコインを5回投げて裏が出た回数を確率変数 N とする．そして，箱からボールを取り出してまた戻すという試行を N 回繰り返す．このとき，取り出したボールの番号の合計値を確率変数 S として，$E(S)$ および $V(S)$ を求めよ．なお，$N=0$ のときは $S=0$ とする．

■ MAH's check

- 複合分布の問題．数学ではあまり見かけないが，損保数理では頻出．
- 公式を使わなければ時間内に解くのは厳しい．

【解答】

$N \sim Bin\left(5, \dfrac{1}{2}\right)$ であり，また i 回目に取り出すボールの番号を確率変数 $X_i\,(i=1,2,\ldots,N)$ とすると，$X_i \sim DU\{1,2,\ldots,9\}$ である．このとき S は

$$S = \begin{cases} \displaystyle\sum_{i=1}^{N} X_i & (1 \leq N \leq 5) \\ 0 & (N=0) \end{cases}$$

よって，

$$E(S) = E(N)E(X) = \frac{25}{x2} \quad (答)$$

$$V(S) = E(N)V(X) + V(N)\{E(X)\}^2 = \frac{575}{12} \quad (答)$$

8.13 ベイズの定理

問題 8.23 箱Aに，1番から9番までのビリヤードボールが2セットで計18個入っている．また箱Bに，1番から9番までのビリヤードボール1セットと偶数番号のボール9個とで計18個入っている．いま，箱Aまたは箱Bのいずれか一方を最初に無作為に選び，そこからボール1個を取り出してまた戻す試行を12回繰り返したところ，偶数番号のボールを7回，奇数番号のボールを5回取り出した．このとき選ばれた箱がBである確率を求めよ．小数点以下第4位を四捨五入のうえ答えよ．

■ MAH's check

- ベイズの定理は損保数理でも登場するので，ここでしっかり覚えておこう．公式を身に付けて使えるようにしておくことも重要だが，図を描いて簡単に解くような[合タク]に掲載の方法も身につけると，速く解答できる．

【解答】

選んだ箱がAあるいはBであるという事象を，それぞれA, Bとおき，そこから偶数番号のボールを7回，奇数番号のボールを5回取り出す事象をZとおくと，求める条件付確率$P(B\mid Z)$はベイズの定理より，

$$P(B|Z)=\frac{P(B\cap Z)}{P(Z)}=\frac{P(B)P(Z|B)}{P(A)P(Z|A)+P(B)P(Z|B)} \quad \cdots(1)$$

ここで，$P(A)=P(B)=\frac{1}{2}$,

$$P(Z|A)=\binom{12}{7}\left(\frac{4}{9}\right)^7\left(\frac{5}{9}\right)^5, \quad P(Z|B)=\binom{12}{7}\left(\frac{13}{18}\right)^7\left(\frac{5}{18}\right)^5$$

これらを(1)に代入して，

$$P(B|Z)=\frac{13^7}{4^7\cdot 2^{12}+13^7}=\frac{62,748,517}{129,857,381}\approx 0.483 \quad \text{（答）}$$

8.14 漸化式

問題 8.24　ある箱に1番から9番までのビリヤードボール9個が入っており，ボールを同時に3個取り出してまた戻すという試行を n 回繰り返す．このとき，取り出す3個に奇数番号のボールが少なくとも1個含まれるという試行の回数が，n 回のうち奇数回である確率を求めよ．

■ MAH's check

- 漸化式は初学者にとって苦手な分野の一つになりがちだが，試験では頻出でありここを避けては合格できない．
- ここでは，主なパターンを3つ用意した．解法パターンをスムーズに適用できるまでやりこまないと，試験中に対応できない．
- 今回のケースは，1つ前の状態と今の状態から式を立てて解くパターン．
- 漸化式からその解を求める手法も使いこなせるようになろう．
- 大問でも漸化式は頻出．小問レベルの漸化式問題を数多く解いて身につけていくことで，大問にも対応できるようになるので頑張ろう．

【解答】

各回の試行で取り出す3個に奇数番号のボールが少なくとも1個含まれる，という事象を A とおくと，A が生じる確率 $P(A)$ は

$$P(A) = 1 - \frac{\binom{4}{3}}{\binom{9}{3}} = \frac{20}{21}$$

求める確率を p_n とおくと

$$p_n = \left(n-1\,\text{回のうち}\,A\,\text{が奇数回生じる確率}\right)$$
$$\cdot\left(n\,\text{回目に}\,A\,\text{が生じない確率}\right)$$

$$
\begin{aligned}
&+\bigl(n-1\,\text{回のうち}\,A\,\text{が偶数回生じる確率}\bigr)\\
&\cdot\bigl(n\,\text{回目に}\,A\,\text{が生じる確率}\bigr)\\
&=p_{n-1}(1-P(A))+(1-p_{n-1})P(A)\\
&=-\frac{19}{21}p_{n-1}+\frac{20}{21}, \qquad n=2,3,\ldots \quad \cdots(1)
\end{aligned}
$$

方程式

$$
c=-\frac{19}{21}c+\frac{20}{21}
$$

を解くと $c=\frac{1}{2}$ であり，(1) の両辺から，$\frac{1}{2}$ ずつ引くと

$$
\begin{aligned}
p_n-\frac{1}{2}&=-\frac{19}{21}\left(p_{n-1}-\frac{1}{2}\right)\\
&=\left(-\frac{19}{21}\right)^2\left(p_{n-2}-\frac{1}{2}\right)\\
&\;\;\vdots\\
&=\left(-\frac{19}{21}\right)^{n-1}\left(p_1-\frac{1}{2}\right)
\end{aligned}
$$

$p_1=P(A)=\frac{20}{21}$ を代入して

$$
p_n=\frac{1}{2}+\frac{19}{42}\left(-\frac{19}{21}\right)^{n-1}, \quad \bigl(n=1\,\text{でも成立}\bigr)\; n=1,2,\ldots \qquad \text{(答)}
$$

問題 8.25　A さんと B さんにビリヤードのボール 9 個が入っている箱をそれぞれ渡してから，2 人がジャンケンをして勝った方が負けた方からボールを 1 個受け取るというゲームが行われる．A さんはジャンケンが上手く，B さんを対戦相手としたときの勝率は 0.6 である．2 人のうち一方の箱が空になるまでゲームを続けるとしたとき，A さんの箱が空になる確率を求めよ．

■ MAH's check

- ギャンブラーの破産確率の問題．3 項間漸化式を解く．
- 解けることを数回確認したら，結果を一般化して覚えておくのも手．

【解答】

A さんが k 個のボールを持っているときに A さんの箱が空になる確率を p_k とおくと，

$$p_k = \begin{cases} 1 & (k=0) \\ 0.6p_{k+1} + 0.4p_{k-1} & (1 \leq k \leq 17) \\ 0 & (k=18) \end{cases}$$

$1 \leq k \leq 17$ において，

$$0.6p_{k+1} - p_k + 0.4p_{k-1} = 0$$

方程式 $0.6t^2 - t + 0.4 = 0$ を解くと，$t = \frac{2}{3}, 1$ であるから，

$$p_k = \left(\frac{2}{3}\right)^k C + D \quad \cdots (1)$$

とおくことができる．$k = 0, 18$ のとき $p_0 = 1$，$p_{18} = 0$ なので，

$$\begin{cases} C + D = 1 \\ \left(\frac{2}{3}\right)^{18} C + D = 0 \end{cases}$$

この連立方程式を解くと,

$$C = \frac{1}{1-(2/3)^{18}}, \qquad D = -\frac{(2/3)^{18}}{1-(2/3)^{18}}$$

C, D を (1) に代入すると,

$$p_k = \frac{(2/3)^k-(2/3)^{18}}{1-(2/3)^{18}}$$

求める確率は $k=9$ のときなので

$$p_9 = \frac{(2/3)^9-(2/3)^{18}}{1-(2/3)^{18}} = \frac{(2/3)^9}{1+(2/3)^9} \quad \text{(答)}$$

【補足】

ギャンブラーの破産問題の別の解法として,[リスクを知る]1.1.4 節と 5.2.1 節を参照してもらいたい.特に,公式集でも (5.27) 式,(5.28) 式として紹介した結果を覚えてしまうためには,同書に書かれている解法は有益であろう.

問題 8.26　箱Aには，黒いボールが1個と白いボールが4個入っている．箱Bには，白いボールが5個入っている．それぞれの箱からボールを1個ずつ取り出し，箱Aから取り出したボールを箱Bに，箱Bから取り出したボールを箱Aに移し替える試行を5回繰り返したとき，黒いボールが箱Aに入っている確率を求めよ．

■ MAH's check

- 黒が1回目の試行後に入っているのがAかBか，から樹形図で表していくと全部で 2^5 通りあり，5回目後にAである場合の確率をそれぞれ計算して和をとってもよいが，煩雑で計算ミスをしがちである．
- 黒の移動が0回か2回か4回の確率を求めればよいことに着目して二項分布から計算する解法もあるが，ここでは漸化式で解いてみる．

【解答】

n 回の試行後に黒いボールが箱Aに入っている確率を p_n とおくと，

$$\begin{aligned} p_n &= \frac{4}{5}p_{n-1} + \frac{1}{5}(1-p_{n-1}) \\ &= \frac{3}{5}p_{n-1} + \frac{1}{5}, \quad n=1,2,\ldots \quad \cdots(1) \end{aligned}$$

方程式 $c=\dfrac{3}{5}c+\dfrac{1}{5}$ を解くと，$c=\dfrac{1}{2}$ であり，(1) の両辺から $\dfrac{1}{2}$ ずつ引くと，

$$p_n-\frac{1}{2}=\frac{3}{5}\left(p_{n-1}-\frac{1}{2}\right)=\left(\frac{3}{5}\right)^n\left(p_0-\frac{1}{2}\right)$$

$p_0=1$ を代入して，

$$p_n=\frac{1}{2}+\frac{1}{2}\left(\frac{3}{5}\right)^n, \quad \left(n=0\text{ でも成立}\right)\ n=0,1,2,\ldots$$

よって，求める確率 p_5 は，　$p_5=\dfrac{1,684}{3,125}$　(答)

8.15 一様分布の変換，一様分布の和・差・積・商，三角分布

問題 8.27 2つの確率変数 X，Y が互いに独立で標準一様分布 $U(0, 1)$ に従うとする．このとき，次の (1), (2) の確率変数の確率密度関数をそれぞれ求めよ．

(1) X^n，e^X，$-\log X$

(2) $X+Y$，$X-Y$，XY，X/Y

■ MAH's check

- 確率変数の和・差・積・商も大変苦手な分野．初学者にはパターン化して解ける問題を増やしていくことを勧める．
- 一様分布に対して和・差・積・商の公式を使うと，慎重に積分区間を見極めなければならない．試験中に一様分布の和・差・積・商の密度関数を求めるときは分布関数を図形で求めてから微分する手法が使いやすいであろう．
- 分布関数を介さないで解く方法については，[リスクを知る]p.119-123 を参照．やや高度だが，読者によっては，同書の解法を習得することで本問の大半（ないしすべて）に瞬答できるようになるかもしれない．
- 「変数変換と和の分布」は試験範囲から削除されたが，統計分野やモデリングなどの証明などでも頻出であり，損保数理でもかなり登場する．したがって，本書や [合タク] に登場する「変数変換と和の分布」の問題やそこに登場するテクニック・知識は試験範囲以前の基礎知識と思って，しっかり練習しておくことが必須であろう．

【解答】

X，Y の確率密度関数 $f_X(x)$，$f_Y(y)$ は，

$$f_X(x)=f_Y(y)=1, \qquad 0<x<1, \quad 0<y<1$$

分布関数 $F_X(x)$, $F_Y(y)$ は，

$$F_X(x)=x, \qquad F_Y(y)=y$$

(1)　$S=X^n$ とおくと，S の分布関数 $F_S(s)$ は，

$$\begin{aligned} F_S(s) &= P(X^n \leq s) \\ &= P\left(X \leq s^{\frac{1}{n}}\right) \\ &= F_X\left(s^{\frac{1}{n}}\right) \\ &= s^{\frac{1}{n}} \end{aligned}$$

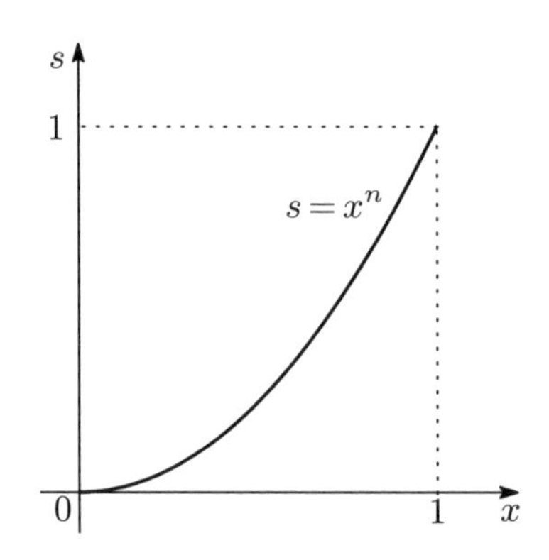

S の確率密度関数 $f_S(s)$ は，$F_S(s)$ を s で微分して

$$\begin{aligned} f_S(s) &= F'_S(s) \\ &= \frac{d}{ds}s^{\frac{1}{n}} \\ &= \frac{1}{n}s^{\frac{1}{n}-1}, \qquad 0<s<1 \quad (\text{答}) \end{aligned}$$

$T = e^X$ とおくと，T の分布関数 $F_T(t)$ は，

$$\begin{aligned} F_T(t) &= P\left(e^X \leq t\right) \\ &= P(X \leq \log t) \\ &= F_X(\log t) \\ &= \log t \end{aligned}$$

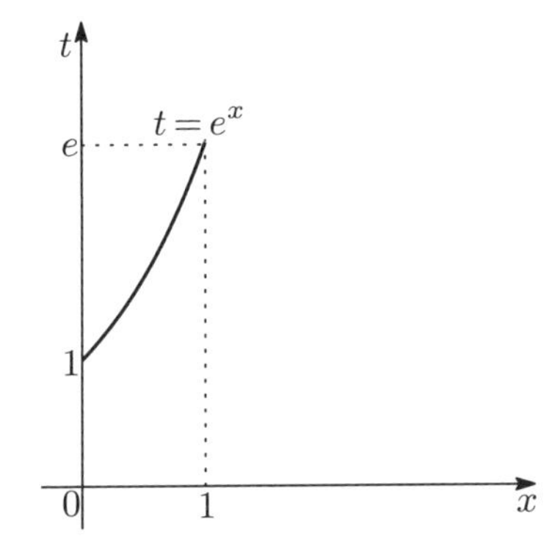

T の確率密度関数 $f_T(t)$ は，

$$\begin{aligned} f_T(t) &= F_T'(t) \\ &= \frac{d}{dt} \log t \\ &= \frac{1}{t}, \qquad 1 < t < e \quad \text{(答)} \end{aligned}$$

$U = -\log X$ とおくと，U の分布関数 $F_U(u)$ は，

$$\begin{aligned} F_U(u) &= P(-\log X \leq u) \\ &= P\left(X \geq e^{-u}\right) \\ &= 1 - P\left(X < e^{-u}\right) \\ &= 1 - e^{-u} \end{aligned}$$

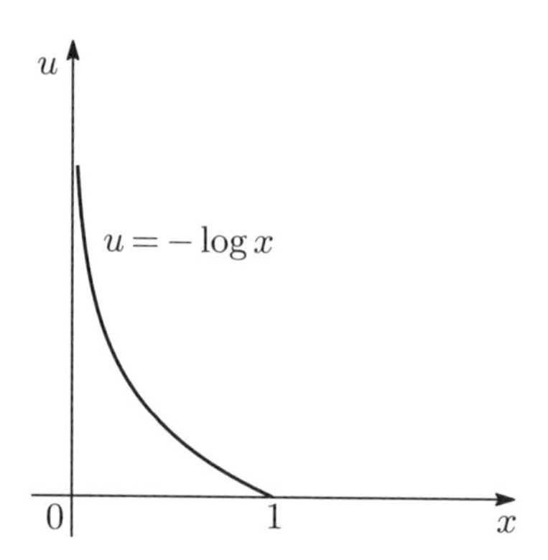

U の確率密度関数 $f_U(u)$ は,

$$f_U(u) = F'_U(u)$$
$$= e^{-u}, \qquad 0 < u < \infty \quad (答)$$

(2)　$S = X+Y$ とおくと，その分布関数 $F_S(s)$ は,

$$F_S(s) = P(X+Y < s) = P(Y < -X+s)$$

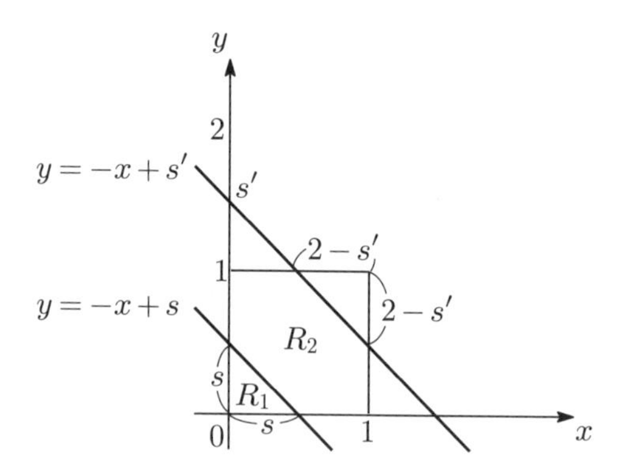

$0 < s \leq 1$ のとき，$P(Y<-X+s)$ は上図の領域 R_1 の面積に等しいので,

$$F_S(s) = \frac{s^2}{2} \quad \cdots ①$$

$1 < s < 2$ のとき，$P(Y<-X+s)$ は上図の領域 R_1 および R_2 の面積に等しいので,

$$F_S(s)=1-\frac{(2-s)^2}{2} \quad \cdots ②$$

求める確率密度関数 $f_S(s)$ は，(1), (2) をそれぞれ s で微分して，

$$f_S(s)=\begin{cases} s & (0<s\leq 1) \\ -s+2 & (1<s<2) \end{cases} \qquad \text{(答)}$$

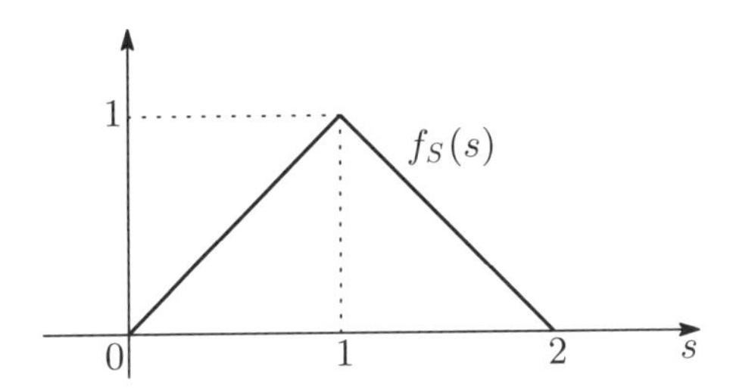

【(2)$S=X+Y$ の分布についての補足】

この標準一様分布の和の分布は三角分布であり，この確率密度関数と形状も記憶してしまおう．応用となる問題も時折登場し，三角分布を定数倍・平行移動することで解ける場合もある．(補足終)

$T=X-Y$ とおくと，その分布関数 $F_T(t)$ は，

$$F_T(t)=P(X-Y<t)=P(Y>X-t)$$

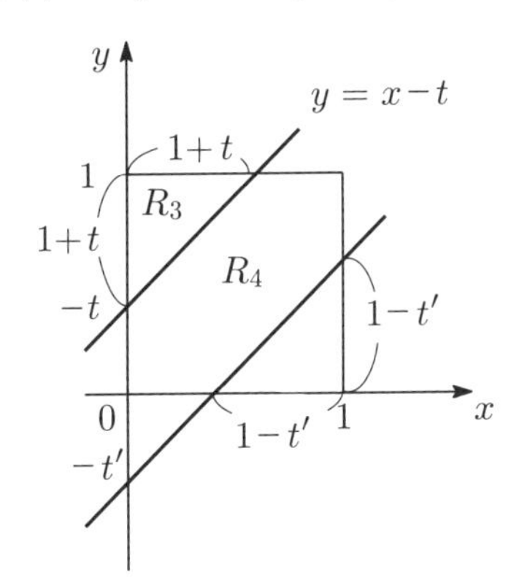

$0 \leq -t < 1 \iff -1 < t \leq 0$ のとき，$P(Y > X-t)$ は上図の領域 R_3 の面積に等しいので，

$$F_T(t) = \frac{(1+t)^2}{2} \qquad \cdots ③$$

$-1 < -t < 0 \iff 0 < t < 1$ のとき, $P(Y > X-t)$ は上図の領域 R_3 および R_4 の面積に等しいので,

$$F_T(t) = 1 - \frac{(1-t)^2}{2} \qquad \cdots ④$$

求める確率密度関数 $f_T(t)$ は，③，④をそれぞれ t で微分して，

$$f_T(t) = \begin{cases} t+1 & (-1 < t \leq 0) \\ -t+1 & (0 < t < 1) \end{cases} \quad (答)$$

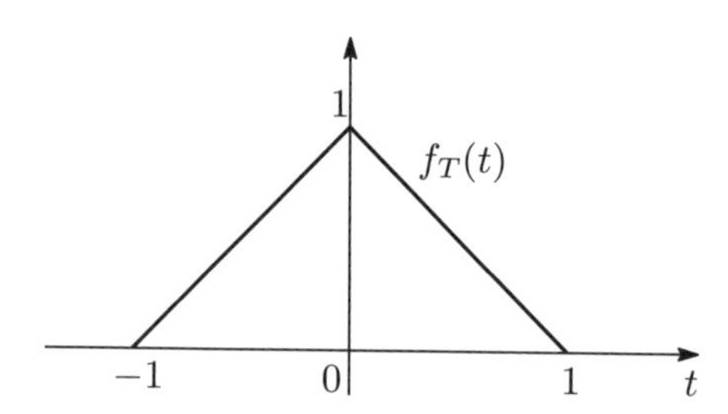

$U = XY$ とおくと，その分布関数 $F_U(u)$ は，

$$F_U(u) = P(XY \leq u) = P\left(Y \leq \frac{u}{X}\right)$$

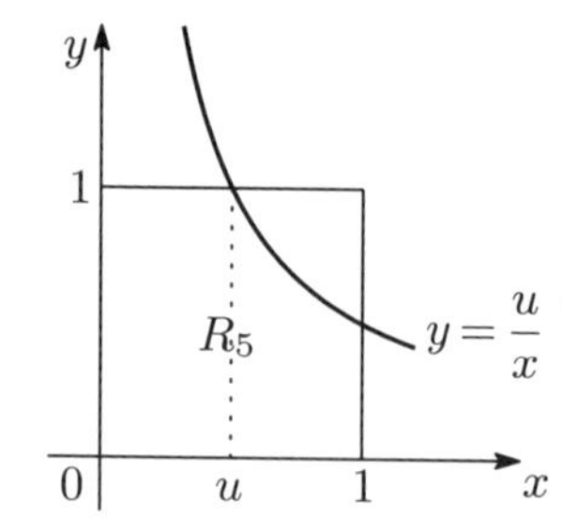

$P\left(Y \leq \dfrac{u}{X}\right)$ は，上図の領域 R_5 の面積に等しいので，

$$F_U(u) = u + \int_u^1 \frac{u}{x} dx = u - u \log u$$

よって，求める確率密度関数 $f_U(u)$ は，$F_U(u)$ を u で微分して，

$$f_U(u) = -\log u, \qquad 0 < u < 1 \quad (答)$$

$V = \dfrac{X}{Y}$ とおくと，その分布関数 $F_V(v)$ は，

$$F_V(v) = P\left(\frac{X}{Y} \leq v\right) = P\left(Y \geq \frac{X}{v}\right)$$

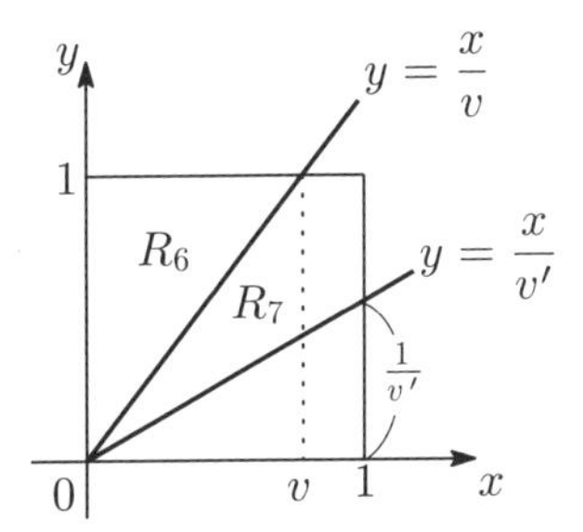

$1 \leq 1/v < \infty \iff 0 < v \leq 1$ のとき，$P\left(Y \geq \dfrac{X}{v}\right)$ は上図の領域 R_6 の面積に等しいので，

$$F_V(v) = \frac{v}{2} \qquad \cdots ⑤$$

$0 < 1/v < 1 \iff 1 < v < \infty$ のとき，$P\left(Y \geq \dfrac{X}{v}\right)$ は上図の領域 R_6 および R_7 の面積に等しいので，

$$F_V(v) = 1 - \frac{1}{2v} \quad \cdots ⑥$$

求める確率密度関数 $f_V(v)$ は，⑤, ⑥をそれぞれ v で微分して，

$$f_V(v) = \begin{cases} \dfrac{1}{2} & (0 < v \leq 1) \\ \dfrac{1}{2v^2} & (1 < v < \infty) \end{cases} \qquad (答)$$

8.16 正規分布の変換，対数正規分布

問題 8.28　$X \sim N\left(\mu, \sigma^2\right)$ であるとき，次の (1), (2) の問に答えよ．

(1)　$Y = 4X + 2$ とおいたときの $f_Y(y)$ を求めよ．

(2)　$W = e^X$ とおいたときの $f_W(w)$ および $E\left(W^2\right)$ を求めよ．

■ **MAH's check**

- 1次の変数変換は，簡単な公式で解けるのでマスターしよう．損保数理など他の科目でも当然に知っていないといけない技法．

【解答】

(1)　$Y \sim N\left(4\mu+2, 16\sigma^2\right)$ であるから，

$$f_Y(y) = \frac{1}{4\sqrt{2\pi}\sigma} e^{-\frac{\{y-(4\mu+2)\}^2}{32\sigma^2}}, \qquad -\infty < y < \infty \quad \text{(答)}$$

(2)　W および X のとりうる値 w および x について，

$$\begin{aligned} & w = e^x, && -\infty < x < \infty \\ \iff\ & x = \log w, && 0 < w < \infty \end{aligned}$$

したがって，求める確率密度関数 $f_W(w)$ は，

$$\begin{aligned} f_W(w) &= f_X(\log w)\left|\frac{1}{w}\right| \\ &= \frac{1}{\sqrt{2\pi}\sigma w} e^{-\frac{(\log w-\mu)^2}{2\sigma^2}}, \qquad 0 < w < \infty \quad \text{(答)} \end{aligned}$$

また $E\left(W^t\right) = E\left(e^{tX}\right) = M_X(t)$ であるから，

$$E\left(W^2\right) = M_X(2) = e^{2\mu+2\sigma^2} \quad \text{(答)}$$

8.17　2次元正規分布

問題 8.29　確率変数の組 (X,Y) が2次元正規分布 $N\left(\begin{pmatrix}2\\1\end{pmatrix},\begin{pmatrix}20^2 & 120\\120 & 10^2\end{pmatrix}\right)$ に従うとき，条件付確率 $P(4\leq Y\leq 6\,|\,X=12)$ を小数点以下第5位を四捨五入のうえ答えよ．

■ **MAH's check**

- 2次元正規分布は，以下解答の冒頭で提示するような，$X=x$ のもとでの Y の条件付分布として記憶しておくと応用が効く．

【解答】

$(X,Y)\sim N\left(\begin{pmatrix}\mu_1\\\mu_2\end{pmatrix},\begin{pmatrix}\sigma_1^2 & \rho\sigma_1\sigma_2\\\rho\sigma_1\sigma_2 & \sigma_2^2\end{pmatrix}\right)$ のとき，$X=x$ のもとでの Y の条件付確率分布は，

$$N\left(\mu_2+\frac{\sigma_2}{\sigma_1}\rho(x-\mu_1),\quad {\sigma_2}^2\left(1-\rho^2\right)\right)$$

であるので，本問の $\mu_1=2$，$\mu_2=1$，$\sigma_1=20$，$\sigma_2=10$，$\rho=0.6$ のとき，$X=12$ のもとでの Y の条件付確率分布は，

$$N\left(1+\frac{10}{20}\times 0.6\times(12-2),\quad 10^2\left(1-0.6^2\right)\right)=N\left(4,8^2\right)$$

となる．よってこの分布を $N(0,1)$ に変換し，標準正規分布表1の値を拾って以下計算すればよい．

$$\begin{aligned}P(0\leq Y\leq 6\,|\,X=12)&=P\left(\frac{4-4}{8}\leq\frac{Y-4}{8}\leq\frac{6-4}{8}\right)\\&=\Phi(0.25)-\Phi(0)=(1-0.4013)-(0.5)\\&=0.0987\quad\text{（答）}\end{aligned}$$

【補足】

$X=x$ のもとでの Y の条件付確率分布

$$N\left(\mu_2+\frac{\sigma_2}{\sigma_1}\rho(x-\mu_1),\quad {\sigma_2}^2(1-\rho^2)\right)$$

を，公式集の (5.162) の式を用いて導いてみよう．

X,Y は，互いに独立な $Z_1 \sim Z_2 \sim N(0,1)$ により次の式でそれぞれ表すことができる．

$$X=\mu_1+\sigma_1 Z_1 \tag{*1}$$

$$Y=\mu_2+\sigma_2\left(\rho Z_1+\sqrt{1-\rho^2}Z_2\right) \tag{*2}$$

(*1) より，

$$Z_1=\frac{X-\mu_1}{\sigma_1}$$

これを (*2) に代入して，

$$Y=\mu_2+\sigma_2\left(\rho\cdot\frac{X-\mu_1}{\sigma_1}+\sqrt{1-\rho^2}Z_2\right)$$

$X=x$ が与えられているので，

$$Y=\mu_2+\frac{\sigma_2}{\sigma_1}\rho(x-\mu_1)+\sigma_2\sqrt{1-\rho^2}Z_2$$

$Z_2 \sim N(0,1)$ なので，$X=x$ のもとでの Y の条件付確率分布

$$N\left(\mu_2+\frac{\sigma_2}{\sigma_1}\rho(x-\mu_1),\quad {\sigma_2}^2(1-\rho^2)\right)$$

を得る．

8.18 特性関数

問題 8.30 $X_k \sim DU\{0,1\}$ $(k=1,2,\ldots)$ は互いに独立であるとする．
$Y_n = \sum_{k=1}^{n} \dfrac{X_k}{2^k}$ とおいたとき，Y_n の特性関数 $\phi_{Y_n}(t)$ に対して，
$\lim_{n\to\infty} \phi_{Y_n}(t)$ を求めよ．

■ **MAH's check**

- 本問で解答した特性関数は別解のように考えると，Y_n を n を無限大にすることにより $U(0,1)$ に近づいていくことから，$U(0,1)$ の特性関数に一致するということがわかる．大問にも登場するので，結果自体も覚えて身につけておいて損はない．

【解答】

Y_n の特性関数 $\phi_{Y_n}(t)$ は，

$$\phi_{Y_n}(t) = E\left(e^{itY_n}\right) = E\left(e^{it\sum_{k=1}^{n}\frac{X_k}{2^k}}\right) = \prod_{k=1}^{n} E\left(e^{i\frac{t}{2^k}\cdot X_k}\right) \qquad (*1)$$

ここに現れる $E\left(e^{i\frac{t}{2^k}\cdot X_k}\right)$ を考えるために，まず X_k の特性関数 $\phi_{X_k}(t)$ を求めると，

$$\phi_{X_k}(t) = E(e^{itX_k}) = \frac{1}{2}\left(1+e^{it}\right) = \frac{e^{2it}-1}{2(e^{it}-1)}$$

この t を $\dfrac{t}{2^k}$ に置換した $\phi_{X_k}\left(\dfrac{t}{2^k}\right)$ は，

$$\phi_{X_k}\left(\frac{t}{2^k}\right) = E\left(e^{i\frac{t}{2^k}\cdot X_k}\right) = \frac{e^{\frac{it}{2^{k-1}}}-1}{2\left(e^{\frac{it}{2^k}}-1\right)} \qquad (*2)$$

$(*2)$ を $(*1)$ に代入することにより，

$$\phi_{Y_n}(t) = \frac{e^{it}-1}{2\left(e^{\frac{it}{2}}-1\right)}\cdot\frac{e^{\frac{it}{2}}-1}{2\left(e^{\frac{it}{2^2}}-1\right)}\cdots\frac{e^{\frac{it}{2^{n-1}}}-1}{2\left(e^{\frac{it}{2^n}}-1\right)} = \frac{e^{it}-1}{2^n\left(e^{\frac{it}{2^n}}-1\right)}$$

ここで,

$$\lim_{n\to\infty} 2^n\left(e^{\frac{it}{2^n}}-1\right)$$
$$=\lim_{n\to\infty} 2^n\left\{\frac{(it)^0}{(2^n)^0}\cdot\frac{1}{0!}+\frac{(it)^1}{(2^n)^1}\cdot\frac{1}{1!}+\frac{(it)^2}{(2^n)^2}\cdot\frac{1}{2!}+\cdots-1\right\}$$
$$=it$$

である．よって,

$$\lim_{n\to\infty}\phi_{Y_n}(t)=\frac{e^{it}-1}{it}\quad (答)$$

【別解】

公式［一様分布の特性関数］

$X\sim U(0,1)$ の特性関数 $\phi_X(t)$ は,

$$\phi_X(t)=\frac{e^{it}-1}{it}$$

X_k $(k=0,1,2,\ldots)$ は 0, 1 のうちいずれか 1 つの値を均等にとり,

$$Y_n=X_1\cdot 2^{-1}+X_2\cdot 2^{-2}+X_3\cdot 2^{-3}+\cdots+X_n\cdot 2^{-n}$$
$$=0.X_1X_2X_3\cdots X_n\quad (2進数展開表示)$$

である．つまり, $\lim_{n\to\infty} Y_n$ は 2 進数展開表示した，区間 [0, 1] に属する実数を無作為に選んだものとなる．このように考えると,

$$\lim_{n\to\infty} Y_n\sim U(0,1)$$

であるから,

$$\lim_{n\to\infty}\phi_{Y_n}(t)=\frac{e^{it}-1}{it}\quad (答)$$

8.19 コーシー分布，t 分布，F 分布，第2種パレート分布

問題 8.31 3つの確率変数 X，Y および Z が互いに独立で 標準正規分布に従うとする．また2つの確率変数 S および T が互いに独立で，それぞれガンマ分布 $\Gamma(\alpha_1, \beta), \Gamma(\alpha_2, \beta)$ に従うとする．さらに2つの確率変数 U および V が互いに独立でそれぞれ指数分布 $\Gamma(1, \gamma_1), \Gamma(1, \gamma_2)$ に従うとする．このとき，次の (1)〜(3) の確率変数の確率密度関数をそれぞれ求めよ．

(1) X/Y，$\sqrt{2}X/\sqrt{Y^2+Z^2}$ および $\left(X^2+Y^2\right)/2Z^2$

(2) $S/(S+T)$ (3) U/V

■ **MAH's check**

- 確率分布の2つ以上の和・差・積・商は，公式を用いて早く計算できる．また，確率分布の合成の結果のうち有名なものを予め知識として覚えていれば早く解けるので，可能な限り練習をしておこう．
- ヤコビアンは問題を解くだけなら手順も多く時間もかかるので，使わないで済む方法があるなら本番ではそちらを選択すべき．ただ大問の証明問題ではヤコビアンは頻出なので仕組みはしっかり覚えておく必要がある．
- 特に t 分布，F 分布は，統計分野でも導出自体が大問でも登場することがあるくらい重要な分布．したがって，習熟すること自体，一石二鳥（両方の分野に登場する）なので頑張って習得しよう．

【解答】

(1) $W_1 = X/Y$ とおく．商の公式より，

$$f_{W_1}(w_1) = \int_{-\infty}^{\infty} f_X(w_1 y) f_Y(y)|y|dy = \frac{1}{2\pi}\int_{-\infty}^{\infty} |y| e^{-\frac{\left(w_1^2+1\right)y^2}{2}} dy$$

$$= \frac{2}{2\pi}\int_0^\infty ye^{-\frac{\left(w_1^2+1\right)y^2}{2}}dy \quad (\because \text{被積分関数は偶関数})$$

$$= \frac{1}{\pi}\left[-\frac{1}{w_1^2+1}e^{-\frac{\left(w_1^2+1\right)y^2}{2}}\right]_0^\infty = \frac{1}{\pi(w_1^2+1)}, \qquad -\infty < w_1 < \infty \quad (\text{答})$$

$W_2 = \sqrt{2}X/\sqrt{Y^2+Z^2}$ とおくと，$f_{W_2}(w_2)$ は，

$$f_{W_2}(w_2) = \frac{1}{\sqrt{2}B\left(1,\ \frac{1}{2}\right)}\left(1+\frac{w_2^2}{2}\right)^{-\frac{3}{2}} = \frac{1}{2\sqrt{2}}\left(1+\frac{w_2^2}{2}\right)^{-\frac{3}{2}},$$

$$-\infty < w_2 < \infty \quad (\text{答})$$

$W_3 = \left(X^2+Y^2\right)/2Z^2 = \frac{X^2+Y^2}{2}\Big/\frac{Z^2}{1}$ とおくと，$f_{W_3}(w_3)$ は，

$$f_{W_3}(w_3) = \frac{2}{B\left(1,\ \frac{1}{2}\right)}(1+2w_3)^{-\frac{3}{2}} = (1+2w_3)^{-\frac{3}{2}},$$

$$0 < w_3 < \infty \quad (\text{答})$$

(2)　$W_4 = S/(S+T)$ とおくと，$f_{W_4}(w_4)$ は，

$$f_{W_4}(w_4) = \frac{1}{B(\alpha_1,\ \alpha_2)}{w_4}^{\alpha_1-1}(1-w_4)^{\alpha_2-1}, \qquad 0 < w_4 < 1 \quad (\text{答})$$

(3)　$W_5 = U/V$ とおくと，$f_{W_5}(w_5)$ は，

$$f_{W_5}(w_5) = \frac{\gamma_2/\gamma_1}{(w_5+\gamma_2/\gamma_1)^2} = \frac{\gamma_1\gamma_2}{(\gamma_1 w_5+\gamma_2)^2}, \qquad 0 < w_5 < \infty \quad (\text{答})$$

【補足】

上記の結果から，W_1 は標準コーシー分布 $C(0,1)$，W_2 は自由度 2 の t 分布 $t(2)$，W_3 は自由度 $(2,\ 1)$ の F 分布 $F(2,\ 1)$，W_4 はベータ分布 $Beta(\alpha_1,\ \alpha_2)$，$W_5$ は第 2 種パレート分布 $Pa2(1,\ \gamma_2/\gamma_1)$ に従うことがわかる．

t 分布と F 分布の確率密度関数の導出については，本書付録の「代表的な確率分布に関する公式の導出」も参照してほしい．

8.20　中心極限定理，チェビシェフの不等式

問題 8.32　あるマジシャンがコインを 100 枚持っている．コインの汚れが目立ってきたので，クリーニングすることにした．i 番目のコインをクリーニングするのに要した時間を確率変数を $X_i\,(i=1,2,\ldots,100)$ とすると，X_i は互いに独立であり，平均 $E(X_i)$ を 1，分散 $V(X_i)$ を 0.49 とする同一の分布に従うことが分かっている．いま，100 枚のコインをクリーニングするのにかかる時間を確率変数 S として，次の (1), (2) の問に答えよ．

(1)　チェビシェフの不等式を用いて，$84.25 < S < 115.75$ となる確率の下限を小数点以下第 4 位を四捨五入のうえ求めよ．

(2)　中心極限定理を用いて，$84.25 < S < 115.75$ となる確率を小数点以下第 4 位を四捨五入のうえ求めよ．

■ **MAH's check**

- 中心極限定理は頻出だが，チェビシェフの不等式についてはさほどでもない．重要な不等式の一つなので、しっかり覚えておこう．

【解答】

(1)　S の期待値 $E(S)$ は，

$$E(S)=100\,E(X_i)=100$$

S の分散 $V(S)$ は，X_i が互いに独立であるから，

$$V(S)=100\,V(X_i)=49$$

チェビシェフの不等式を用いると，$k>0$ として，

$$P\Big(|S-100|\geq\sqrt{49}k\Big)\leq\frac{1}{k^2}$$

$$1-P(|S-100|<7k)\leq\frac{1}{k^2}$$

$$P(100-7k<S<100+7k)\geq 1-\frac{1}{k^2}$$

$84.25<S<115.75$ となるように $k=2.25$ として，

$$P(84.25<S<115.75)\geq 1-\frac{1}{2.25^2}=0.8024\cdots$$

したがって，求める下限は 0.802　（答）

(2)　互いに独立で同じ分布に従う X_i の個数が 100 個で十分に大きいとして，$S=\sum_{i=1}^{100}X_i$ の従う分布は，中心極限定理により正規分布 $N(E(S),V(S))$ すなわち $N(100,49)$ で近似できる．標準正規分布に従う確率変数を Z とおくと，

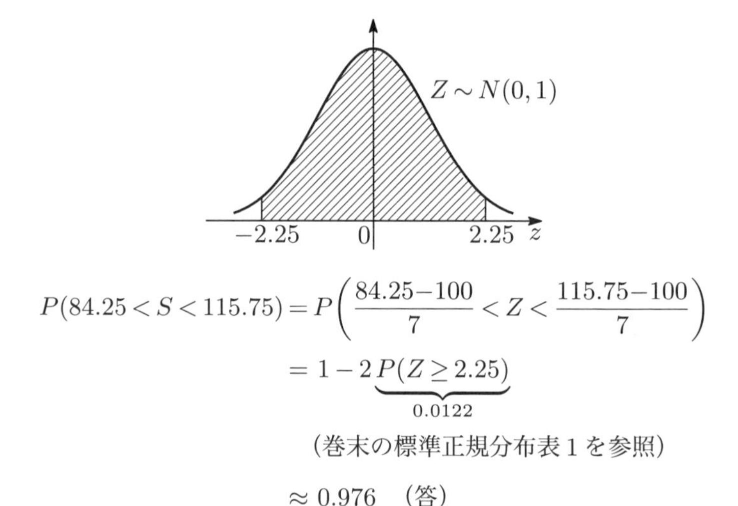

$$P(84.25<S<115.75)=P\left(\frac{84.25-100}{7}<Z<\frac{115.75-100}{7}\right)$$

$$=1-2\underbrace{P(Z\geq 2.25)}_{0.0122}$$

（巻末の標準正規分布表1を参照）

$$\approx 0.976$$　（答）

問題 8.33　確率変数 $X_i\,(i=1,2,\ldots,n)$ は互いに独立で，区間 $(-1,1)$ 上の一様分布に従うとする．このとき，確率変数 X_1+X_2 の絶対値が正の値 α 以下となる確率が 0.95 であるときの α の値を求めよ．
また，確率変数 $X_1+X_2+\cdots+X_{100}$ の絶対値が正の値 β 以下となる確率が 0.95 であるときの β の値を，中心極限定理を用いて求めよ．なお，小数点以下第 3 位を四捨五入のうえ答えること．

■ **MAH's check**

- 中心極限定理の問題は通常他の知識も組み合わされた問題となることが多い．本問は一様分布の和を計算しないと先に進めない問題．しかも一様分布の和の分布を手早く求めないと計算時間オーバーになる．
- 2 つの独立な一様分布の和の分布は，和の公式もしくは補足のように，標準正規分布の和の平行移動，実数倍をする方法などで、すぐに求められるよう練習しておきたい．

【解答】

$X_1 \sim X_2 \sim U(-1,1)$ の確率密度関数は，

$$f_{X_1}(x)=f_{X_2}(x)=\frac{1}{2},\quad -1<x<1$$

X_1 と X_2 が互いに独立なので，$U=X_1+X_2$ の確率密度関数 $f_U(u)$ は，

$$f_U(u)=\int_{\substack{-1<x<1,\\ -1<u-x<1}} f_{X_1}(x)f_{X_2}(u-x)dx$$

この被積分関数が正の値をとる領域は，次のページ上方の x-u 座標平面のグレーの領域であるから，

(i)　$-2<u\leq 0$ のとき

$$f_U(u)=\int_{-1}^{u+1}\frac{1}{2}\cdot\frac{1}{2}dx=\frac{1}{4}u+\frac{1}{2}$$

(ii)　$0<u<2$ のとき

$$f_U(u)=\int_{u-1}^{1}\frac{1}{2}\cdot\frac{1}{2}dx=-\frac{1}{4}u+\frac{1}{2}$$

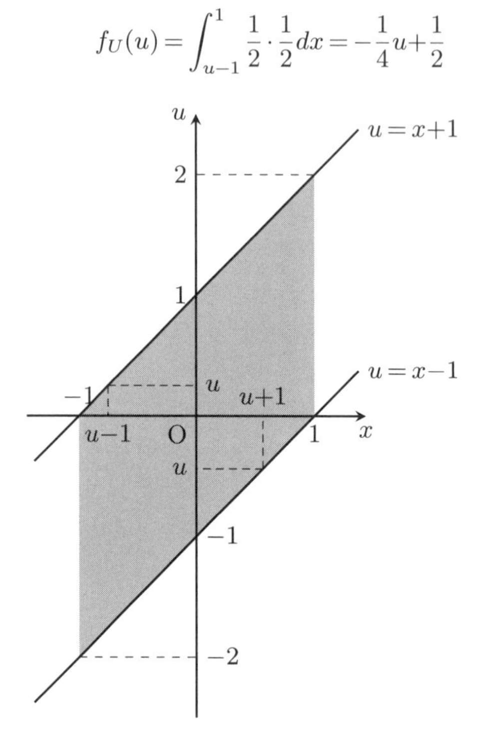

したがって，$y=f_U(u)$ のグラフは以下のようになる．

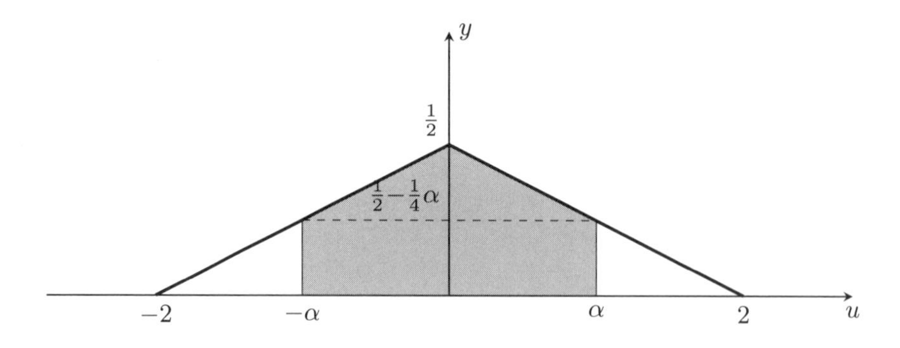

U の絶対値が正の値 α 以下となる確率が 0.95 であるということは，上記

の $y=f_U(u)$ のグラフと u 軸に囲まれた領域のうち，グレーでない領域の面積の和を 0.05 とすればよい．その値を底辺を $2-\alpha$，高さを $\frac{1}{2}-\frac{1}{4}\alpha$ とする直角三角形 2 個の面積の和とみて，

$$\frac{1}{2}(2-\alpha)\left(\frac{1}{2}-\frac{1}{4}\alpha\right)\times 2=0.05$$

$$\frac{1}{4}(2-\alpha)^2=0.05$$

$$(2-\alpha)^2=0.2$$

$0<\alpha\leq 2$ なので，

$$\alpha=1.552786\cdots\approx 1.55 \quad (答)$$

また，問題後半については $Y=X_1+X_2+\cdots+X_{100}$ とおくと，$X_i\sim U(-1,1)$ $(i=1,2,\ldots,100)$ は互いに独立であり，

$$E(X_i)=\frac{-1+1}{2}=0$$

$$V(X_i)=\frac{\{1-(-1)\}^2}{12}=\frac{4}{12}=\frac{1}{3}$$

$$E(Y)=E(X_1)+\cdots+E(X_{300})=0$$

$$V(Y)=V(X_1)+\cdots+V(X_{100})=\frac{1}{3}\times 100=\frac{100}{3}$$

中心極限定理を用いると，Y の従う分布は $N\left(0,\frac{100}{3}\right)$ で近似できるから，

$$P(|Y|<\beta)=0.95$$

$$P\left(\left|\frac{Y-0}{\sqrt{\frac{100}{3}}}\right|<\frac{\beta-0}{\sqrt{\frac{100}{3}}}\right)=0.95$$

$$\Longleftrightarrow u\left(\frac{1-0.95}{2}\right)=\frac{\beta}{\sqrt{\frac{100}{3}}}$$

$$\underbrace{u(0.025)}_{1.96}=\frac{\sqrt{3}\beta}{10}$$

$$\beta=11.31606\cdots\approx 11.32 \quad (答)$$

【補足】

この問題で5点分．実際計算量は多い問題がよく出るが，例えば前半部分だけもしくは後半部分だけは時間もかからずに解ける部分があることがよくある．

そこで，本番ではできそうな問題，時間がかからなそうな問題をどんどん解いて先に進み，少しでも積み上げていかなければならない．前半だけさっと解いて，後半は時間がかかりそうなので，一通りすべて解ける問題を解き終わってから取り組む，という進め方のほうが合格確率があがる．

前半は，分布の実数倍と平行移動を使って，次のように解答することもできる．

互いに独立な $Y_1 \sim Y_2 \sim U(0,1)$ を導入すると，$2Y_1-1 \sim 2Y_2-1 \sim U(-1,1)$ で互いに独立なので，次のようにおくことができる．

$$U = X_1 + X_2 = 2(Y_1+Y_2) - 2$$

$W = Y_1 + Y_2$ の確率密度関数 $f_W(w)$ は，

$$f_W(w) = \begin{cases} w & (0 < w \leq 1) \\ -w+2 & (1 < w < 2) \end{cases}$$

($\because$ 公式集 (5.94) 式)

$f_W(w)$ に対して $U = 2W-2 \Leftrightarrow W = \dfrac{U+2}{2}$ と変数を変換すると，求める U の確率密度関数 $f_U(u)$ は，

(i)　$0 < w \leq 1$ つまり $-2 < u \leq 0$ のとき，

$$f_U(u) = f_W\left(\frac{u+2}{2}\right)\left|\frac{1}{2}\right| = \frac{1}{2} \cdot \frac{u+2}{2} = \frac{1}{4}u + \frac{1}{2}$$

(ii)　$1 < w < 2$ つまり $0 < u < 2$ のとき，

$$f_U(u) = f_W\left(\frac{u+2}{2}\right)\left|\frac{1}{2}\right| = \frac{1}{2}\left(-\frac{u+2}{2}+2\right) = -\frac{1}{4}u + \frac{1}{2}$$

Tea Time　電卓の使いこなし術

アクチュアリー試験の数学を攻略するには，電卓の使いこなし方をマスターする必要があります．真っ先に下記の条件に合う，試験に持ち込める電卓を購入し，日々の問題演習で十分に使いこなしておく必要があります．

持ち込める電卓の要件は以下のとおりです．√機能は必須です．

(a) 電源内蔵式で四則演算，√演算，数値のメモリー機能のみを有するもの．詳細は資格試験要領で確認ください．
(b) 数値を表示する部分が概ね水平で文字表示領域が1行であるもの
(c) 外型寸法が大きすぎないもの（概ね幅20cm，奥行き20cm，高さ5cmを超えないもの）

上記の条件に加えて，下記機能も必須です．

(1) メモリー機能（M+，M−，MR，CM），GT機能
(2) ケタ数は12ケタ

【使いこなし方】

以下は，シャープ製やキヤノン製などの電卓の操作方法をご紹介します．

(1) 累乗計算

1.03^{10}を計算してみましょう．この場合，$1.03\times1.03\times\cdots$とするのではなく，以下のように電卓を叩きます（カシオ製の電卓の場合，[×]は2回叩きます）．

(2) 逆数計算

3.789/(1.234×2.569) を計算するときは，分母から以下のように計算します（カシオ製の電卓の場合，最後の ÷ = のところは，÷ ÷ = = となります）.

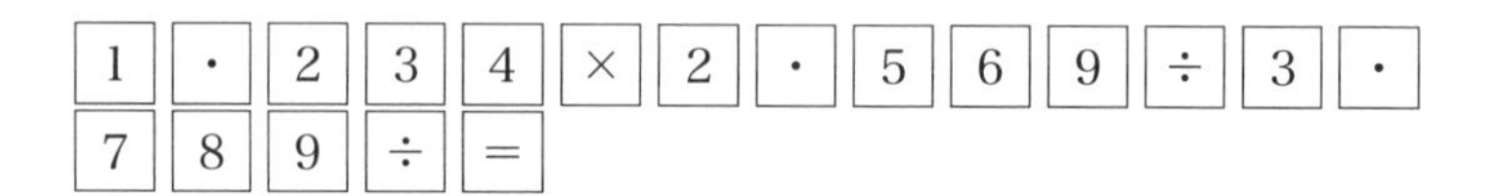

1 . 2 3 4 × 2 . 5 6 9 ÷ 3 .
7 8 9 ÷ =

最後の ÷ = で逆数を計算するので，分母から先に計算しても良いわけです．結構この機能は使います．

(3) メモリー機能

回帰分析や，統計計算では，極力早く電卓をたたいて計算する必要があります．実際には電卓のたたき間違いもあるため，2 度計算するくらいのスピードが必要です．このとき，メモリー計算を活用すると早いです．

- M+：メモリーボックスに，計算結果を加える
- M−：メモリーボックスから計算結果を差し引く
- MR：メモリーボックスの中身を表示する
- CM：メモリーボックスの中身を消去する．

X	1	2	3
Y	6	−7	8

これらを駆使すると，$E(X), E(Y), E(X^2), E(Y^2), E(XY)$ は以下のように計算されます．

$E(X)$：1 + 2 + 3 ÷ 3 =
$E(Y)$：6 − 7 + 8 ÷ 3 =

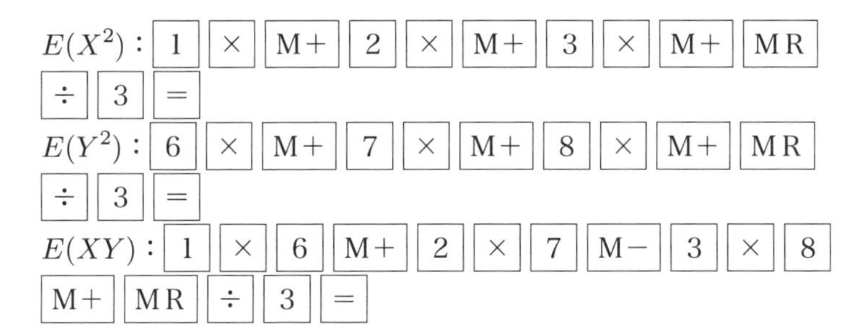

(4)　GT 機能

これは，[=]を押すたびに，メモリーボックスに自動的に加算されていきます．[GT]を押すと，メモリーボックスの値を表示します．(3+4)/(4+5) は，以下のように計算します．

[4] [+] [5] [=] [3] [+] [4] [÷] [GT] [=]

(5)　年金終価（現価）

数学ではあまり出てきませんが，年金現価の計算などでは以下のような計算を行います．生保数理では 15 年分の年金終価や現価を計算させられることもあります．$1.03+1.03^2+\cdots+1.03^{15}$ を例に取ると，

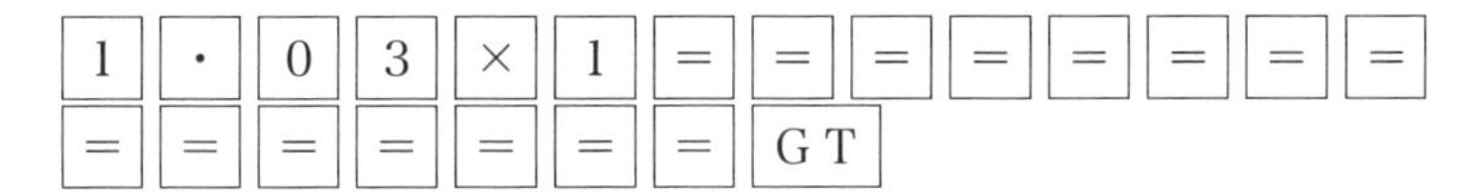

と，最後に[=]を 15 回叩きます（カシオ製の電卓の場合は，[×]を 2 回叩きます）．

■第９章

統計分野問題

9.1　順序統計量系

問題 9.1　母集団分布の確率密度関数 $f(w)$ が

$$f(w)=\begin{cases}8w & \left(0<w<\dfrac{1}{2}\right)\\ 0 & (\text{otherwise})\end{cases}$$

で与えられており，この母集団からの標本数3の標本値に対して X，Y および Z $(X\leq Y\leq Z)$ を小さいほうから1位，2位，3位の順序統計量とするとき，$E(X)$，$E(Y)$ および $E(Z)$ をそれぞれ求めよ．

■ **MAH's check**

- 初学者は順序統計量を，アクチュアリー試験の勉強を通じて初めて知ることになるだろう．
- 一般的な公式を適用することで，順序統計量を身に付けよう．頻出の一様分布や指数分布の順序統計量は特にすらすら解けるように理解・練習する必要があり，本問のようなあまり登場しない確率密度関数の順序統計量の問題も解けるように理解し準備しておく必要がある．

【解答】

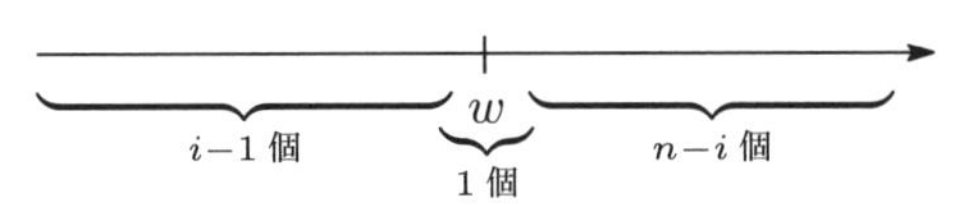

一般の標本数 n の場合について，述べる．

この母集団からの標本変数を W で代表させて，W の分布関数を $F(w)$ とすると，W の第 i 位順序統計量 $W_{(i)}$ の確率密度関数 $f_{W_{(i)}}(w)$ は，

$$f_{W_{(i)}}(w)=\binom{n}{i-1}(n-i+1)\{F(w)\}^{i-1}f(w)\{1-F(w)\}^{n-i}$$

である．

$F(w)=\displaystyle\int_0^w 8tdt=4w^2$ であり，$n=3$ として X の確率密度関数 $f_X(x)$，

Y の確率密度関数 $f_Y(y)$，Z の確率密度関数 $f_Z(z)$ はそれぞれ，

$$\begin{aligned}
f_X(x) &= \binom{3}{0}(3-1+1)\left(4x^2\right)^{1-1} \cdot 8x\left(1-4x^2\right)^{3-1} \\
&= 24x(1-4x^2)^2 \\
&= 384x^5-192x^3+24x, \qquad 0<x<\frac{1}{2} \\
f_Y(y) &= \binom{3}{1}(3-2+1)\left(4y^2\right)^{2-1} \cdot 8y\left(1-4y^2\right)^{3-2} \\
&= -768y^5+192y^3, \qquad 0<y<\frac{1}{2} \\
f_Z(z) &= \binom{3}{2}(3-3+1)\left(4z^2\right)^{3-1} \cdot 8z\left(1-4z^2\right)^{3-3} \\
&= 384z^5, \qquad 0<z<\frac{1}{2}
\end{aligned}$$

よって，

$$\begin{aligned}
E(X) &= \int_0^{\frac{1}{2}} \left(384x^6-192x^4+24x^2\right)dx = \frac{8}{35} \quad \text{(答)} \\
E(Y) &= \int_0^{\frac{1}{2}} \left(-768y^6+192y^4\right)dy = \frac{12}{35} \quad \text{(答)} \\
E(Z) &= \int_0^{\frac{1}{2}} 384z^6 dz = \frac{3}{7} \quad \text{(答)}
\end{aligned}$$

【補足】

- $W_1, \ldots, W_n$ の n 個のうちから w より小さいものを $i-1$ 個選び，w であるものを 1 個選び，w より大きいものを $n-i$ 個選ぶ場合の数は $\binom{n}{i-1}(n-i+1) = \dfrac{n!}{(i-1)!\,(n-i)!}$ と求まる．これが，公式 (6.31) の係数である．
- $E(X+Y+Z) = 3E(W)$ の関係がある．
  $E(W) = \displaystyle\int_0^{\frac{1}{2}} 8w^2 dw = \frac{1}{3}$ より，$E(X)+E(Y)+E(Z) = E(X+Y+Z) = 1$ であり，検算に使ったり，$E(Y) = 1-E(X)-E(Z)$ などとして計算量を減らすのもアリである．

問題 9.2　母集団分布の確率密度関数 $f(w)$ が

$$f(w)=\begin{cases}\frac{1}{2}e^{-\frac{w}{2}} & (0<w<\infty)\\ 0 & (\text{otherwise})\end{cases}$$

で与えられている．この母集団からの標本数3の標本値に対し，X，Y および Z $(X\leq Y\leq Z)$ を小さいほうから1位，2位，3位の順序統計量とするとき，$E(X)$，$E(Y)$ および $E(Z)$ をそれぞれ求めよ．

■ MAH's check

- 指数分布の最小順序統計量，最大順序統計量が従う分布は，超頻出なので公式から導出できるようにしておこう．

【解答】

この母集団は母平均を2とする指数母集団である．最小順序統計量 X と最大順序統計量 Z の期待値が求めやすいのでまずこれらを求める．

標本数が3なので $X\sim\Gamma\left(1,\dfrac{3}{2}\right)$．よって $E(X)=\dfrac{2}{3}$　(答)

また標本変数 $W_i\,(i=1,2,3)$ の分布関数 $F(w)$ は，

$$F(w)=1-e^{-\frac{w}{2}}$$

であり，$F_Z(z)$ が

$$F_Z(z)=P(W_1\leq z\cap W_2\leq z\cap W_3\leq z)=\left(1-e^{-\frac{z}{2}}\right)^3$$

であるから，$f_Z(z)$ は

$$\begin{aligned}f_Z(z)&=F_Z'(z)\\&=\frac{3}{2}e^{-\frac{3z}{2}}-3e^{-z}+\frac{3}{2}e^{-\frac{z}{2}},\qquad 0<z<\infty\end{aligned}$$

よって，

$$
\begin{aligned}
E(Z) &= \frac{3}{2}\int_0^\infty ze^{-\frac{z}{2}}dz + \frac{3}{2}\int_0^\infty ze^{-\frac{3z}{2}}dz - 3\int_0^\infty ze^{-z}dz \\
&= \frac{3}{2}\cdot\frac{\Gamma(2)}{(1/2)^2} + \frac{3}{2}\cdot\frac{\Gamma(2)}{(3/2)^2} - 3\cdot\Gamma(2) \quad \text{（ガンマ関数の公式を利用）} \\
&= \frac{11}{3} \quad \text{（答）}
\end{aligned}
$$

したがって，

$$
E(X+Y+Z) = \sum_{i=1}^{3} E(W_i) = 6
$$

$$
E(Y) = 6 - E(X) - E(Z) = \frac{5}{3} \quad \text{（答）}
$$

■ IWASAWA's comment

試験では，有名な問題が出て，知っている答えを書いておしまい，ということがよくある．本問もその例．

[リスクを知る]「練習問題 15」(p.95) では，平均 μ の指数分布 n 個の最大値の期待値が $\mu(1/1+1/2+\cdots+1/n)$ であることを解説している．そこでは順序統計量の差 $X_{i+1}-X_i$ が平均 $\mu/(n-i)$ の指数分布に従うという事実を踏まえているのだが，その事実は有名だし，覚えやすい．

本問に当てはめれば，$E(X)=2/3$, $E(Y-X)=2/2$, $E(Z-Y)=2/1$ なので，$E(Y)=2/3+2/2=5/3$, $E(Z)=5/3+2/1=11/3$ と瞬答できる．

問題 9.3　母集団分布の確率密度関数 $f(x)$ が

$$f(x)=\begin{cases}\dfrac{1}{l} & (0<x<l\ ;\ l>0)\\ 0 & (\text{otherwise})\end{cases}$$

で与えられている．この母集団からの標本変数 X_r $(r=1,2,\ldots,5)$ に対して第 i 位順序統計量を $X_{(i)}$ とするとき，$E\left(X_{(3)}^n\right)$ および $E\left[(X_{(5)}-X_{(1)})^n\right]$（$n$ は自然数）をそれぞれ求めよ．

■ **MAH's check**

- 一様分布の順序統計量は，公式を覚えれば一発で解けるものが多い．
- ベータ分布に置き換える公式は秀逸．期待値・分散も瞬答できる．

【解答】

標本変数 X_r を $\dfrac{1}{l}$ 倍に変換した $\dfrac{X_r}{l}$ は標準一様分布 $U(0,\,1)$ に従うので，$\dfrac{X_{(3)}}{l}\sim Beta(3,\,3)$ である．よって，

$$E\left[\left(\frac{X_{(3)}}{l}\right)^n\right]=\frac{\Gamma(n+3)\,\Gamma(6)}{\Gamma(n+6)\,\Gamma(3)}=\frac{60}{(n+5)(n+4)(n+3)}$$

$$E\left(X_{(3)}^n\right)=\frac{60\,l^n}{(n+5)(n+4)(n+3)}\qquad(\text{答})$$

また，　$E\left[\left(X_{(5)}-X_{(1)}\right)^n\right]=E\left(X_{(4)}^n\right)$

ここで，$\dfrac{X_{(4)}}{l}\sim Beta(4,\,2)$ であり，同様に，

$$E\left(X_{(4)}^n\right)=\frac{20\,l^n}{(n+5)(n+4)}$$

であることと合わせて，

$$E\left[\left(X_{(5)}-X_{(1)}\right)^n\right]=\frac{20\,l^n}{(n+5)(n+4)}\qquad(\text{答})$$

問題 9.4 確率変数 $X_i\,(i=1,2,\ldots,n)\,(n\geq 2)$ は互いに独立であり，区間 $(0,\,l)\,(l>0)$ 上の同じ一様分布に従う．このとき，次の (1), (2) の問に答えよ．

(1) $Y=\min(X_1,\ldots,X_n)$ として，Y の確率密度関数 $f_Y(y)$ および期待値 $E(Y)$ をそれぞれ求めよ．

(2) $Z=\max(X_1,\ldots,X_n)$ として，Z の確率密度関数 $f_Z(z)$ および期待値 $E(Z)$ をそれぞれ求めよ．

■ **MAH's check**

- 一様分布の順序統計量に慣れるために本問を追加した．
- 最大・最小も，順序統計量の 1 番目と n 番目の統計量なので，i 番目の公式を覚えておけば対応できる．

【解答】

$\dfrac{X_i}{l}\sim U(0,\,1)$ である．

(1) $Y'=\dfrac{Y}{l}\sim Beta(1,\,n)$ の確率密度関数 $f_{Y'}(y')$ は

$$f_{Y'}(y')=\frac{1}{B(1,\,n)}(1-y')^{n-1}$$
$$=n(1-y')^{n-1},\qquad 0<y'<1$$

であるから，$f_Y(y)$ は，

$$f_Y(y)=f_{Y'}\left(\frac{y}{l}\right)\left|\frac{1}{l}\right|$$
$$=\frac{n(l-y)^{n-1}}{l^n},\qquad 0<y<l\quad(答)$$

また，

$$\frac{1}{n+1}=E(Y')=E\left(\frac{Y}{l}\right)$$

$$E(Y)=\frac{l}{n+1} \quad (答)$$

(2)　$Z'=\frac{Z}{l}\sim Beta(n,\,1)$ の確率密度関数 $f_{Z'}(z')$ は,

$$f_{Z'}(z')=\frac{1}{B(n,\,1)}z'^{n-1}$$
$$=nz'^{n-1}, \qquad 0<z'<1$$

であるから，$f_Z(z)$ は,

$$f_Z(z)=f_{Z'}\left(\frac{z}{l}\right)\left|\frac{1}{l}\right|$$
$$=\frac{nz^{n-1}}{l^n}, \qquad 0<z<l \quad (答)$$

また,

$$\frac{n}{n+1}=E(Z')=E\left(\frac{Z}{l}\right)$$
$$E(Z)=\frac{nl}{n+1} \quad (答)$$

【補足】

次のような記法も使ってよい.

X_i と $U(0,1)$ に従う確率変数の l 倍が同分布であることを，$X_i\sim l\cdot U(0,1)$ と書けば，$Y\sim l\cdot Beta(1,n)$ である．すると，ダイレクトに

$$E(Y)=\frac{l}{n+1}$$

と計算できる.

9.2 点推定系

問題 9.5 パラメータ $\alpha>0,\ 0<p<1$ の負の二項分布 $NB(\alpha,p)$ に従う母集団から次の 10 個の標本値を得た．モーメント法によるパラメータ α の推定値 $\hat{\alpha}$ を，小数点以下第 3 位を四捨五入のうえ答えよ．また，モーメント法によるパラメータ p の推定値 $\hat{p}$ を，小数点以下第 3 位を四捨五入のうえ答えよ．ただし，$\hat{\alpha}$ と $\hat{p}$ の両方を求められるまでは，小数点以下第 4 位以上をもって計算すること．

$$4,\quad 7,\quad 5,\quad 5,\quad 8,\quad 6,\quad 14,\quad 9,\quad 20,\quad 10$$

■ **MAH's check**

- モーメント法はいろんな分布で出題されうる．例えば，損保数理だとガンマ分布などでも登場する．

【解答】

$X\sim NB(\alpha,p)$ であり，$q=1-p$ とおくと，

$$E(X)=\frac{\alpha q}{p},\qquad V(X)=\frac{\alpha q}{p^2}$$

である．一方 10 個の標本値からの標本平均 $\overline{x}$，標本分散 s_x^2 はそれぞれ，

$$\overline{x}=8.8$$
$$s_x^2=\overline{x^2}-\overline{x}^2=21.76$$

であり，モーメント法を用いて，理論上の $E(X),V(X)$ と，標本から得られる標本平均，標本分散とがそれぞれ等しいとし，母数を未知数とする連立方程式を立てると，

$$\begin{cases}\dfrac{\alpha q}{p}=8.8\\[2mm] \dfrac{\alpha q}{p^2}=21.76\end{cases}$$

この連立方程式を解いて，$\hat{p},\hat{\alpha}$ は，

$$\hat{p}\approx 0.4044\cdots\approx 0.40,\qquad \hat{\alpha}=5.9748\cdots\approx 5.97\quad (\text{答})$$

問題 9.6　母集団分布の確率密度関数 $f(x)$ が,

$$f(x)=\begin{cases}(k+2)x^{k+1} & (0\leq x\leq 1;\ k>-2)\\ 0 & (\text{otherwise})\end{cases}$$

で与えられている．この母集団からの標本値 $x_i\ (i=1,2,\ldots,n)$ を用いて，k の最尤推定値 $\hat{k}$ を表わせ．

■ **MAH's check**

- 点推定とは，区間を推定するのではなく点を推定することをいう．その中で，最尤推定は最も，尤（もっと）もらしいところを求める手法．
- 尤度関数が最大となる k が最尤推定値．対数をとって微分してゼロになる方程式を解くのがセオリー．対数をとったほうが，計算が楽になる場合が多い．

【解答】

x_i により尤度関数 $L(k)$ を表すと,

$$L(k)=\prod_{i=1}^{n}f(x_i)=(k+2)^n(x_1x_2\cdots x_n)^{k+1}$$

対数尤度関数 $l(k)$ は

$$l(k)=\log L(k)=n\log(k+2)+(k+1)\sum_{i=1}^{n}\log x_i$$

となる．微分してゼロとおくと,

$$l'(k)=\frac{n}{k+2}+\sum_{i=1}^{n}\log x_i=0$$

となるので，これを k について解けば，求める k の最尤推定値 $\hat{k}$ は

$$\hat{k}=-\frac{n}{\sum\limits_{i=1}^{n}\log x_i}-2\quad (答)$$

問題 9.7 母数を $l\ (>0)$ とする母集団分布の確率密度関数 $f(x)$ が，

$$f(x)=\begin{cases}\dfrac{1}{l} & (0<x<l)\\ 0 & (\text{otherwise})\end{cases}$$

で与えられている．この母集団からの標本変数 $X_i\ (i=1,2,\ldots,n)$ を用いて構成した統計量 $T=\alpha\max\{X_1,X_2,\ldots,X_n\}$ が l の不偏推定量となるように α を定めよ．また，統計量 $U=\beta\min\{X_1,X_2,\ldots,X_n\}$ が l の不偏推定量となるように β を定めよ．

■ MAH's check

- 不偏推定量は偏りがない推定量のことである．最尤推定量も含め，[リスクを知る] の 4.2.3「推定量の評価」でわかりやすく解説されているので，読んでおこう．
- 他に知っておきたい統計学的推定の概念に，「十分統計量」，「一致統計量」がある．追い込みの際には準備しておきたい．

【解答】

$X_{(n)}=\max\{X_1,X_2,\ldots,X_n\}$ とおくと，$X_{(n)}\sim l\cdot Beta(n,\,1)$ なので，

$$E\bigl(X_{(n)}\bigr)=\frac{ln}{n+1},\qquad E\left(\frac{n+1}{n}X_{(n)}\right)=l$$

$E(T)=l$ となるときの T が，l の不偏推定量であり．

$$\alpha=\frac{n+1}{n}\quad (答)$$

また $X_{(1)}=\min\{X_1,X_2,\ldots,X_n\}$ とおくと $X_{(1)}\sim l\cdot Beta(1,n)$ であり，

$$E\bigl(X_{(1)}\bigr)=\frac{l}{n+1},\qquad E\bigl[(n+1)X_{(1)}\bigr]=l$$

よって，　$\beta=n+1$　(答)

問題 9.8　池の中にいる魚の数を最尤法により推定したい．そこで，池の中から10匹の魚をとらえ，印をつけて池に放ったのち，以下の(ア)と(イ)の異なる2通りの方法で推定を行った．池の中には，これら10匹の魚以外に印のついた魚はいなかったものとし，池の中の魚の数をN匹 $(N \geq 10)$とする．

(ア)　魚を1匹ずつとらえ，印の有無を調べて池に放す作業を15回行った結果，3匹の魚に印がついていた．このとき，Nの最尤推定値を求めよ．

(イ)　20匹の魚を一度にとらえ，印の有無を調べたところ，5匹の魚に印がついていた．このとき，Nの最尤推定値を求めよ．

■ **MAH's check**

- 復元抽出，非復元抽出で総数を推定する問題．公式で概算値を求めるがそれが答えになる場合が多い．選択肢に無い場合，近い値をマークして後で時間を作って別解の手法で解く，という流れが良いであろう．

公式［総数Nの最尤推定］

総数Nの母集団からm個を取り出し印を付けた後でサンプル調査をする．このときn個を取得して調べたところk個に印がついていた．このとき総数Nの最尤推定値の概算値は以下の通り．

(ア)サンプルを復元抽出する場合

$$N = \frac{mn}{k}$$

自然数になる場合そのまま答えとして良い．

上記公式は二項母集団$Bin(1, p)$のpの最尤推定値が$\dfrac{k}{n}$であり，これと母比率の推定値$\hat{p} = \dfrac{m}{N}$から導出される．

(イ)サンプルを非復元抽出する場合

$N=\left[\dfrac{mn}{k}\right]$

ただし，$\dfrac{mn}{k}$ が整数となる場合は，$N=\dfrac{mn}{k}$，および $N=\dfrac{mn}{k}-1$ の2つが最尤推定値となる．

【解答】

本問に上記公式を適用すると，

(ア) $N=\dfrac{10\cdot 15}{3}=50$ (答)

(イ) $\dfrac{10\cdot 20}{5}=40$ が整数なので, 40と39の2つが最尤推定値となる． (答)

【別解】

(ア) この復元抽出で印がついていた魚の個数を確率変数 X とすると，

$$X\sim Bin\left(15,\frac{10}{N}\right)\quad \text{なので,}\qquad E(X)=15\cdot\frac{10}{N}$$

N の最尤推定値 $\hat{N}$ は $E(X)=3$ を満たすので，

$$\frac{15\cdot 10}{\hat{N}}=3\ ,\qquad \hat{N}=50\quad \text{(答)}$$

(イ) 池の中の N 匹の魚のうち10匹に印がついており，N 匹のうち20匹とらえたとき，何匹の魚に印がついているかを確率変数 X とすると，X は超幾何分布 $H(N,10,20)$ に従うので，

$$P(X=5)=\frac{{}_{10}C_5\cdot{}_{N-10}C_{20-5}}{{}_NC_{20}}=\frac{{}_{10}C_5\cdot{}_{N-10}C_{15}}{{}_NC_{20}}$$

である．

これを N の尤度関数 $L(N)$ とすると，$L(N)$ を最大化するのが N の最尤推定値 $\hat{N}$ である．N が整数であることに注意して，

$$\frac{L(N)}{L(N-1)}=\frac{{}_{10}C_5\cdot{}_{N-10}C_{15}}{{}_NC_{20}}\Bigg/\frac{{}_{10}C_5\cdot{}_{N-11}C_{15}}{{}_{N-1}C_{20}}=\frac{(N-10)(N-20)}{N(N-25)}$$

の比をつくり，

$$\frac{L(\hat{N})}{L(\hat{N}-1)} \geq 1 \quad \text{かつ} \quad \frac{L(\hat{N}+1)}{L(\hat{N})} \leq 1$$

を満たす整数 $\hat{N}$ であるから，

$$\frac{(\hat{N}-10)(\hat{N}-20)}{\hat{N}(\hat{N}-25)} \geq 1 \quad \text{かつ} \quad \frac{(\hat{N}+1-10)(\hat{N}+1-20)}{(\hat{N}+1)(\hat{N}+1-25)} \leq 1$$

となる．これを $\hat{N}$ について整理すると，

$$39 \leq \hat{N} \leq 40$$

$$\hat{N} = 39, 40 \quad \text{(答)}$$

【補足】

非復元抽出の場合，試験対策上は，

(すべての魚の数) : (すべての印のついた魚の数)
=(捕まえた魚の数) : (捕まえた魚のうち印のついた魚の数)

という比の式を立てて，N について整理し，

- N が整数のときは，N と $N-1$
- N が整数でなければ，（ガウス記号を付けて）小数点以下を切り捨てたもの

が $\hat{N}$ になると記憶しておくとよい．本問(イ)では

$$N : 10 = 20 : 5\ , \qquad N = 40$$

より，40 と 39 とすればよい．

9.3　区間推定系

問題 9.9　ある超能力者が日本人，アメリカ人およびイタリア人の観客に対して，心を読み取る成功率を測定している．このとき，次の (1), (2) の問に答えよ．

(1)　日本人 110 人とアメリカ人 140 人を対象に，同一条件下で試行して，それぞれの成功した人数を測ったところ，日本人に対しては 90 人成功し，アメリカ人には 130 人成功した．両者の成功率の差 δ を信頼係数 95% で区間推定したとき，信頼区間の下限 $\hat{\delta}_L$ および上限 $\hat{\delta}_U$ を，小数点以下第 4 位を四捨五入のうえそれぞれ求めよ．

(2)　イタリア人 10 人を対象にして (1) と同様のことを行ったところ，4 人に対して成功した．イタリア人に対する成功率を信頼係数 90% で区間推定したとき，信頼区間の下限 $\hat{p}_L$ および上限 $\hat{p}_U$ を，小数点以下第 3 位を四捨五入のうえそれぞれ求めよ．

■ **MAH's check**

- 区間推定は，統計分野の最頻出分野の 1 つ．公式にあてはめれば解ける．覚える公式の数は多いが，統計の問題は公式やパターンを当てはめれば解ける問題が多い．
- (1) は母比率の差の区間推定．(2) の問題は，母比率の平均の区間推定について精密法の問題．公式にあてはめて解いていこう．
- 問題文に指示がない限り，成功標本数が 4 以下ならば精密法を，5 以上ならば近似法を用いる．
- 統計の小問も複数の設問をセットにしたような出題が多くなり，単純であっても電卓をたたく回数が多く，時間がかかる小問が増えてきている．公式が瞬時に呼び出せてどんどん電卓をたたいて反射的に解けるよう数多くの問題を解いてスピードアップを図るとよい．計算間違い・電卓のたたき間違いにも注意しないといけないので，ひたすらトレーニングしていこう．[合タク] で大量の同一ジャンルの問題を解くことで定着しやすくなる．難問に挑んで時間を消費してアウトになるより単純でも解ける問題は絶対に落とさず高速で処理し，難易度の高い時間を解くための時間を確保して臨もう．

【解答】

(1)　成功した人数が5以上であるから，近似法を用いる．
日本人とアメリカ人に対する母成功率（母比率）をそれぞれ p_x，p_y とおき，$\delta = p_x - p_y$ とする．また p_x，p_y の標本成功率をそれぞれ $\hat{p}_x$，$\hat{p}_y$ とし，$N(0,1)$ の上側 α 点を $u(\alpha)$ で表すと，

$$\begin{cases} \hat{\delta}_L = \hat{p}_x - \hat{p}_y - u\left(\dfrac{1-0.95}{2}\right) \cdot \sqrt{\dfrac{\hat{p}_x(1-\hat{p}_x)}{110} + \dfrac{\hat{p}_y(1-\hat{p}_y)}{140}} \\ \hat{\delta}_U = \hat{p}_x - \hat{p}_y + u\left(\dfrac{1-0.95}{2}\right) \cdot \sqrt{\dfrac{\hat{p}_x(1-\hat{p}_x)}{110} + \dfrac{\hat{p}_y(1-\hat{p}_y)}{140}} \end{cases}$$

$\hat{p}_x = 90/110$，$\hat{p}_y = 130/140$ であり，標準正規分布表2より $u(0.025) = 1.96$．これらを $\hat{\delta}_L, \hat{\delta}_U$ に代入して，

$$\left(\hat{\delta}_L, \hat{\delta}_U\right) \approx (-0.194, -0.027) \quad \text{(答)}$$

(2)　成功標本数が4以下であるから，精密法を用いる．
自由度 (m_1, m_2) の F 分布の上側 α 点を $F_{m_2}^{m_1}(\alpha)$ で表すと，

$$\begin{cases} \hat{p}_L = \dfrac{n_2}{n_1 \cdot F_{n_2}^{n_1}\left(\frac{1-0.9}{2}\right) + n_2} \\ \hat{p}_U = \dfrac{n_1' \cdot F_{n_2'}^{n_1'}\left(\frac{1-0.9}{2}\right)}{n_1' \cdot F_{n_2'}^{n_1'}\left(\frac{1-0.9}{2}\right) + n_2'} \end{cases}$$

ただし，　$n_1 = 2(10-4+1) = 14$，　$n_2 = 2 \cdot 4 = 8$
　　　　　$n_1' = 2(4+1) = 10$，　$n_2' = 2(10-4) = 12$

であり，F 分布表より，$F_8^{14}(0.05) = 3.2374$，　$F_{12}^{10}(0.05) = 2.7534$ なので，これらを $\hat{p}_L, \hat{p}_U$ に代入して，

$$(\hat{p}_L, \hat{p}_U) \approx (0.15, 0.70) \quad \text{(答)}$$

問題 9.10　あるマジックの道具が 18 個あり，それらの寿命の平均は 320 時間であった．このマジックの道具の寿命が指数分布に従うものとしてその母平均 μ を信頼係数 95% で区間推定したとき，信頼区間を不等式で表わせ．なお，下限と上限はそれぞれ小数点以下第 3 位を四捨五入のうえ答えよ．

■ **MAH's check**

- 指数分布の母平均の区間推定．だいたい問題文に，何の分布か提示される．
- 公式をそのまま適用すればよいが，ここでは統計的推測の考え方を確かめるために信頼区間の導出も兼ねて解答する．

【解答】

i 番目の道具の寿命を標本変数 $X_i\,(i=1,2,\ldots,18)$ とすると，
$X_i \sim \Gamma\left(1, \dfrac{1}{\mu}\right)$ である．推定量に標本平均 $\bar{X}$ を用いて，

$$\overline{X} = \frac{1}{18}\sum_{i=1}^{18} X_i$$

とし，統計量 T を，

$$T = \frac{2\cdot 18\overline{X}}{\mu}$$

とすれば，T は自由度 36 のカイ 2 乗分布 $\chi^2(36)$ に従う．$\chi^2(\phi)$ の上側 α 点を $\chi^2_\phi(\alpha)$ で表し，カイ 2 乗分布表から読み取って

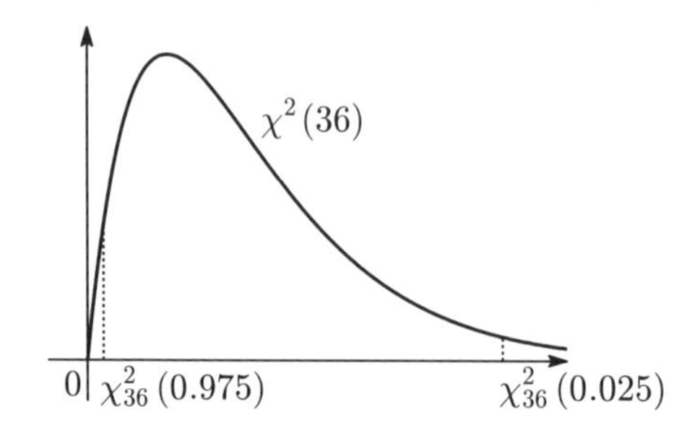

$$0.95 = P\left(\underbrace{\chi^2_{36}(0.975)}_{21.3359} < \frac{36\overline{X}}{\mu} < \underbrace{\chi^2_{36}(0.025)}_{54.4373}\right)$$

$$= P\left(\frac{36\overline{X}}{54.4373} < \mu < \frac{36\overline{X}}{21.3359}\right)$$

よって，$\overline{X}$ の実現値 $\bar{x}$ が 320 であるから

$$211.62 < \mu < 539.94 \quad \text{(答)}$$

問題 9.11 母集団 A，母集団 B から標本数 5 のデータをそれぞれ抽出した結果，次の表の通りにまとめられた．

母集団 A	16.5	14.0	14.5	15.0	12.5
母集団 B	12.5	9.0	11.5	9.5	10.0

両母集団は分散の等しい正規分布に従うものとし，母集団 A と母集団 B の母平均の差 δ を信頼係数 95% で区間推定したとき，信頼区間の下限 $\hat{\delta}_L$ および上限 $\hat{\delta}_U$ を，小数点以下第 4 位を四捨五入しそれぞれ求めよ．

■ MAH's check

- 母分散が未知である正規母集団の母平均の差の区間推定の問題．公式どおりに解ける．
- アクチュアリー試験で習得しなければならないのが，電卓の叩き方．
- そのためには M+，M−，などのキーを使いこなし，短時間で 2 回くらい確認できるように計算しなければならない．

【解答】

母集団 A，B の母平均をそれぞれ μ_A，μ_B とおき，$\delta=\mu_A-\mu_B$ とする．母集団 A，B からの標本平均をそれぞれ $\bar{x}$，$\bar{y}$，標本分散をそれぞれ s_x^2，s_y^2 とおき，自由度 ϕ の t 分布 $t(\phi)$ の上側 α 点を $t_\phi(\alpha)$ で表すと

$$
\begin{cases}
\hat{\delta}_L = \bar{x}-\bar{y}-t_{5+5-2}\left(\dfrac{1-0.95}{2}\right)\sqrt{\dfrac{5s_x^2+5s_y^2}{5+5-2}\left(\dfrac{1}{5}+\dfrac{1}{5}\right)} \\
\hat{\delta}_U = \bar{x}-\bar{y}+t_{5+5-2}\left(\dfrac{1-0.95}{2}\right)\sqrt{\dfrac{5s_x^2+5s_y^2}{5+5-2}\left(\dfrac{1}{5}+\dfrac{1}{5}\right)}
\end{cases}
$$

$\bar{x}=14.5$，$\bar{y}=10.5$ および $s_x^2=s_y^2=1.7$ である．t 分布表より $t_8(0.025)=2.306$．これらを代入して，$\left(\hat{\delta}_L,\hat{\delta}_U\right)\approx(1.874, 6.126)$ （答）

問題 9.12　ある居酒屋チェーンのX店で調理した前菜とY店で調理した前菜の重量はいずれも正規分布に従うことが分かっている．それぞれ無作為に抽出しその重量を調べたところ，次のとおりであった．

[単位：g]

X店	40	37	45	40	34
Y店	42	38	37	43	

（ア）　X店で調理した前菜とY店で調理した前菜の重量の分散が等しいと仮定できる場合に，

(X店で調理した前菜の重量の平均)

−(Y店で調理した前菜の重量の平均)

について区間推定を行う．信頼区間を95%としたときの信頼区間の下限および上限の値を，小数点以下第5位を四捨五入のうえそれぞれ答えよ．

（イ）　X店で調理した前菜とY店で調理した前菜の重量の分散が等しいと仮定できない場合に，

(X店で調理した前菜の重量の平均)

−(Y店で調理した前菜の重量の平均)

についてウェルチの近似法を用いて区間推定を行う．信頼区間を95%としたときの信頼区間の下限および上限の値を，小数点以下第5位を四捨五入のうえそれぞれ答えよ．なお，整数自由度以外のt分布の上側確率に対応する点の値を，以下でいくつか与えた．解答にあたっては，これらの中から必要なものを選んで計算すること．

$t_{5.7364}(0.025) = 2.4744$ ，　$t_{6.1657}(0.025) = 2.4311$ ，

$t_{6.9649}(0.025) = 2.3670$

■ **MAH's check**

- 母分散が未知だが等分散の場合と既知だが等分散ではない場合について区間推定を求めさせる問題.
- 後者はウェルチの近似法を用いて区間推定をする問題となっているが, [国沢統計] ではウェルチの検定しか登場しない. 第4章要項8の記述をよく理解し応用する必要がある.
- なおウェルチの近似法は近年, 大問, 小問で数回出題されてきている. 一度大問で登場した問題を小問で出題することで, 試験の難易度引き上げになっていく傾向がある.
- ウェルチの近似で用いる t 分布の自由度は正の実数であり, 整数であるとは限らない.

公式 [2正規母集団(母分散が未知で等しい)の母平均差の区間推定]

2つの正規母集団を $N(\mu_1, \sigma_1^2)$, $N(\mu_2, \sigma_2^2)$ とし, $\delta=\mu_1-\mu_2$ とする.

母分散 σ_1^2, σ_2^2 は未知だが等しいとき, 2つの正規母集団の母平均 δ の差の区間推定は以下のようになる.

$s_1^2=\dfrac{1}{n_1}\sum_{i=1}^{n_1}(x_{1i}-\overline{x}_1)^2$, $s_2^2=\dfrac{1}{n_2}\sum_{i=1}^{n_2}(x_{2i}-\overline{x}_2)^2$ とすると, 信頼係数 $1-\varepsilon$ の信頼区間は,

$$\overline{x}_1-\overline{x}_2-t_{n_1+n_2-2}\left(\frac{\varepsilon}{2}\right)\cdot\sqrt{\left(\frac{1}{n_1}+\frac{1}{n_2}\right)\frac{n_1s_1^2+n_2s_2^2}{n_1+n_2-2}} \leq \delta$$

$$\leq \overline{x}_1-\overline{x}_2+t_{n_1+n_2-2}\left(\frac{\varepsilon}{2}\right)\cdot\sqrt{\left(\frac{1}{n_1}+\frac{1}{n_2}\right)\frac{n_1s_1^2+n_2s_2^2}{n_1+n_2-2}}$$

公式［ウェルチの近似法による区間推定］

2つの正規母集団を$N\left(\mu_1, \sigma_1^2\right), N\left(\mu_2, \sigma_2^2\right)$とし，$\delta = \mu_1 - \mu_2$とする．

母分散σ_1^2, σ_2^2は未知で等しくないとき，2つの正規母集団の母平均δの差の，ウェルチの近似法による区間推定は以下のようになる．

$$\hat{\sigma}_1^2 = \frac{1}{n_1 - 1}\sum_{i=1}^{n_1}(x_{1i} - \overline{x}_1)^2, \qquad \hat{\sigma}_2^2 = \frac{1}{n_2 - 1}\sum_{i=1}^{n_2}(x_{2i} - \overline{x}_2)^2,$$

$$m = \frac{\left(\frac{\hat{\sigma}_1^2}{n_1} + \frac{\hat{\sigma}_2^2}{n_2}\right)^2}{\frac{\left(\hat{\sigma}_1^2\right)^2}{n_1^2(n_1 - 1)} + \frac{\left(\hat{\sigma}_2^2\right)^2}{n_2^2(n_2 - 1)}}$$

とおくと，信頼係数$1 - \varepsilon$の信頼区間は，

$$\overline{x}_1 - \overline{x}_2 - t_m\left(\frac{\varepsilon}{2}\right)\sqrt{\frac{\hat{\sigma}_1^2}{n_1} + \frac{\hat{\sigma}_2^2}{n_2}} \leq \delta \leq \overline{x}_1 - \overline{x}_2 + t_m\left(\frac{\varepsilon}{2}\right)\sqrt{\frac{\hat{\sigma}_1^2}{n_1} + \frac{\hat{\sigma}_2^2}{n_2}}$$

【解答】

X店で調理する前菜の重量を，正規母集団$N(\mu_x, \sigma_x^2)$からの標本変量X_i $(i = 1, 2, \ldots, n_x)$とする．標本の大きさn_x，標本平均$\overline{x}$，標本分散s_x^2，標本不偏分散$\dfrac{n_x s_x^2}{n_x - 1}$は，

$$n_x = 5, \quad \overline{x} = \frac{196}{5}, \quad s_x^2 = \frac{334}{25}, \quad \frac{n_x s_x^2}{n_x - 1} = \frac{167}{10}$$

Y店で調理する前菜の重量を，正規母集団$N(\mu_y, \sigma_y^2)$からの標本変量Y_j $(j = 1, 2, \ldots, n_y)$とする．標本の大きさn_y，標本平均$\overline{y}$，標本分散s_y^2，標本不偏分散$\dfrac{n_y s_y^2}{n_y - 1}$は，

$$n_y = 4, \quad \overline{y} = 40, \quad s_y^2 = \frac{13}{2}, \quad \frac{n_y s_y^2}{n_y - 1} = \frac{26}{3}$$

（ア）分散が未知だが等しいと仮定できる場合に，$\mu_x - \mu_y$ を信頼係数 95% で区間推定を行うとき，その信頼区間は，

$$\frac{196}{5} - 40 - t_{5+4-2}(0.025)\sqrt{\left(\frac{1}{5}+\frac{1}{4}\right)\frac{5\cdot 334/25 + 4\cdot 13/2}{5+4-2}}$$
$$\leq \mu_x - \mu_y$$
$$\leq \frac{196}{5} - 40 + t_{5+4-2}(0.025)\sqrt{\left(\frac{1}{5}+\frac{1}{4}\right)\frac{5\cdot 334/25 + 4\cdot 13/2}{5+4-2}}$$

$t_7(0.025) = 2.3646$ を代入して計算する．その信頼区間の (上限の値，下限の値) の組は，小数点以下第 5 位を四捨五入して，

$$(-6.5755, 4.9755) \quad (答)$$

（イ）分散が未知で等しいと仮定できない場合に，$\mu_x - \mu_y$ を，信頼係数 95% でウェルチの近似法により区間推定を行うとき，用いる t 分布の自由度を，

$$\frac{\left(\frac{167/10}{5}+\frac{26/3}{4}\right)^2}{\frac{(167/10)^2}{5^2\cdot 4}+\frac{(26/3)^2}{4^2\cdot 3}} = 6.96494\cdots$$

より，6.9649 とする．その信頼区間は，

$$\frac{196}{5} - 40 - t_{6.9649}(0.025)\sqrt{\frac{167/10}{5}+\frac{26/3}{4}}$$
$$\leq \mu_x - \mu_y$$
$$\leq \frac{196}{5} - 40 + t_{6.9649}(0.025)\sqrt{\frac{167/10}{5}+\frac{26/3}{4}}$$

$t_{6.9649}(0.025) = 2.3670$ を代入して計算する．その信頼区間の (上限の値，下限の値) の組は，小数点以下第 5 位を四捨五入して，

$$(-6.3545, 4.7545) \quad (答)$$

問題 9.13　あるマジシャンは，マジックに使う手頃な重さのオレンジをX県のものに限定していたが，新たにY県のものを使うことを検討している．マジックの都合上重さを考慮する必要があり，X県のオレンジ6個およびY県のオレンジ5個の重さを測定した結果，次の表の通りにまとめられた．

[単位：g]

X県	128	143	136	115	133	155
Y県	120	125	137	119	134	

X県およびY県のオレンジの重さはそれぞれ正規分布に従うものとし，両県のオレンジの重さの母分散比（Y県のオレンジの重さの母分散σ_y^2）/(X県のオレンジの重さの母分散σ_x^2）を信頼係数95%で区間推定したとき，信頼区間を不等式で表せ．なお，下限と上限はそれぞれ小数点以下第5位を四捨五入のうえ答えよ．

■ **MAH's check**

- 母分散の比の区間推定．公式どおりに解いていくことができる．
- F分布表は，通常上側しか用意されていない．そのため，公式(5.124)を使って下側の実現値を求める必要がある．準備していないと解けない．

【解答】

オレンジの重さの標本不偏分散を，X県およびY県についてそれぞれ$\hat{\sigma}_x^2$，$\hat{\sigma}_y^2$とおくと，求める信頼区間は，

$$\frac{1}{F_{6-1}^{5-1}\left(\frac{1-0.95}{2}\right)}\cdot\frac{\hat{\sigma}_y^2}{\hat{\sigma}_x^2}\leq\frac{\sigma_y^2}{\sigma_x^2}\leq F_{5-1}^{6-1}\left(\frac{1-0.95}{2}\right)\cdot\frac{\hat{\sigma}_y^2}{\hat{\sigma}_x^2}$$

$\hat{\sigma}_x^2=183.6$，$\hat{\sigma}_y^2=66.5$であり，F分布表より$F_5^4(0.025)=7.3879$，$F_4^5(0.025)=9.3645$なので，これらを代入して，

$$0.0490\leq\frac{\sigma_y^2}{\sigma_x^2}\leq 3.3918\quad(答)$$

問題 9.14 あるマジックの道具はまれに正常に動作せず，マジックが失敗することがある．マジックのショーでこの道具を使用し，ある年の10か月間を対象に1か月あたりの失敗件数を測った結果，次の通りであった．

$$1, 0, 2, 2, 3, 2, 0, 2, 1, 1$$

ひと月あたりの失敗の件数はポアソン分布に従うものとし，その母平均 λ を信頼係数 95% で精密法により区間推定したとき，信頼区間を不等式で表わせ．なお，下限と上限はそれぞれ小数点以下第4位を四捨五入のうえ答えよ．

■ **MAH's check**

- ポアソン母集団の母平均の区間推定（精密法）．検定と併せて覚えておきたい．

【解答】

このポアソン母集団からの標本数が 10，標本和が 14 であるから

$$\frac{\chi^2_{2\cdot 14}\left(1-\frac{1-0.95}{2}\right)}{2\cdot 10} \leq \lambda \leq \frac{\chi^2_{2\cdot 14+2}\left(\frac{1-0.95}{2}\right)}{2\cdot 10}$$

カイ2乗分布表より $\chi^2_{28}(0.975) = 15.3079$，$\chi^2_{30}(0.025) = 46.9792$．これらを代入して

$$0.765 \leq \lambda \leq 2.349 \quad \text{（答）}$$

問題 9.15　正規母集団 $N(\mu,\sigma^2)$ の母平均 μ を信頼係数 95% で区間推定したとき，信頼区間の幅が 1.6σ より小さくなる確率が 90% 以上であるための最小の標本数を求めよ．ただし，母分散は未知とする．

■ **MAH's check**

- この手の問題はあたりをつけにくいが，$n=10$，$n=20$ あたりを代入して数値を得て，候補を絞り込むしかない．
- 例えば，$n=10$ を代入すると Ⓐ $>$ Ⓑ なので，n をもう少し大きくする．そこで $n=20$ を代入すると Ⓐ $<$ Ⓑ なので $10<n<20$ の範囲内だとあたりをつけていく，というようにして，逐次代入して求めるので，計算に時間がかかる問題だといえる．

公式［正規母集団（母分散未知）の母平均区間推定］

正規母集団 $N\left(\mu,\sigma^2\right)$ に対し，母分散 σ^2 が未知の場合に母平均 μ を信頼係数 $1-\varepsilon$ で区間推定するとき，その信頼区間を不等式で表すと，

$$\overline{x}-t_{n-1}\left(\frac{\varepsilon}{2}\right)\sqrt{\frac{\sum_{i=1}^{n}(x_i-\overline{x})^2}{n(n-1)}}\leq\mu\leq\overline{x}+t_{n-1}\left(\frac{\varepsilon}{2}\right)\sqrt{\frac{\sum_{i=1}^{n}(x_i-\overline{x})^2}{n(n-1)}}$$

公式［正規母集団（母平均未知）からの統計量と χ^2 分布］

母分散未知の正規母集団 $N\left(\mu,\sigma^2\right)$ からの標本変量を $X_1, X_2, \ldots, X_n$ をとおくと，

$$\frac{\sum_{i=1}^{n}\left(X_i-\overline{X}\right)^2}{\sigma^2}\sim\chi^2(n-1)$$

【解答】

標本値を $x_1, x_2, \ldots, x_n$ とおく．この区間推定における信頼区間の幅は，

$$2t_{n-1}(0.025)\sqrt{\frac{\sum_{i=1}^{n}(x_i-\overline{x})^2}{n(n-1)}}$$

なので，標本変量を $X_1, X_2, \ldots, X_n$ とおき，次の不等式を満たす最小の n を求めればよい．

$$\begin{aligned}
0.9 &\le P\left(2t_{n-1}(0.025)\sqrt{\frac{\sum_{i=1}^{n}\left(X_i-\overline{X}\right)^2}{n(n-1)}} < 1.6\sigma\right) \\
&= P\left(4t_{n-1}(0.025)^2\cdot\frac{\sum_{i=1}^{n}\left(X_i-\overline{X}\right)^2}{n(n-1)} < 2.56\sigma^2\right) \\
&= P\left(\frac{\sum_{i=1}^{n}\left(X_i-\overline{X}\right)^2}{\sigma^2} < \frac{0.64n(n-1)}{t_{n-1}(0.025)^2}\right)
\end{aligned}$$

$$\iff \underbrace{\chi^2_{n-1}(0.1)}_{Ⓐ} \le \underbrace{\frac{0.64n(n-1)}{t_{n-1}(0.025)^2}}_{Ⓑ}$$

χ^2 分布表と t 分布表を読みとって大小比較すると，

n	$n-1$	$\chi^2_{n-1}(0.1)$	$t_{n-1}(0.025)$	Ⓐ	Ⓑ
11	10	15.9872	2.2281	15.9872	$14.1808\cdots$
12	11	17.2750	2.2010	17.2750	$17.4386\cdots$
13	12	18.5493	2.1788	18.5493	$21.0314\cdots$
14	13	19.8119	2.1604	19.8119	$24.9564\cdots$

よって，求める n の値は 12　(答)

9.4　有限母集団

問題 9.16　ある箱に1番から9番までのビリヤードボール9個が入っている．この箱から同時にボールを3個取り出したときの，3個のボールの番号の和の分散を求めよ．

■ **MAH's check**

- 有限母集団から標本を非復元抽出するとき，各標本変数は (1) すべて同じ分布に従い，(2) 互いに独立である，という性質をもたないので，分散を求めるときは有限母集団修正係数を乗じる．

【解答】

求める分散は標本平均 $\overline{X}$ に対して $V\left(3\overline{X}\right)$ に等しく，

$$V\left(3\overline{X}\right) = 9V\left(\overline{X}\right)$$

である．

ここで，ボールを1個だけ取り出したときのその番号を標本変数 X とすると，$X \sim DU\{1, 2, \ldots, 9\}$ であり，その分散 $V(X)$ は 20/3 なので，

$$V\left(\overline{X}\right) = \underbrace{\frac{9-3}{9-1}}_{\text{有限母集団修正係数}} \cdot \frac{20/3}{3} = \frac{5}{3}$$

よって

$$V(3\overline{X}) = 9 \cdot \frac{5}{3} = 15 \quad \text{(答)}$$

問題 9.17 世帯数 80,000 の都市について，n 世帯を対象とし世帯人数を調査して総人口を推定するのに，その変動係数（総人口の母平均に対する母標準偏差の比）を 5% 以下にしたい．標本数 n の最小値を求めよ．ただし各世帯の人数についてその母平均 μ に対する母標準偏差 σ の比 σ/μ は 1 以下であることが分かっているとする．

■ MAH's check

- 総計の推定量 $(N\overline{X})$ についての性質を利用する問題．

【解答】

総世帯数を N，総人口の不偏推定量を T とおく．T の平均 $E(T)$ が総人口の母平均に等しく，また総人口の母分散が T の分散 $V(T)$ であるから，T の変動係数 $CV(T)$ は，

$$CV(T) = \frac{\sqrt{V(T)}}{E(T)} \qquad \cdots(1)$$

標本数が n のときの各世帯人数の標本平均を $\overline{X}$ とおくと，

$$\begin{aligned} V(T) &= V\left(N\overline{X}\right) \\ &= N^2 V\left(\overline{X}\right) \qquad \cdots(2) \end{aligned}$$

ここで，

$$V\left(\overline{X}\right) = \underbrace{\frac{N-n}{N-1}}_{\substack{\text{有限母集団} \\ \text{修正係数}}} \cdot \frac{\sigma^2}{n}$$

を (2) に代入すると，

$$V(T) = N^2 \cdot \frac{N-n}{N-1} \cdot \frac{\sigma^2}{n} \qquad \cdots(3)$$

となる．一方，

$$E(T) = \mu N \qquad \cdots (4)$$

だから，(3)，(4) を (1) に代入して，

$$\begin{aligned} CV(T) &= N \cdot \sqrt{\frac{N-n}{N-1}} \cdot \frac{\sigma}{\sqrt{n}} \Big/ \mu N \\ &= \sqrt{\frac{N-n}{n(N-1)}} \cdot \frac{\sigma}{\mu} \\ &\leq \sqrt{\frac{N-n}{n(N-1)}} \qquad \left(\frac{\sigma}{\mu} \leq 1\right) \end{aligned}$$

よって，$CV(T) \leq 0.05$ を満たすには，$N = 80,000$ を代入して，

$$\sqrt{\frac{80,000-n}{79,999n}} \leq 0.05$$

この不等式を解くと，

$$n \geq 398.01\ldots$$

となるから，求める n の最小値は 399　(答)

【補足】

変動係数の意味を軽く説明しておこう．変動係数は，0 以上の値をとる確率変数の散らばりの指標である．一般に，大きな値をとりやすい分布の標準偏差は大きくなりがちで，小さな値しかとらない分布の標準偏差は小さくなりがちである．そこで標準偏差の平均に対する比である変動係数をみれば，この指標は単位を持たず，異なる単位のデータの散らばり具合を比べやすくなる．

9.5　検定系

問題 9.18　ある箱の中にボールが入っており，ボールの個数は 4 個か 5 個のいずれかであることが分かっている．その箱のみの重量はちょうど 100g である．ボール 1 個の重量 (g) は正規分布 $N(\mu, 64)$ に従っている．帰無仮説を「箱の中のボールの個数は 4 個である」として，箱全体の重量を計ることで帰無仮説を検定する．箱全体の重量が 500g 以上であれば帰無仮説を棄却することとする．第 1 種の誤りが起こる確率と第 2 種の誤りが起こる確率が等しいとき，ボール 1 個の重量の母平均の値 μ を小数点以下第 2 位を四捨五入のうえ答えよ．また，そのように端数処理した μ の値を用いて，第 1 種の誤りが起こる確率（=第 2 種の誤りが起こる確率）を，小数点以下第 5 位を四捨五入のうえ答えよ．

■ MAH's check

- 少々設定が変わっているが，第 1 種，第 2 種の誤りの定義に立ち返るとともに正規分布を標準化し，落ち着いて式を立てていこう．

【解答】

ボール 1 個の重さを X_i(g) $(i=1,2,\ldots,n)$ とすれば，その標本変量平均について $\overline{X} \sim N\left(\mu, \dfrac{64}{n}\right)$ である．帰無仮説 $H_0 : n=4$ を対立仮説 $H_1 : n=5$ に対して，棄却域を $n\overline{x}+100 \geq 500 \Leftrightarrow \overline{x} \geq \dfrac{400}{n}$ として検定する．

$$
\begin{aligned}
P(\text{第 1 種の誤りが起こる}) &= P\left(\overline{X} \geq 100 \;\middle|\; \overline{X} \sim N(\mu, 16)\right) \\
&= P\left(\frac{\overline{X}-\mu}{4} \geq \frac{100-\mu}{4}\right) \\
&= P\left(Z \geq \frac{100-\mu}{4}\right) \quad (Z \sim N(0,1)) \qquad (*1)
\end{aligned}
$$

$$
\left(Z = \frac{\overline{X}-\mu}{4} \text{とおいた．}\right)
$$

$$P(\text{第2種の誤りが起こる}) = P\left(\overline{X} < 80 \;\middle|\; \overline{X} \sim N\left(\mu, \frac{64}{5}\right)\right)$$

$$= P\left(\frac{\overline{X} - \mu}{\sqrt{64/5}} < \frac{80 - \mu}{\sqrt{64/5}}\right)$$

$$= P\left(Z < \frac{80 - \mu}{\sqrt{64/5}}\right) \qquad (*2)$$

$$\left(Z = \frac{\overline{X} - \mu}{\sqrt{64/5}} \text{とおいた.}\right)$$

$(*1) = (*2)$ であるとき，$N(0,1)$ の対称性より，

$$\frac{80 - \mu}{\sqrt{64/5}} = -\frac{100 - \mu}{4}$$

$$\mu = 89.4427\cdots = 89.4 \quad \text{(答)}$$

これを $(*1)$ に代入し，標準正規分布表1を読みとって，

$$P(\text{第1種の誤りが起こる}) = P\left(Z \geq \frac{100 - 89.4}{4}\right) = P(Z \geq 2.65)$$

$$= 0.0040 \quad \text{(答)}$$

問題 9.19 2つの正規母集団があり，一方の母集団から標本数 12 の標本を取り出したところ標本分散は 1 であった．もう一方の母集団から標本数 10 の標本を取り出したときの標本分散が □ より大きい場合において，有意水準 5% で 2 つの母集団の母分散が等しくないといえるとき，□ にあてはまる値を，小数点以下第 3 位を四捨五入のうえ求めよ．

■ MAH's check

- 等分散の検定．母分散の差の区間推定をする際など，等分散を仮定しなければならない場合がある．そういったときに，この等分散の検定を事前に行う．

【解答】

2 つの正規母集団 $N\left(\mu_x, \sigma_x^2\right)$ および $N\left(\mu_y, \sigma_y^2\right)$ より，標本数がそれぞれ 12，10 の標本を取り出したとして，帰無仮説 $H_0 : \sigma_x^2 = \sigma_y^2$ を対立仮説 $H_1 : \sigma_x^2 \neq \sigma_y^2$ に対して有意水準 $\varepsilon = 0.05$ で検定する．

標本不偏分散をそれぞれ $\hat{\sigma}_x^2$ および $\hat{\sigma}_y^2$ とし，$N\left(\mu_y, {\sigma_y}^2\right)$ からの標本分散を s_y^2 とおく．s_y^2 が求める値を超えるときに H_0 を棄却するとすれば，不偏分散比の実現値 t_0 について，

$$t_0 > F_{12-1}^{10-1}\left(\frac{0.05}{2}\right) \quad \cdots (1)$$

ここで，

$$t_0 = \frac{\hat{\sigma}_y^2}{\hat{\sigma}_x^2} = \frac{10s_y^2/9}{12 \cdot 1/11} = \frac{55s_y^2}{54}$$

また F 分布表より $F_{11}^{9}(0.025) = 3.5879$．これらを (1) に代入することで，

$$s_y^2 > 3.522\ldots$$

したがって，求める最小値は 3.52 （答）

問題 9.20　あるマジシャンのスペシャルテクニックの成功率は通常 90% である．このマジシャンが屋外で強風等の通常ではない状況でテクニックを使う場合の成功率の変化について，5% の有意水準で百分率に関する検定を行った．これらの検定について記述した次の (1)〜(3) の内容について，正しいか否かを答えよ．

(1)　55 回中 45 回成功したとき，成功率が通常と比べて低かったといえるかの検定の結果は，「成功率は通常と比べて低かったといえる」となる．

(2)　110 回中 94 回成功したとき，成功率が通常と比べて変化があったといえるかの検定の結果は，「成功率は通常と比べて変化があったといえる」となる．

(3)　6 回中 4 回成功したとき，成功率が通常と比べて低かったといえるかの精密法による検定の結果は，「成功率は通常と比べて低かったといえる」となる．

■ MAH's check

- 母比率（母成功率）の検定．
- (1)，(2) は近似法による検定．
- (3) は小標本なので，精密法による検定だが近似法による検定と向きが逆となる．直感的にわかりにくいが，これは二項分布の下側確率の和が，F 分布の上側確率に一致する性質を使っていることによる（逆も同様）．同様にポアソン分布の精密法による検定も直感と逆側になる．

【解答】

テクニックの母成功率および標本成功率をそれぞれ p および $\hat{p}$ とする．

(1)　成功標本数 45 は 5 以上なので，近似法により，帰無仮説 $H_0 : p=0.9$ を対立仮説 $H_1 : p<0.9$ に対して，有意水準 $\varepsilon=0.05$ での左側検定を行う．

H_0 のもとでの統計量の実現値 t_0 は，$\hat{p}=\dfrac{45}{55}$ を用いて，

$$t_0=\frac{\hat{p}-0.9}{\sqrt{\frac{0.9(1-0.9)}{55}}}\approx -2.023<\underbrace{-u(0.05)}_{-1.6449}$$

よって H_0 を棄却．(1) は正しい．　(答)

(2)　同じく近似法により，$H_0 : p=0.9$ を $H_1 : p\neq 0.9$ に対して $\varepsilon=0.05$ での両側検定を行う．

t_0 は，$\hat{p}=\dfrac{94}{110}$ を用いて，

$$|t_0|=\left|\frac{\hat{p}-0.9}{\sqrt{\frac{0.9(1-0.9)}{110}}}\right|\approx 1.589<\underbrace{u(0.025)}_{1.96}$$

よって H_0 を採択．(2) は正しくない．　(答)

(3)　精密法により，$H_0 : p=0.9$ を $H_1 : p<0.9$ に対して，$\varepsilon=0.05$ での右側検定を行う．

H_0 のもとでの統計量の実現値 t_0 が，標本数 6，成功標本数 4 より，

$$t_0=\frac{2(6-4)\cdot 0.9}{2(4+1)(1-0.9)}=3.6<\underbrace{F^{2(4+1)}_{2(6-4)}(0.05)}_{5.9644}\quad (F\text{ 分布表より})$$

よって H_0 を採択．(3) は正しくない．　(答)

■ IWASAWA's comment

精密法の検定の結果は，二項分布で直接確率を計算して検定する結果と変わらないので，本問のような数値例の場合は「直接」やってもよい．

本問の場合，$T\sim Bin(6, 0.9)$ として $P(T\leq 4)<0.05$ なら「低かったといえる」．ただ，$P(T\leq 4)=1-P(T=5)-P(T=6)=0.114\ldots>0.05$ なので，「低かったといえない」．

問題 9.21　母分散 σ^2 の片側検定において，σ^2 が帰無仮説 H_0 において仮定された分散の3倍であったとき，H_0 が確率 95% で棄却されるために必要な最小の標本数 n を求めよ．ただし母平均 μ は未知とし，有意水準を 5% とする．

■ **MAH's check**

- 検定の応用問題．私もずっと苦手な問題であったが，慣れるしかない．

【解答】

対立仮説を $H_1 : \sigma^2 > \sigma_0^2$ とする．標本値 $x_i\,(i=1,2,\ldots,n)$，標本平均 $\bar{x}$ に対して棄却域は，

$$\frac{\sum_{i=1}^{n}(x_i-\bar{x})^2}{\sigma_0^2} > \chi_{n-1}^2(0.05)$$

よって，H_0 が確率 95% で棄却されるためには，

$$\begin{aligned}
0.95 &\leq P\left(\left.\frac{\sum_{i=1}^{n}\left(X_i-\overline{X}\right)^2}{\sigma_0^2} > \chi_{n-1}^2(0.05)\right|\sigma^2=3\sigma_0^2\right)\\
&= P\left(\frac{\sum_{i=1}^{n}\left(X_i-\overline{X}\right)^2}{\sigma^2/3} > \chi_{n-1}^2(0.05)\right)\\
&= P\left(\frac{\sum_{i=1}^{n}\left(X_i-\overline{X}\right)^2}{\sigma^2} > \frac{1}{3}\chi_{n-1}^2(0.05)\right)
\end{aligned}$$

$$\Longleftrightarrow \qquad \chi_{n-1}^2(0.05) \leq 3\chi_{n-1}^2(0.95)$$

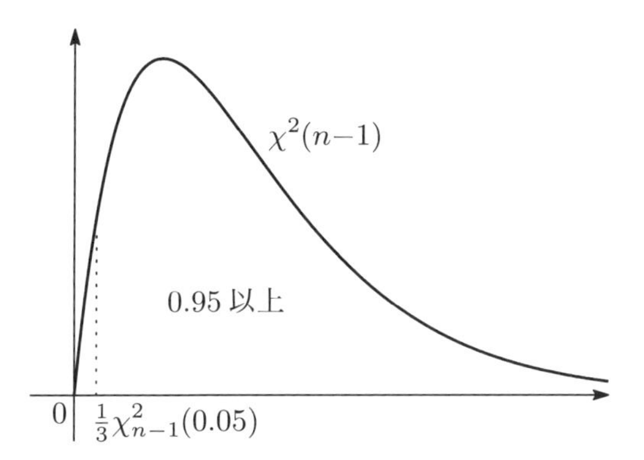

χ^2 分布表を用いて $n-1$ の値を具体的に代入していくと，

n	$n-1$	$\chi^2_{\boldsymbol{n-1}}(0.05)$	$3\chi^2_{\boldsymbol{n-1}}(0.95)$
18	17	27.5871	26.0154
19	18	28.8693	28.1715
20	19	30.1435	30.3510

したがって，最小の標本数は $n-1=19$ のとき，すなわち $n=20$　(答)

【補足】

[国沢統計] 第 4 章問題 8 をベースとした出題．χ^2 分布をうまく処理して式を変形していく．

問題 9.22　あるマジックの道具の寿命は指数分布に従う．この道具の寿命の母平均 μ を測るために，帰無仮説 $H_0: \mu = 520$ を有意水準 5% により両側検定する．標本数 n（n は 31 以上の整数）の道具を標本として抽出し，650 時間で打ち切るまで寿命を測定したところ，打ち切り前に寿命が来た標本数は 30 でありそれらの平均は 480 時間であった．一方，残りの標本数 $(n-30)$ の標本の寿命は打ち切り時間を超えた．このとき H_0 が採択されたとして，n の取りうる値の範囲を不等式で表せ．

■ **MAH's check**

- 指数分布の検定．打ち切りがある場合もセットで覚えておこう．

【解答】

H_0 が採択されたので，μ の推定値を $\hat{\mu}$ とおくと，

$$\chi^2_{2\cdot 30}\left(1-\frac{0.05}{2}\right) \leq \frac{2\cdot 30\hat{\mu}}{520} \leq \chi^2_{2\cdot 30}\left(\frac{0.05}{2}\right)$$

ここで

$$\hat{\mu} = \frac{30\cdot 480 + 650(n-30)}{30} = \frac{65n-510}{3}$$

また χ^2 分布表より $\chi^2_{60}(0.975) = 40.4817$，$\chi^2_{60}(0.025) = 83.2977$．これらを代入して，

$$24.0\ldots \leq n \leq 41.1\ldots$$

問題文より $n \geq 31$ なので

$$31 \leq n \leq 41 \quad \text{（答）}$$

問題 9.23 あるカフェが，来店した男性と女性にブラックコーヒー（以下ブラックと略記する）とカフェラテのどちらが好きかアンケートを行ったところ，下表の結果を得た．このアンケート結果をもとに，男女間でブラックとカフェラテの嗜好に差があるかを確認したい．帰無仮説 H_0 を「性別とブラックとカフェラテの嗜好は互いに独立である」として，有意水準 10% で検定を行う．まず，独立性の検定を行うと，検定統計量 χ^2 の値は ［①］ であり，帰無仮説 H_0 は ［②］ される．次に，イェーツの補正を行うと，検定統計量 χ'^2 の値は ［③］ となり，帰無仮説 H_0 は ［④］ される．空欄に当てはまる数値または語句を答えよ．数値を答えるときは，小数点以下第 4 位を四捨五入すること．

	男性	女性	計
ブラックが好き	15	11	26
カフェラテが好き	5	9	14
計	20	20	40

■ **MAH's check**

- 独立性の検定の典型問題．過去の出題例は少ないがこの機会にしっかりマスターしよう．
- 独立性の検定は $m \times n$ の分割表による検定の公式があるが，2×2 の分割表の場合は本問の公式の方が計算が楽で早い．また本問では指定されているが問題によっては度数によってイェーツの補正を適用するのか否かを見極めて適切に計算しなければならない．

公式［2×2 独立性の検定とイェーツの補正］

N 個のデータが，2 種類の属性 A, B によるそれぞれの各階級 A_1, A_2 および B_1, B_2 に分割され，度数 f_{ij}，$i=1,2$，$j=1,2$ として次の 2×2 分割表にまとめられたとする．

	B_1	B_2	計
A_1	f_{11}	f_{12}	$f_{1\bullet}$
A_2	f_{21}	f_{22}	$f_{2\bullet}$
計	$f_{\bullet1}$	$f_{\bullet2}$	N

帰無仮説 H_0:「属性 A と属性 B とは互いに独立である.」を有意水準 ε で検定するとき，検定統計量の実現値を t_0 とおいて棄却域を不等式で表すと，

(i) すべての f_{ij} が 5 より大きいとき

$$t_0=\frac{(f_{11}f_{22}-f_{12}f_{21})^2N}{f_{1\bullet}f_{2\bullet}f_{\bullet1}f_{\bullet2}}>\chi_1^2(\varepsilon)$$

(ii) f_{ij} に 5 以下のものがあるとき，イェーツの補正を行い，

$$t_0=\frac{\left(f_{11}f_{22}-f_{12}f_{21}\pm\frac{N}{2}\right)^2N}{f_{1\bullet}f_{2\bullet}f_{\bullet1}f_{\bullet2}}>\chi_1^2(\varepsilon)$$

ここで ± の符号は，( ) 内の絶対値が小さくなるように決める．

【解答】

$$\chi^2=\frac{(15\cdot9-11\cdot5)^2 40}{20\cdot20\cdot26\cdot14}=1.758241\cdots\approx1.758<\underbrace{\chi_1^2(0.1)}_{2.7055}$$

①の答：1.758,　　②の答：採択

$$\chi^2=\frac{\left(15\cdot9-11\cdot5-\frac{40}{20}\right)^2 40}{20\cdot20\cdot26\cdot14}=0.9890109\cdots\approx0.989<\underbrace{\chi_1^2(0.1)}_{2.7055}$$

③の答：0.989,　　④の答：採択

問題 9.24 互いに独立で母分散が異なる2つの母集団A，Bがある．A，Bからそれぞれ標本数9，11の標本を抽出し，標本平均（推定量）$\overline{X} = \sum_{i=1}^{9} X_i/9$, $\overline{Y} = \sum_{i=1}^{11} Y_i/11$ を構成した．A，Bの母分散の値をそれぞれ5, 7とするとき，標本変数 $M = \alpha\overline{X} + (1-\alpha)\overline{Y}\ (0 \le \alpha \le 1)$ の分散 $V(M)$ を最小にする α の値を求めよ．

■ MAH's check

- 標本分布の性質を利用した問題.
- 2次関数 $f(x)$ の最小値，最大値を求めるには，平方完成もいいが，微分してゼロとなる x の値を求めにいくほうが早い.

【解答】

$\overline{X}, \overline{Y}$ の分散 $V(\overline{X})$, $V(\overline{Y})$ はそれぞれ

$$V(\overline{X}) = \frac{5}{9}, \qquad V(\overline{Y}) = \frac{7}{11}$$

であるから，

$$\begin{aligned} V(M) &= \alpha^2 V(\overline{X}) + (1-\alpha)^2 V(\overline{Y}) \\ &= \frac{5}{9}\alpha^2 + \frac{7}{11}(1-\alpha)^2 \end{aligned}$$

これを $f(\alpha)$ とおくと，$f(\alpha)$ は下に凸であるから，微分したものをゼロとおくと，

$$\frac{10\alpha}{9} - \frac{14(1-\alpha)}{11} = 0$$

これを解いて，$\alpha = \dfrac{63}{118}$ （答）

問題 9.25　過去80日間における，アクチュアリー受験研究会のHPへの1日あたりの投稿件数を集計した結果，次の表の通りにまとめられた．

投稿件数	0	1	2	3	4	5	6	7	合計
日数	6	17	22	15	10	7	2	1	80

このとき，次の (1)～(3) の問に答えよ．

(1)　1日の投稿件数がポアソン分布に従っているとして，母平均 λ の最尤推定値 $\hat{\lambda}$ を求めよ．

(2)　1日の投稿件数は (1) で求めた $\hat{\lambda}$ を母平均とするポアソン分布に従っていると言えるか．有意水準5%で検定せよ．

(3)　その後アクチュアリー受験研究会では，より投稿しやすいようにホームページのデザインを変更した．その効果を測るため直近10日間の各日の投稿件数を測定したところ，次の通りであった．

$$3, 4, 4, 2, 5, 4, 3, 2, 3, 5 \quad [\text{件}]$$

この結果より過去の実績に対して1日あたりの投稿件数が増えているといえるかについて，有意水準10%で検定せよ．なお (2) の結果にかかわらず，1日あたりの投稿件数はポアソン分布に従っているものとする．また本問は小標本として検定せよ．

■ MAH's check

- 検定の総合問題．(1) はポアソン分布の母平均の最尤推定値を求める問題．(2) は適合度検定．(3) はポアソン分布の母平均の検定．いずれも公式を適用すれば解ける問題．

【解答】

(1)　$\hat{\lambda}$ は，与えられた表から，標本平均を求めればよい．したがって，

$$\hat{\lambda} = \frac{1\cdot 17 + 2\cdot 22 + \cdots + 7\cdot 1}{80} = 2.5 \quad (\text{答})$$

(2)　第 i 日の投稿件数を標本変数 $X_i\,(i=1,2,\ldots,80)$ とし，帰無仮説

$H_0 : X_i \sim Po(2.5)$ について，有意水準 $\varepsilon = 0.05$ で適合度検定を行う．

1日あたり投稿件数 x	実現度数 n_x	理論値 p_x	理論度数 $80p_x$	$\dfrac{(n_x-80p_x)^2}{80p_x}$
0	6	0.08208	6.5664	0.04886
1	17	0.20521	16.4168	0.02072
2	22	0.25652	20.5216	0.10651
3	15	0.21376	17.1008	0.25808
4	10	0.13360	10.6880	0.04429
5	7	0.06680	5.3440	0.51316
6	2	0.02783	2.2264	0.02302
7	1	0.00994	0.7952	0.05275

また，理論度数が5以上となるように，$x = 5, 6, 7$ について以下の通り度数の和をとる．

1日あたり投稿件数 x	実現度数 n_x	理論度数 $80p_x$	$\dfrac{(n_x-80p_x)^2}{80p_x}$
5, 6, 7	10	8.3656	0.31932

統計量の実現値 t_0 は，自由度4（=階級数6− 未知母数の個数1−1）のカイ2乗分布に従うので，

$$t_0 = \left[\frac{(n_x-80p_x)^2}{80p_x}\text{の和}\right] = 0.79778 < \underbrace{\chi_4^2(0.05)}_{9.4877}$$

よって H_0 は採択され，$\lambda = \hat{\lambda}$ とするポアソン分布に従っているといえる．　(答)

(3) 帰無仮説 $H_0 : \lambda = 2.5$ を，対立仮説 $H_1 : \lambda > 2.5$ に対して，有意水準 $\varepsilon = 10\%$ で検定する．

標本数が10，標本和が35であるから，$2 \cdot 10 \cdot 2.5 < \underbrace{\chi_{2\cdot 35}^2(1-0.1)}_{55.3289}$

よって H_0 は棄却され，1日あたりの投稿件数が増えているといえる．(答)

【補足】本問は $n\overline{x} = 35 \geq 5$ だが，$n\overline{x} \geq 5$ のときは「大標本の公式も使用できる」ということであり，小標本の公式を使用できないということではない．

9.6　2次元正規分布の相関係数に関する推測

問題 9.26　平均および分散を未知とする2次元正規母集団から標本数 $n\,(n<100)$ の標本を抽出したとき，標本相関係数は0.5であった．母相関係数 ρ について，帰無仮説 $H_0: \rho=0$ が有意水準5%の両側検定で棄却されたならば，$n \geq$ [　　] である（空欄に当てはまる数値を答えよ）．

■ MAH's check

- 無相関検定．出題頻度は低いが覚えておきたい．

【解答】

$H_0: \rho=0$ を $H_1: \rho\neq 0$ に対して，有意水準 $\varepsilon=0.05$ で検定する．H_0 が棄却されるための条件は

$$\frac{0.5\sqrt{n-2}}{\sqrt{1-0.5^2}} > t_{n-2}\left(\frac{0.05}{2}\right)$$

$$n > 2+3t_{n-2}(0.025)^2$$

t 分布表を用いて n の値を具体的に代入していくと，

n	$2+3t_{n-2}(0.025)^2$
15	16.001...
16	15.800...

よって，求める数値は16　(答)

問題 9.27　ある年度のアクチュアリー試験の数学と生保数理の両科目を受験した者から110人を無作為に抽出し，その2科目の得点の相関関係を調査したところ，標本相関係数は r であった．また2科目の受験者全体の数学の得点と生保数理の得点の母相関係数について，z 変換を用い信頼係数95％で区間推定したところ信頼区間の下限が0.7616であった．このときの r の値を求めよ．

■ **MAH's check**

- 2つの正規母集団の相関係数の z 変換による区間推定．

【解答】

z 変換 $z(x)$ は

$$z(x)=\frac{1}{2}\log\frac{1+x}{1-x}$$

である．信頼区間の下限について

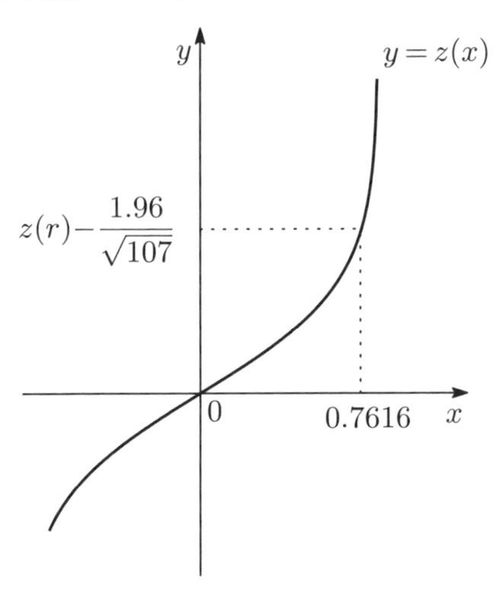

$$z^{-1}\left[z(r)-\underbrace{\frac{u((1-0.95)/2)}{\sqrt{110-3}}}_{1.96/\sqrt{107}}\right]=0.7616$$

$$\Longleftrightarrow \quad \underbrace{z(0.7616)}_{1.00}=z(r)-\frac{1.96}{\sqrt{107}}$$

$z(r)\approx 1.19$ より，z 変換表から読み取って $r=0.8306$ （答）

問題 9.28　ある年度のアクチュアリー試験の損保数理と年金数理の両科目を受験した者から100人を無作為に抽出し，その2科目の相関関係を調査したところ，標本相関係数 r は $r=0.75$ となった．得点に関するデータが2次元正規母集団からの標本であるとして，母相関係数 ρ に関する検定を行う．ここで，標本相関係数 r に対し，$|\rho|\neq 1$ の場合において，

$$z=\frac{1}{2}\log\frac{1+r}{1-r}$$

とおく．標本の大きさ n が大きいとき，z をとりうる値とする確率変数が従う分布を答えよ．(知識を問うものであり導出しなくてよい．)

またこれを用いて，帰無仮説 $H_0:\rho=0.8$, 対立仮説 $H_1:\rho<0.8$，有意水準5%の片側検定を行うとき，H_0 が採択されるか棄却されるかを答えよ．

必要なら，$\log 2=0.693$, $\log 3=1.098$, $\log 7=1.946$ を用いてよい．

■ MAH's check

- 母相関係数の検定に関する典型的な問題．ここでも z 変換が登場する．

公式 [z 変換]

母相関係数が ρ であるとき，標本相関係数 r に対し

$$z=\frac{1}{2}\log\frac{1+r}{1-r}$$

とおく（これを z 変換という）と，標本の大きさ n が大きいとき，z は正規分布 $N\left(\frac{1}{2}\log\frac{1+\rho}{1-\rho},\ \frac{1}{n-3}\right)$ に従う．

すなわち，$\sqrt{n-3}\left(z-\frac{1}{2}\log\frac{1+\rho}{1-\rho}\right)\sim N(0,1)$ である．

【解答】

まず，zをとりうる値とする確率変数が従う分布は，

$$N\left(\frac{1}{2}\log\frac{1+\rho}{1-\rho},\ \frac{1}{n-3}\right)\qquad (答)$$

次に，z変換を用いて検定を行う．実現値であるzは，

$$\begin{aligned} z &= \frac{1}{2}\log\frac{1+r}{1-r} = \frac{1}{2}\log\frac{1+0.75}{1-0.75} \\ &= \frac{1}{2}\log 7 = 0.973 \end{aligned}$$

である．帰無仮説$H_0:\rho=0.8$, 対立仮説$H_1:\rho<0.8$として有意水準5%で片側検定を行うと，H_0のもとで,

$$\frac{1}{2}\log\frac{1+\rho}{1-\rho} = \frac{1}{2}\log\frac{1+0.8}{1-0.8} = \log 3 = 1.098$$

となる．$n=100$であり，

$$\begin{aligned} \sqrt{n-3}\left(z-\frac{1}{2}\log\frac{1+\rho}{1-\rho}\right) &= \sqrt{97}(0.973-1.098) \\ &= -1.231107\cdots \\ &> \underbrace{-u(0.05)}_{-1.6449} \end{aligned}$$

したがって，帰無仮説は採択される．　(答)

■第 10 章

モデリング分野問題

10.1　回帰分析系

問題 10.1　3系列のデータ x_{1i}, x_{2i}, y_i について，観測値の5組 $(x_{11}, x_{21}, y_1), (x_{12}, x_{22}, y_2), (x_{13}, x_{23}, y_3), (x_{14}, x_{24}, y_4), (x_{15}, x_{25}, y_5)$ を用い，次の計算結果を得た．

$$\sum_{i=1}^{5} x_{1i} = 4,\quad \sum_{i=1}^{5} x_{2i} = 5,\quad \sum_{i=1}^{5} y_i = 18,\quad \sum_{i=1}^{5} x_{1i}^2 = 4,\quad \sum_{i=1}^{5} x_{2i}^2 = 5,$$

$$\sum_{i=1}^{5} y_i^2 = 58,\quad \sum_{i=1}^{5} x_{1i}x_{2i} = 3,\quad \sum_{i=1}^{5} x_{1i}y_i = 12,\quad \sum_{i=1}^{5} x_{2i}y_i = 16$$

これらを用いて最小二乗法により $y = \alpha + \beta_1 x_1 + \beta_2 x_2$ に線形回帰したときの推定値 $\hat{\alpha}, \hat{\beta}_1, \hat{\beta}_2$ をそれぞれ求めよ．

■ **MAH's check**

- モデリングは全般的に点を取りやすい．まれに難問も出題されるが，しっかりと準備すれば得点源となる．
- 回帰分析はその中でも理解しやすい．本問は重回帰の問題．過去数回出題されている．計算量が非常に多いが，本問のようにクラーメルの公式を利用して時間短縮を図りたい．
- 行列，行列式が登場するが，練習あるのみ．線形代数の初歩しか用いないので，こういった問題で慣れていくとよい．
- クラーメルの公式は非常に有用でマスターすべきとして，与えられた問題の数値がすべて整数のような場合は，正規方程式から連立方程式を立てて解く方が早い場合がある．本文のケースは連立方程式で解いても短時間で解ける．

【解答】

正規方程式は，

$$\begin{pmatrix} 1 & \overline{x_1} & \overline{x_2} \\ \overline{x_1} & \overline{x_1^2} & \overline{x_1x_2} \\ \overline{x_2} & \overline{x_1x_2} & \overline{x_2^2} \end{pmatrix}\begin{pmatrix} \hat{\alpha} \\ \hat{\beta}_1 \\ \hat{\beta}_2 \end{pmatrix}=\begin{pmatrix} \overline{y} \\ \overline{x_1y} \\ \overline{x_2y} \end{pmatrix}$$

である．両辺に組数5を乗じておけば，与えられた計算結果をそのまま代入できる．すなわち，

$$\begin{pmatrix} 5 & 4 & 5 \\ 4 & 4 & 3 \\ 5 & 3 & 5 \end{pmatrix}\begin{pmatrix} \hat{\alpha} \\ \hat{\beta}_1 \\ \hat{\beta}_2 \end{pmatrix}=\begin{pmatrix} 18 \\ 12 \\ 16 \end{pmatrix}$$

となる．クラーメルの公式より，

$$\hat{\alpha}=\begin{vmatrix} 18 & 4 & 5 \\ 12 & 4 & 3 \\ 16 & 3 & 5 \end{vmatrix}\Bigg/\begin{vmatrix} 5 & 4 & 5 \\ 4 & 4 & 3 \\ 5 & 3 & 5 \end{vmatrix}=-\frac{10}{5}=-2 \quad (答)$$

$$\hat{\beta}_1=\begin{vmatrix} 5 & 18 & 5 \\ 4 & 12 & 3 \\ 5 & 16 & 5 \end{vmatrix}\Bigg/\begin{vmatrix} 5 & 4 & 5 \\ 4 & 4 & 3 \\ 5 & 3 & 5 \end{vmatrix}=2 \quad (答)$$

$$\hat{\beta}_2=\begin{vmatrix} 5 & 4 & 18 \\ 4 & 4 & 12 \\ 5 & 3 & 16 \end{vmatrix}\Bigg/\begin{vmatrix} 5 & 4 & 5 \\ 4 & 4 & 3 \\ 5 & 3 & 5 \end{vmatrix}=4 \quad (答)$$

【補足1：3 × 3行列の行列式の計算】

たとえば，行列 $\begin{pmatrix} 5 & 4 & 5 \\ 4 & 4 & 3 \\ 5 & 3 & 5 \end{pmatrix}$ の行列式 $\begin{vmatrix} 5 & 4 & 5 \\ 4 & 4 & 3 \\ 5 & 3 & 5 \end{vmatrix}$ を，サラス展開により計算する方法を紹介する．

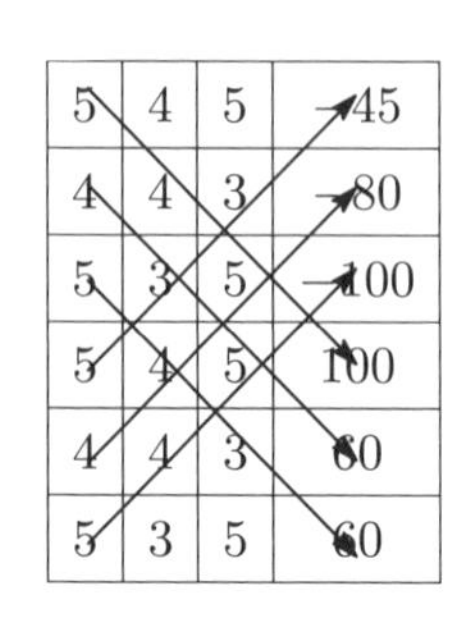

5	4	5	−45
4	4	3	−80
5	3	5	−100
5	4	5	100
4	4	3	60
5	3	5	60

1. 行列の数値を，右表のように2段書く．
2. 右下に向けて3個の数値の積をとり，$5 \cdot 4 \cdot 5 = 100$，$4 \cdot 3 \cdot 5 = 60$，$5 \cdot 4 \cdot 3 = 60$ を4列目の4行目から下に記入する．
3. 右上に向けて3個の数値の積をとり，$5 \cdot 4 \cdot 5 = 100$，$4 \cdot 4 \cdot 5 = 80$，$5 \cdot 3 \cdot 3 = 45$ のそれぞれにマイナス (−) を付して4列目の3行目から上に記入する．
4. 4列目の数値の和が求める行列式の値．すなわち，

$$\begin{vmatrix} 5 & 4 & 5 \\ 4 & 4 & 3 \\ 5 & 3 & 5 \end{vmatrix} = -45-80-100+100+60+60 = -5$$

【補足2：連立方程式で解く場合】

連立方程式で解く場合は，下記の正規方程式

$$\begin{pmatrix} 5 & 4 & 5 \\ 4 & 4 & 3 \\ 5 & 3 & 5 \end{pmatrix} \begin{pmatrix} \hat{\alpha} \\ \hat{\beta}_1 \\ \hat{\beta}_2 \end{pmatrix} = \begin{pmatrix} 18 \\ 12 \\ 16 \end{pmatrix}$$

から，以下のように連立方程式を立てて解けば良い．

$$\begin{cases} 5\hat{\alpha} + 4\hat{\beta}_1 + 5\hat{\beta}_2 = 18 \\ 4\hat{\alpha} + 4\hat{\beta}_1 + 3\hat{\beta}_2 = 12 \\ 5\hat{\alpha} + 3\hat{\beta}_1 + 5\hat{\beta}_2 = 16 \end{cases}$$

なお，係数の桁数が大きいときや小数点以下の数字が出るようなときはクラーメルの公式で解いたほうが一般に早く解ける場合が多いと思われる．

問題 10.2 以下の表のように与えられている (x, y) のデータを用いて，次の (1)〜(3) の問に答えよ．なお，数値は小数点以下第 4 位を四捨五入のうえ答えよ．

x	1	2	3	4	5	6	7	8	9	10
y	14	6	9	10	12	15	16	17	19	23

(1) 最小二乗法により $y = \alpha + \beta x$ に線形回帰したときの α および β の推定値 $\hat{\alpha}$ および $\hat{\beta}$ をそれぞれ求めよ．

(2) 有意水準 5% で次の検定を行え．

（ア） $H_0 : \beta = 1.50, \quad H_1 : \beta < 1.50$

（イ） $H_0 : \alpha = 6.00, \quad H_1 : \alpha \neq 6.00$

(3) (1) で推定した回帰式を用い，説明変数につき $x_{n+1} = 13.0$ として 非説明変数の予測量 $\hat{Y}_{n+1}$ を点予測せよ．また Y_{n+1} を信頼係数 95% で区間予測せよ．

■ MAH's check

- (1) は $\hat{\alpha}$ および $\hat{\beta}$ の典型的な問題であり，$\bar{x}, \bar{y}$ などのパーツを瞬時に計算して公式に当てはめて解くのみ．電卓もしっかり使いこなす必要もある．
- (2), (3) は 2022 年度までの試験で出題されたことがないが，出てもおかしくない問題．アクチュアリー試験「数学」に合格するためには過去問のみだけでは足りず，未出分野の対策も必要．モデリングについては，[モデリング教科書]，[モデリング問題集] 収録の問題をしっかり解いておこう．

【解答】

x および y の標本平均をそれぞれ $\bar{x}$ および $\bar{y}$，標本分散をそれぞれ s_x^2 および s_y^2，x と y の標本相関係数を r_{xy}，標本共分散を s_{xy} とおく．

(1)　回帰式は，

$$\frac{y-\bar{y}}{s_y}=r_{xy}\frac{x-\bar{x}}{s_x}$$

で求められる．$r_{xy}=\dfrac{s_{xy}}{s_x\cdot s_y}$ を代入して変形すると，

$$y=\underbrace{\left(-\frac{s_{xy}}{s_x^2}\bar{x}+\bar{y}\right)}_{\hat{\alpha}}+\underbrace{\frac{s_{xy}}{s_x^2}}_{\hat{\beta}}x$$

$\bar{x}=5.5,\quad s_x^2=8.25,\quad \bar{y}=14.1$ および $s_{xy}=11.65$ の計算結果を代入して，

$$\hat{\alpha}\approx 6.333,\qquad \hat{\beta}\approx 1.412\quad (答)$$

(2)　この回帰における誤差項の分散の推定値 $\hat{\sigma}^2$ は

$$\begin{aligned}\hat{\sigma}^2&=\frac{10}{10-2}\left(1-r_{xy}^2\right)s_y^2\\&\approx 8.037\quad \left(s_y^2=22.89,\ r_{xy}\approx 0.848\right)\end{aligned}$$

（ア）　$H_0:\beta=1.50$ で，自由度 $10-2$ の t 分布 $t(8)$ に従う統計量の実現値 t_0 について

$$t_0=\frac{\hat{\beta}-1.5}{\sqrt{\frac{\hat{\sigma}^2}{10s_x^2}}}\approx -0.282>-t_8(0.05)=-1.8595$$

よって，H_0 は採択される．　（答）

（イ）　$H_0:\alpha=6.00$ のもとで，$t(8)$ に従う統計量の実現値 t_0' については，

$$\left|t_0'\right| = \left|\frac{\hat{\alpha}-6}{\sqrt{\hat{\sigma}^2\left(\frac{1}{10}+\frac{\bar{x}^2}{10s_x^2}\right)}}\right| \approx 0.172$$

$$< \underbrace{t_8(0.025)}_{2.306}$$

よって，H_0 は採択される．　(答)

(3)　求める $\hat{Y}_{n+1}$ は，

$$\hat{Y}_{n+1} = 6.333 + 1.412 \cdot 13 = 24.689 \quad \text{(答)}$$

また，$t(8)$ に従う統計量の実現値 t を，

$$t = \frac{Y_{n+1} - \hat{Y}_{n+1}}{\sqrt{\hat{\sigma}^2\left\{1+\frac{1}{10}+\frac{(x_{n+1}-\bar{x})^2}{10s_x^2}\right\}}}$$

とし，t が閉区間 $[-t_8(0.025), t_8(0.025)]$ に属するとして，

$$-2.306 \le \frac{Y_{n+1} - 24.689}{\sqrt{8.037\left\{1+\frac{1}{10}+\frac{(13-5.5)^2}{10\cdot 8.25}\right\}}} \le 2.306$$

この不等式を解いて，

$$15.963 \le Y_{n+1} \le 33.415 \quad \text{(答)}$$

10.2　時系列解析系

問題 10.3　次の $AR(2)$ モデルについて，(1), (2) の問に答えよ．

$$Y_t = 2.0 + 0.4Y_{t-1} - 0.03Y_{t-2} + \varepsilon_t, \qquad t = 0, 1, 2, \ldots$$

ただし誤差項 ε_t は，$Y_{t-1}, Y_{t-2}, \ldots$ および $\varepsilon_{t-1}, \varepsilon_{t-2}, \ldots$ と互いに独立であり，$E(\varepsilon_t) = 0$,　$V(\varepsilon_t) = 0.49$ で，t に依存せず同じ確率分布に従う．

(1)　この $AR(2)$ モデルの分散 γ_0 の値および時差 1, 2 の自己共分散 γ_1, γ_2 の値を，小数点以下第 4 位を四捨五入のうえそれぞれ求めよ．

(2)　この $AR(2)$ モデルを $MA(\infty)$ 表現 ($Y_t = \mu + \xi_0\varepsilon_t + \xi_1\varepsilon_{t-1} + \xi_2\varepsilon_{t-2} + \cdots$) したときの μ の値を，小数点以下第 4 位を四捨五入のうえ求めよ．また $\xi_i\ (i = 0, 1, 2, \ldots)$ を求めよ．

■ **MAH's check**

- 時系列解析は奥が深く，理解していくには時間がかかるが，問題を解けるようになることだけを考えれば，定常性・反転可能性・識別可能性などの条件を確認して公式を適用する，ということに尽きる．
- AR モデル，MA モデルなど既出のモデルを押さえておくとともに，[モデリング教科書], [モデリング問題集] で未出のモデルもしっかりと準備しよう．
- $MA(\infty)$ 表現の手法を覚えて解けるようにしておく．

【解答】

$AR(2)$ モデル $Y_t = \phi_0 + \phi_1 Y_{t-1} + \phi_2 Y_{t-2} + \varepsilon_t$ が定常であるための必要十分条件は，その特性方程式 $1 - \phi_1 x - \phi_2 x^2 = 0$ (x は未知数) の解の絶対値がすべて 1 を超えることである．その条件を満たすパラメータの組 (ϕ_1, ϕ_2) の集合は，次図の座標平面内の斜線部の領域で表される．

$(\phi_1, \phi_2) = (0.4, -0.03)$ の点はこの領域に属するので，この $AR(2)$ モデルは定常である．

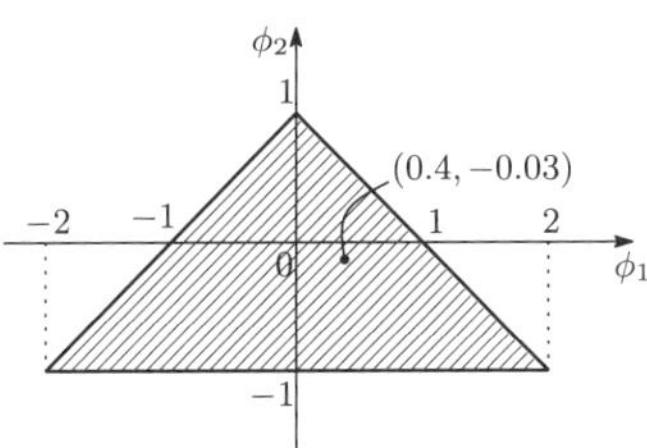

(1) 定常性により

$$\gamma_0 = Cov(Y_t, Y_t)$$
$$= Cov(2.0 + 0.4Y_{t-1} - 0.03Y_{t-2} + \varepsilon_t, Y_t)$$
$$= 0.4Cov(Y_{t-1}, Y_t) - 0.03Cov(Y_{t-2}, Y_t) + Cov(\varepsilon_t, Y_t)$$
$$= 0.4\gamma_1 - 0.03\gamma_2 + 0.49 \qquad \cdots ①$$

$$\gamma_1 = Cov(Y_t, Y_{t-1})$$
$$= Cov(2.0 + 0.4Y_{t-1} - 0.03Y_{t-2} + \varepsilon_t, Y_{t-1})$$
$$= 0.4Cov(Y_{t-1}, Y_{t-1}) - 0.03Cov(Y_{t-2}, Y_{t-1}) + \underbrace{Cov(\varepsilon_t, Y_{t-1})}_{0}$$
$$= 0.4\gamma_0 - 0.03\gamma_1 \qquad \cdots ②$$

$$\gamma_2 = Cov(Y_t, Y_{t-2})$$
$$= Cov(2.0 + 0.4Y_{t-1} - 0.03Y_{t-2} + \varepsilon_t, Y_{t-2})$$
$$= 0.4Cov(Y_{t-1}, Y_{t-2}) - 0.03Cov(Y_{t-2}, Y_{t-2}) + \underbrace{Cov(\varepsilon_t, Y_{t-2})}_{0}$$
$$= 0.4\gamma_1 - 0.03\gamma_0 \qquad \cdots ③$$

①かつ②かつ③の連立方程式を解いて

$$\gamma_0 \approx 0.578, \quad \gamma_1 \approx 0.224, \quad \gamma_2 \approx 0.072 \quad \text{(答)}$$

(2) $MA(\infty)$ 表現の期待値をとると，$E(\varepsilon_t) = 0$ なので，

$$E(Y_t) = \mu$$

よって，定常性により，

$$\mu = 2.0 + 0.4\mu - 0.03\mu, \qquad \mu \approx 3.175 \quad \text{(答)}$$

また，

$$Y_t = 2.0 + 0.4Y_{t-1} - 0.03Y_{t-2} + \varepsilon_t \quad \cdots ④$$

$$= \mu + \xi_0\varepsilon_t + \xi_1\varepsilon_{t-1} + \xi_2\varepsilon_{t-2} + \xi_3\varepsilon_{t-3} + \cdots \quad \cdots ⑤$$

④に，Y_{t-1}, Y_{t-2} の $MA(\infty)$ 表現

$$Y_{t-1} = \mu + \xi_0\varepsilon_{t-1} + \xi_1\varepsilon_{t-2} + \xi_2\varepsilon_{t-3} + \cdots$$

$$Y_{t-2} = \mu + \xi_0\varepsilon_{t-2} + \xi_1\varepsilon_{t-3} + \xi_2\varepsilon_{t-4} + \cdots$$

を代入すると，

$$Y_t = \mu + \varepsilon_t + 0.4\xi_0\varepsilon_{t-1} + (0.4\xi_1 - 0.03\xi_0)\varepsilon_{t-2}$$

$$+ (0.4\xi_2 - 0.03\xi_1)\varepsilon_{t-3} + \cdots \quad \cdots ⑥$$

⑤と⑥の係数の関係から，

$$\xi_0 = 1, \quad \xi_1 = 0.4, \quad \xi_i = 0.4\xi_{i-1} - 0.03\xi_{i-2} \quad (i \geq 2)$$

特性方程式 $t^2 - 0.4t + 0.03 = 0$ を解くと，$t = 0.1, 0.3$ なので，

$$\xi_i = 0.3^{i+1}C + 0.1^{i+1}D$$

とおいて，

$$\begin{cases} \xi_0 = 0.3C + 0.1D \\ \xi_1 = 0.3^2C + 0.1^2D \end{cases}$$

$\xi_0 = 1$, $\xi_1 = 0.4$ に注意してこれを解くと，$C = 5$，$D = -5$ より，

$$\xi_i = 5\left(0.3^{i+1} - 0.1^{i+1}\right), \quad i = 0, 1, 2, \ldots \ (i = 0, 1 \text{ でも成立}) \quad \text{(答)}$$

【補足】

[合タク] 下巻には，本問の類題が掲載されている．瞬時に $AR(2)$ の $MA(\infty)$ 表現を求める手法を紹介しているので，ぜひ参照してほしい．

問題 10.4 定常である $AR(1)$ モデル $Y_t = \phi_0 + \phi_1 Y_{t-1} + \varepsilon_t$ に従っていると考えられる $\{y_t\}_{t=1}^{6}$ が下表のとおり与えられている．

t	1	2	3	4	5	6
y_t	3	3	3	4	4	4

この場合において，次の (1),(2) の問に答えよ．

(1) 最小 2 乗法によりパラメータ ϕ_0, ϕ_1 を推定するときの推定値 $\hat{\phi_0}$ および推定値 $\hat{\phi_1}$ を求めよ．なお，$\hat{\phi_0}$ と $\hat{\phi_1}$ がともに求められるまでは小数点以下 4 桁以上をもって計算するものとし，各推定値は小数点以下第 3 位を四捨五入のうえ答えること．

(2) 標本自己相関からパラメータ ϕ_0, ϕ_1 を推定するときの推定値 $\tilde{\phi_0}$ および推定値 $\tilde{\phi_1}$ を，それぞれ求めよ．

■ **MAH's check**

- $AR(1)$ モデルのパラメータを回帰分析の手法で推定するという問題．計算量は多いがそう難しくはないのでしっかり練習しておこう．

公式［$AR(1)$ のパラメータの最小 2 乗推定］

$Y_t = \phi_0 + \phi_1 Y_{t-1} + \varepsilon_t$ のパラメータ ϕ_0, ϕ_1 を推定したい．標本値として $\{y_t\}_{t=1}^{n}$ が与えられているとき，ϕ_0, ϕ_1 の最小 2 乗推定値をそれぞれ $\hat{\phi}_0, \hat{\phi}_1$ とおくと，

$$\overline{y_t} = \frac{1}{n-1} \sum_{t=2}^{n} y_t$$

として，

$$\hat{\phi}_1 = \frac{\overline{y_{t-1} \cdot y_t} - \overline{y_{t-1}} \cdot \overline{y_t}}{\overline{y_{t-1}^2} - \overline{y_{t-1}}^2}, \qquad \hat{\phi}_2 = \overline{y_t} - \hat{\phi}_1 \overline{y_{t-1}}$$

公式［$AR(1)$ の特性値］

$AR(1): Y_t = \phi_0 + \phi_1 Y_{t-1} + \varepsilon_t \ \left(V(\varepsilon_t) = \sigma^2\right)$ が定常性をもち，$-1 < \phi_1 < 1$ であるとき，$\mu = E(Y_t)$，$\gamma_h = Cov(Y_t, Y_{t-h})$，$\rho_h = \dfrac{\gamma_h}{\gamma_0}$ $(h = 0, \pm 1, \pm 2, \ldots)$ とおくと，

$$\mu = \frac{\phi_0}{1-\phi_1}$$

$$\gamma_0 = \frac{\sigma^2}{1-\phi_1^2}, \qquad \gamma_1 = \frac{\phi_1 \sigma^2}{1-\phi_1^2}, \qquad \gamma_h = \frac{\phi_1^{|h|}\sigma^2}{1-\phi_1^2}$$

$$\rho_h = \phi_1^{|h|}$$

公式［標本自己共分散・標本自己相関］

時系列モデル Y_t の標本値として標本値として $\{y_t\}_{t=1}^{n}$ が与えられているとき，時差 h の標本自己共分散 $\hat{\gamma}_h$，標本自己相関 $\hat{\rho}_h$ はそれぞれ，

$$\hat{\gamma}_h = \frac{\sum_{t=h+1}^{n} (y_t - \overline{y})(y_{t-h} - \overline{y})}{n}$$

$$\hat{\rho}_h = \frac{\sum_{t=h+1}^{n} (y_t - \overline{y})(y_{t-h} - \overline{y})}{\sum_{t=1}^{n} (y_t - \overline{y})^2}$$

【解答】

y_{t-1} と y_t との対応が見やすいよう，表に行を追加しておく．

t	1	2	3	4	5	6
y_{t-1}		3	3	3	4	4
y_t	3	3	3	4	4	4

(1) 最小2乗法により推定するとき

$\overline{y_t} = \dfrac{1}{5}\sum_{t=2}^{6} y_t = 3.6$ として，

$$\hat{\phi}_1 = \frac{\overline{y_{t-1}\cdot y_t} - \overline{y_{t-1}}\cdot\overline{y_t}}{\overline{y_{t-1}^2} - \overline{y_{t-1}}^2} = \frac{12.4-3.4\times 3.6}{11.8-3.4^2} = 0.6666\cdots \approx 0.67 \quad \text{(答)}$$

$$\hat{\phi}_2 = \overline{y_t} - \hat{\phi}_1\overline{y_{t-1}} = 3.6-0.6666\cdots\times 3.4 = 1.3333\cdots \approx 1.33 \quad \text{(答)}$$

(2) 標本自己相関から（モーメント法の考え方で）推定するとき

ϕ_1 が $AR(1)$ の時差1の自己相関 ρ_1 に等しいので，$\{y_t\}_{t=1}^{6}$ から時差1の標本自己相関 $\hat{\rho}_1$ を計算し，その値をもって ϕ_1 の推定値 $\tilde{\phi}_1$ とする．

$\overline{y} = \dfrac{1}{6}\sum_{t=1}^{6} y_t = 3.5$ として，$\hat{\rho}_1$ は，

$$\hat{\rho}_1 = \frac{\sum_{t=2}^{6}(y_t-\overline{y})(y_{t-1}-\overline{y})}{\sum_{t=1}^{6}(y_t-\overline{y})^2} = 0.5$$

なので，

$$\tilde{\phi}_1 = 0.5 \quad \text{(答)}$$

また $\overline{y}$ が $\{Y_t\}$ の平均 $\mu = \dfrac{\phi_0}{1-\phi_1}$ に一致するとして，

$$\frac{\tilde{\phi}_0}{1-0.5} = 3.5$$

$$\tilde{\phi}_0 = 1.75 \quad \text{(答)}$$

問題 10.5　時系列データ $\{y_t\}_{t=1}^{5}$ が次の表の通り与えられている．

t	1	2	3	4	5
y_t	19	18	17	20	19

このデータが識別可能な $MA(1)$ モデル $Y_t = \theta_0 + \varepsilon_t - \theta_1 \varepsilon_{t-1}$ $(E(\varepsilon_t) = 0,\ V(\varepsilon_t) = \sigma^2)$ に従っているとし，データから得られる標本の特性値を用いて θ_0 および θ_1 の推定値 $\hat{\theta}_0$ および $\hat{\theta}_1$ を，小数点以下第5位を四捨五入のうえそれぞれ求めよ．

■ **MAH's check**

- 時系列データから標本自己相関を求め，自己相関と比較してパラメータを求める問題．

【解答】

$E(Y_t)$ は，

$$E(Y_t) = \theta_0$$

であり，これが標本平均 $\bar{y}$ に一致するとして $\hat{\theta}_0$ は，

$$\hat{\theta}_0 = \bar{y} = 18.6000 \quad (答)$$

次に，時差1の自己相関 ρ_1 は，

$$\rho_1 = \frac{-\theta_1}{1+\theta_1^2}$$

一方，時差1の標本自己相関 $\hat{\rho}_1$ は，

$$\hat{\rho}_1 = \frac{\sum_{t=2}^{5}(y_t - \bar{y})(y_{t-1} - \bar{y})}{\sum_{t=1}^{5}(y_t - \bar{y})^2} = -\frac{12}{65}$$

同様に，これが $\rho_1 = -\dfrac{\theta_1}{1+\theta_1^2}$ に一致するとして，

$$-\frac{12}{65} = -\frac{\theta_1}{1+\theta_1^2}$$

という θ_1 の 2 次方程式を解くと，$\theta_1 \approx 0.1914$，5.2253 となる．

識別可能性により，$|1/\theta_1| \geq 1$ を満たす方を $\hat{\theta}_1$ とするから，

$$\hat{\theta}_1 \approx 0.1914 \quad （答）$$

問題 10.6　次の $MA(2)$ モデルについて，$\{Y_t\}$ の時差 1，2 の自己相関 ρ_1, ρ_2 の値を，小数点以下第 4 位を四捨五入のうえそれぞれ求めよ．

$$Y_t = 1.0 + \varepsilon_t - 0.7\varepsilon_{t-1} - 0.1\varepsilon_{t-2}$$

ただし，誤差項 ε_t は，$Y_{t-1}, Y_{t-2}, \ldots$ および $\varepsilon_{t-1}, \varepsilon_{t-2}, \ldots$ と互いに独立であり，$E(\varepsilon_t) = 0$，$V(\varepsilon_t) = 0.5$ で t に依存せず同じ確率分布に従う．

■ MAH's check

- $MA(2)$ の公式で解く問題．
- 自己相関が与えられて，パラメータを求めさせる問題など，バリエーションがあるが，[モデリング教科書] や [モデリング問題集] でしっかり練習しよう．

【解答】

求める ρ_1, ρ_2 は，

$$\rho_1 = \frac{\gamma_1}{\gamma_0} = \frac{0.5(-0.7 + 0.7 \cdot 0.1)}{0.5(1 + 0.7^2 + 0.1^2)} = -0.420 \quad (\text{答})$$

$$\rho_2 = \frac{\gamma_2}{\gamma_0} = \frac{0.5(-0.1)}{0.5(1 + 0.7^2 + 0.1^2)} \approx -0.067 \quad (\text{答})$$

問題 10.7 $AR(2)$ モデル $Y_t = 0.8 + 0.2Y_{t-1} + 0.5Y_{t-2} + \varepsilon_t$ について，偏自己相関 ϕ_{11}, ϕ_{22} および ϕ_{33} の値をそれぞれ求めよ．ただし，$E(\varepsilon_t) = 0$ とする．

■ **MAH's check**

- 偏自己相関は教科書を読んでもなかなか理解しがたいが，与えられた問題を手法どおりに解くことはできる．
- 本問のような $AR(2)$ モデルに加えて $MA(2)$ も解けるように準備しておこう．

【解答】

時差 1，2，3 の自己相関 ρ_1，ρ_2，ρ_3 はそれぞれ，

$$\rho_1 = \frac{0.2}{1-0.5} = 0.4$$

$$\rho_2 = \frac{0.2^2}{1-0.5} + 0.5 = 0.58$$

$$\rho_3 = 0.2 \cdot 0.58 + 0.5 \cdot 0.4 = 0.316$$

これらを用いて，偏自己相関をそれぞれ求めると，

$$\phi_{11} = \rho_1 = 0.4 \quad (\text{答})$$

また，ϕ_{22} は，

$$\begin{pmatrix} 1 & \rho_1 \\ \rho_1 & 1 \end{pmatrix} \begin{pmatrix} \phi_{21} \\ \phi_{22} \end{pmatrix} = \begin{pmatrix} \rho_1 \\ \rho_2 \end{pmatrix}$$

$$\begin{pmatrix} \phi_{21} \\ \phi_{22} \end{pmatrix} = \begin{pmatrix} 1 & \rho_1 \\ \rho_1 & 1 \end{pmatrix}^{-1} \begin{pmatrix} \rho_1 \\ \rho_2 \end{pmatrix}$$

$$= \frac{1}{1-\rho_1^2} \begin{pmatrix} 1 & -\rho_1 \\ -\rho_1 & 1 \end{pmatrix} \begin{pmatrix} \rho_1 \\ \rho_2 \end{pmatrix}$$

$$\approx \begin{pmatrix} 0.2 \\ 0.5 \end{pmatrix}$$

$$\phi_{22} \approx 0.5 \quad (答)$$

ϕ_{33} は，

$$\begin{pmatrix} 1 & \rho_1 & \rho_2 \\ \rho_1 & 1 & \rho_1 \\ \rho_2 & \rho_1 & 1 \end{pmatrix} \begin{pmatrix} \phi_{31} \\ \phi_{32} \\ \phi_{33} \end{pmatrix} = \begin{pmatrix} \rho_1 \\ \rho_2 \\ \rho_3 \end{pmatrix}$$

クラーメルの公式より，

$$\phi_{33} = \begin{vmatrix} 1 & \rho_1 & \rho_1 \\ \rho_1 & 1 & \rho_2 \\ \rho_2 & \rho_1 & \rho_3 \end{vmatrix} \Bigg/ \begin{vmatrix} 1 & \rho_1 & \rho_2 \\ \rho_1 & 1 & \rho_1 \\ \rho_2 & \rho_1 & 1 \end{vmatrix}$$

$$= 0 \quad (答)$$

【補足】

ϕ_{33} は，ϕ_{22} を求めるときと同じように，左から逆行列を乗じて，ϕ_{33} の成分を求めることもできる．しかし，3×3 の逆行列計算は煩雑で，計算ミスの元になりがちである．

あと，偏自己相関の意味を軽く説明しておこう．時差 h の偏自己相関は，h 時点前との相関のうち，間の時点からの影響を取り除いた実質的な相関である．従って，時差1の偏自己相関は，間の時点がないので時差1の自己相関である．また，$AR(p)$ について，$h \geq p+1$ のときの時差 h の偏自己相関は0である．

問題 10.8　定常 $ARMA(1,1)$ モデル

$$Y_t = \frac{1}{4}Y_{t-1} - \frac{1}{3}\varepsilon_{t-1} + \varepsilon_t \quad (\varepsilon_t \sim N(0, 3^2))$$

において，$\{Y_t\}$ の分散の値 γ_0 の値を求めよ．また $h \geq 1$ として，$\{Y_t\}$ に関する時差 h の自己共分散 γ_h を，h を用いて表わせ．なお誤差項の確率変数 ε_t は，各時点間で互いに独立であるとする．

■ **MAH's check**

- 公式はあるが，公式の導出自体ができるように準備をすると，大問で出題されたときに対応力がついてくる．

【解答】

この $ARMA$ モデルの式で，時刻のパラメータ t における確率変数を左辺に，$t-1$ における確率変数を右辺に集める．

$$Y_t - \varepsilon_t = \frac{1}{4}Y_{t-1} - \frac{1}{3}\varepsilon_{t-1}$$

両辺の分散をとると，

$$V(Y_t - \varepsilon_t) = V\left(\frac{1}{4}Y_{t-1} - \frac{1}{3}\varepsilon_{t-1}\right)$$

$$V(Y_t) - 2Cov(Y_t, \varepsilon_t) + V(\varepsilon_t)$$

$$= \frac{1}{16}V(Y_{t-1}) - \frac{1}{6}Cov(Y_{t-1}, \varepsilon_{t-1}) + \frac{1}{9}V(\varepsilon_{t-1}) \qquad (*1)$$

ここで，

$$Cov(Y_t, \varepsilon_t) = Cov\left(\frac{1}{4}Y_{t-1} - \frac{1}{3}\varepsilon_{t-1} + \varepsilon_t,\ \varepsilon_t\right)$$

ε_t は，$Y_{t-1}, \varepsilon_{t-1}$ と互いに独立なので，

$$Cov(Y_t, \varepsilon_t) = V(\varepsilon_t) = 9 \qquad (*2)$$

定常性より，

$$V(\varepsilon_t)=V(\varepsilon_{t-1})=Cov(Y_{t-1},\varepsilon_{t-1})=Cov(Y_t,\varepsilon_t)=9 \qquad (*3)$$

$\gamma_0=V(Y_t)=V(Y_{t-1})$ であり，$(*2)$ と $(*3)$ を $(*1)$ に代入して，

$$\gamma_0-2\cdot 9+9=\frac{1}{16}\gamma_0-\frac{1}{6}\cdot 9+\frac{1}{9}\cdot 9$$

$$\gamma_0=\frac{136}{15} \quad \text{(答)}$$

また，

$$\begin{aligned}\gamma_1&=Cov\left(\frac{1}{4}Y_{t-1}-\frac{1}{3}\varepsilon_{t-1}+\varepsilon_t,\ Y_{t-1}\right)\\&=\frac{1}{4}\gamma_0-\frac{1}{3}\cdot 9 \quad ((*3)\text{ を代入})\\&=-\frac{11}{15}\end{aligned}$$

$h\geq 2$ とすれば，

$$\begin{aligned}\gamma_h&=Cov\left(\frac{1}{4}Y_{t-1}-\frac{1}{3}\varepsilon_{t-1}+\varepsilon_t,\ Y_{t-h}\right)\\&=\frac{1}{4}\gamma_{t-1-(t-h)}=\frac{1}{4}\gamma_{h-1}\end{aligned}$$

よって，$\{\gamma_h\}$ は初項 $-\frac{11}{15}$，公比 $\frac{1}{4}$ の等比数列なので，

$$\gamma_h=-\frac{11}{15}\left(\frac{1}{4}\right)^{h-1}, \qquad h=1,2,\dots \quad \text{(答)}$$

問題 10.9　ラグ作用素 L を用いて, 次の (1),(2) の時系列モデルの $MA(\infty)$ 表現を求めよ.

(1)　定常 $AR(2)$ モデル：$Y_t = 2 + \frac{5}{6}Y_{t-1} - \frac{1}{6}Y_{t-2} + \varepsilon_t$

(2)　定常 $ARMA(1,1)$ モデル：$Y_t = 2 + \frac{1}{3}Y_{t-1} - \frac{1}{4}\varepsilon_{t-1} + \varepsilon_t$

■ **MAH's check**

- ラグ作用素は，時系列モデルにおける議論においては非常に便利なツールであり，この機会にしっかりと使い方をマスターしよう．

公式 ［ラグ作用素］

時刻 t をパラメータとして持つ確率変数の時刻を 1 つ前に戻す作用素をラグ作用素といい，L で表す．ラグオペレーターともいう．

- $LY_t = Y_{t-1}$ となる．時刻 t をパラメータとして持つ確率変数に L^2 を乗じると，t の時刻が 2 減る．したがって，$L^2Y_5 = Y_3$ となる．
- 時刻 t をパラメータとして持つ確率変数に乗じれば時刻が 1 つ戻るが，定数にかけたときは，何も変わらない．したがって，$L\cdot 5 = 5$ となり，$L^3\cdot 2 = 2$ となる．
- $L^i\cdot Y_t = Y_{t-i}$ として L を消去することができる．

【解答】

(1)　この $AR(2)$ モデルは定常なので，$\mu = E(Y_t)$ とおくと，
$\mu = 2 + \frac{5}{6}\mu - \frac{1}{6}\mu$ より $\mu = 6$ なので

$$Y_t - 6 = \frac{5}{6}Y_{t-1} - \frac{1}{6}Y_{t-2} - 4 + \varepsilon_t$$

L を用いて表す．$5L = 5$,　$L^2\cdot 1 = 1$ なので,

$$Y_t-6=\frac{5}{6}LY_t-5L-\frac{1}{6}L^2Y_t+L^2+\varepsilon_t$$
$$=\frac{5}{6}L(Y_t-6)-\frac{1}{6}L^2(Y_t-6)+\varepsilon_t$$
$$(Y_t-6)\left(1-\frac{5}{6}L+\frac{1}{6}L^2\right)=\varepsilon_t$$
$$Y_t-6=\frac{\varepsilon_t}{\left(1-\frac{1}{2}L\right)\left(1-\frac{1}{3}L\right)}$$
$$=\left(\frac{3}{1-\frac{1}{2}L}-\frac{2}{1-\frac{1}{3}L}\right)\varepsilon_t$$
$$=\left\{\sum_{i=0}^{\infty}3\left(\frac{1}{2}L\right)^i-\sum_{i=0}^{\infty}2\left(\frac{1}{3}L\right)^i\right\}\varepsilon_t$$
$$=\sum_{i=0}^{\infty}3\cdot\frac{1}{2^i}\varepsilon_{t-i}-\sum_{i=0}^{\infty}2\cdot\frac{1}{3^i}\varepsilon_{t-i}$$
$$Y_t=6+\sum_{i=0}^{\infty}\left(3\cdot\frac{1}{2^i}-2\cdot\frac{1}{3^i}\right)\varepsilon_{t-i}\quad\text{（答）}$$

(2)　同様に $\mu=E(Y_t)$ とおくと，$\mu=2+\frac{1}{3}\mu$ より $\mu=3$ なので

$$Y_t-3=\frac{1}{3}(Y_{t-1}-3)-\frac{1}{4}\varepsilon_{t-1}+\varepsilon_t$$

L を用いて表す．$3L=3$ なので，

$$Y_t-3=\frac{1}{3}(LY_t-3L)-\frac{1}{4}\varepsilon_{t-1}+\varepsilon_t$$
$$=\frac{1}{3}L(Y_t-3)-\frac{1}{4}\varepsilon_{t-1}+\varepsilon_t$$
$$(Y_t-3)\left(1-\frac{1}{3}L\right)=-\frac{1}{4}\varepsilon_{t-1}+\varepsilon_t$$
$$Y_t-3=\frac{-\frac{1}{4}\varepsilon_{t-1}+\varepsilon_t}{1-\frac{1}{3}L}$$
$$=\sum_{i=0}^{\infty}\left(\frac{1}{3}L\right)^i\left(-\frac{1}{4}\varepsilon_{t-1}+\varepsilon_t\right)$$
$$=-\frac{1}{4}\sum_{i=1}^{\infty}\left(\frac{1}{3}\right)^{i-1}L^{i-1}\varepsilon_{t-1}+\sum_{i=0}^{\infty}\left(\frac{1}{3}\right)^iL^i\varepsilon_t$$

$$= -\frac{3}{4}\sum_{i=1}^{\infty}\left(\frac{1}{3}\right)^i \varepsilon_{t-i} + \varepsilon_t + \sum_{i=1}^{\infty}\left(\frac{1}{3}\right)^i \varepsilon_{t-i}$$

$$= \varepsilon_t + \sum_{i=1}^{\infty}\frac{1}{4}\left(\frac{1}{3}\right)^i \varepsilon_{t-i}$$

$$Y_t = 3 + \varepsilon_t + \sum_{i=1}^{\infty}\frac{1}{4}\cdot\frac{1}{3^i}\varepsilon_{t-i} \quad (答)$$

【補足】

[モデリング問題集] 練習問題 2.17，2.18 から引用させていただいた．

$$\frac{1}{\left(1-\frac{1}{2}L\right)\left(1-\frac{1}{3}L\right)} = \left(\frac{3}{1-\frac{1}{2}L} - \frac{2}{1-\frac{1}{3}L}\right)$$

は，部分分数分解を用いる．例えば，次のように簡単な式を使って思い出そう．$kb - la = 1$ となるような k, l を考えるとよい．

$$\frac{1}{ab} = \frac{k}{a} - \frac{l}{b} = \frac{kb - la}{ab}$$

また，

$$\frac{1}{1-\frac{1}{2}L} = \sum_{i=0}^{\infty}\left(\frac{1}{2}L\right)^i$$

は，公式 (4.14)

$$\sum_{k=0}^{\infty} x^k = \frac{1}{1-x}$$

を利用する．縦横無尽に公式を使いこなして問題を解いていこう．

10.3　確率過程系

問題 10.10　標準ブラウン運動 $\{W_t\}$ に対して, $E(W_t^5)$, $E(W_t^6)$, $E(e^{\alpha W_t})$, $E(W_t e^{W_t})$ および $E(W_s^2 W_t^2)$ $(t>s)$ をそれぞれ求めよ.

■ MAH's check

- 確率過程は初学者にとってさらに難しい．そこで確率過程の分野は，まず推移確率行列の問題とブラウン運動の問題に特化して準備しよう．
- ブラウン運動の問題は，公式と式の変形方法を覚えるだけで解ける．
- [モデリング問題集]，[弱点克服] にたっぷり練習問題があるので，これらで演習を重ねよう．

【解答】

$W_t \sim N(0,t)$ であり，$Z \sim N(0,1)$ とおくと $t^{\frac{1}{2}}Z \sim N(0,t)$ なので $W_t = t^{\frac{1}{2}}Z$ と表される．また，m を奇数として，

$$E(Z^m) = \int_{-\infty}^{\infty} z^m \cdot \frac{1}{\sqrt{2\pi}} e^{-\frac{z^2}{2}} dz$$
$$= 0 \quad (\because 被積分関数が奇関数)$$

n を偶数として，

$$E(Z^n) = (n-1)(n-3)(n-5)\cdots 1$$

である．したがって，

$$E\left(W_t^5\right) = t^{\frac{5}{2}} E\left(Z^5\right) = 0 \quad (答)$$
$$E\left(W_t^6\right) = t^3 E\left(Z^6\right) = 5\cdot 3t^3 = 15t^3 \quad (答)$$
$$E\left(e^{\alpha W_t}\right) = M_{W_t}(\alpha) = e^{\frac{t\alpha^2}{2}} \quad (答)$$

$$
\begin{aligned}
E\left(W_t e^{W_t}\right) &= \int_{-\infty}^{\infty} w e^{w} \cdot \frac{1}{\sqrt{2\pi t}} e^{-\frac{w^2}{2t}} dw \\
&= e^{\frac{t}{2}} \underbrace{\int_{-\infty}^{\infty} w \cdot \frac{1}{\sqrt{2\pi t}} e^{-\frac{(w-t)^2}{2t}} dw}_{N(t,\,t)\text{の期待値}} \\
&\qquad \left(e^{-\frac{t^2}{2t}} \cdot e^{\frac{t^2}{2t}}\text{を乗じ，}e\text{の指数を平方完成する}\right) \\
&= t e^{\frac{t}{2}} \quad \text{（答）}
\end{aligned}
$$

以下，記号 $N(\mu,\,\sigma^2)$ により，その正規分布に従う確率変数を表すこととする．

$$
\begin{aligned}
E\left(W_s^2 W_t^2\right) &= E\left[W_s^2\{(W_t - W_s) + W_s\}^2\right] \\
&= E\left(W_s^2\right) E\left\{(W_t - W_s)^2\right\} \\
&\quad + 2\underbrace{E(W_t - W_s)}_{0}\underbrace{E\left(W_s^3\right)}_{0} + E\left(W_s^4\right) \\
&\quad (\because \text{独立増分性により，}W_s\text{ と }W_t - W_s\text{ が互いに独立}) \\
&= E\left(N(0,\,s)^2\right) E\left(N(0,\,t-s)^2\right) + s^2 E\left(Z^4\right) \\
&= s(t-s) + 3s^2 \\
&= 2s^2 + st \quad \text{（答）}
\end{aligned}
$$

【補足】

$E(W_t e^{W_t})$ の計算は，$M'_{W_t}(1)$ であることに気づけば，$M_{W_t}(\alpha)$ を α で微分してから $\alpha=1$ とすれば瞬答できる．

つまり，$M_{W_t}(\alpha) = E(e^{\alpha W_t}) = e^{\frac{t\alpha^2}{2}}$ なので，それぞれ，α で微分すると，

$$
M'_{W_t}(\alpha) = E(W_t e^{\alpha W_t}) = e^{\frac{t\alpha^2}{2}} \cdot t\alpha
$$

ここで，$\alpha=1$ とすると，

$$
E(W_t e^{W_t}) = t e^{\frac{t}{2}}
$$

問題 10.11　標準ブラウン運動 $\{X_t\}, t \geq 0$ に対して，$E(X_3 \mid X_1 > 0)$ を求めよ．

■ MAH's check

- 標準ブラウン運動の特性と条件付期待値の計算をうまく組み合わせて解く問題．

公式［標準ブラウン運動の性質］

標準ブラウン運動 $\{X_t\}_{t \geq 0}$ に対して，$0 < s < t$ のとき，

- $X_0 = 0$
- $X_t - X_s \sim N(0, t-s)$　（定常増分性）
- X_s と $X_t - X_s$ は互いに独立　（独立増分性）

公式［条件付期待値］

指示関数 1_A を次のように定義する．

$$1_A = \begin{cases} 1 & (\text{事象 } A \text{ が生じたとき}) \\ 0 & (\text{事象 } A \text{ が生じなかったとき}) \end{cases}$$

これを導入すると，条件付期待値 $E(X \mid A)$ は，

$$E(X \mid A) = \frac{E(1_A \cdot X)}{P(A)}$$

と書ける．例えば，確率変数 X が連続型分布に従うとする．$A = \{X > 1\}$ のとき，この $E(X \mid A)$ を積分で表すと，

$$E(X \mid A) = \frac{\int_1^\infty x f_X(x) dx}{\int_1^\infty f_X(x) dx}$$

また $X \sim N(0,1)$，$A = \{X > 0\}$ のとき，

$$E(X|A) = \frac{\int_0^\infty x \cdot \frac{1}{\sqrt{2\pi}} e^{-\frac{x^2}{2}} dx}{P(X>0)} = \frac{\frac{1}{\sqrt{2\pi}}}{\frac{1}{2}} = \sqrt{\frac{2}{\pi}}$$

a_1, a_2 を定数とすると，

$$E(a_1Y_1 + a_2Y_2 \mid X) = a_1E(Y_1 \mid X) + a_2E(Y_2 \mid X)$$

X と Y が互いに独立のとき，

$$E[h(Y)|g(X)] = E[h(Y)]$$

【解答】

$Z_1 = X_1,\quad Z_2 = X_2 - X_1,\quad Z_3 = X_3 - X_2$ とおくと，標準ブラウン運動の定常増分性と独立増分性により，$Z_1 \sim Z_2 \sim Z_3 \sim N(0,1)$ で互いに独立である．

$$X_2 = X_1 + Z_2 = Z_1 + Z_2$$

$$X_3 = X_2 + Z_3 = Z_1 + Z_2 + Z_3$$

$$\begin{aligned} E(X_3 \mid X_1 > 0) &= E(Z_1 + Z_2 + Z_3 \mid Z_1 > 0) \\ &= E(Z_1 \mid Z_1 > 0) + E(Z_2 \mid Z_1 > 0) + E(Z_3 \mid Z_1 > 0) \end{aligned}$$

Z_1, Z_2 と Z_3 が互いに独立であることから，

$$E(Z_2 \mid Z_1 > 0) = E(Z_2) = 0$$

$$E(Z_3 \mid Z_1 > 0) = E(Z_3) = 0$$

よって，

$$E(X_3 \mid X_1 > 0) = E(Z_1 \mid Z_1 > 0) = \sqrt{\frac{2}{\pi}} \quad (答)$$

問題 10.12　マジックバーのある常連客は1日1回，おつまみを m 種類（m は2以上の整数）のメニューからいつも選んでいる．日ごとに無作為に選ぶが前日のおつまみと同じものは選ばないとするとき，ある日に選んだものと同じものをその t 日後に選ぶ確率 p_t を求めよ．

■ **MAH's check**

- 推移確率行列の問題だが，漸化式で解く問題．
- 固有値を求めにいくと10分では解けない．

【解答】

$$p_t = (\text{異なるおつまみを } t-1 \text{ 日後に選ぶ確率}) \cdot (\text{その翌日に } m-1 \text{ 種類の中から同じおつまみを選ぶ確率})$$

$$= (1-p_{t-1})\cdot\frac{1}{m-1}$$

$$= -\frac{1}{m-1}p_{t-1}+\frac{1}{m-1}$$

方程式

$$k = -\frac{1}{m-1}k+\frac{1}{m-1}$$

を解くと $k=1/m$．したがって，$p_1=0$ に注意すると

$$p_t-\frac{1}{m} = -\frac{1}{m-1}\left(p_{t-1}-\frac{1}{m}\right)$$

$$= \left(-\frac{1}{m-1}\right)^{t-1}\left(p_1-\frac{1}{m}\right)$$

$$= \left(-\frac{1}{m}\right)\left(-\frac{1}{m-1}\right)^{t-1} \quad (p_1=0)$$

$$p_t = \frac{1}{m}\left\{1-\left(-\frac{1}{m-1}\right)^{t-1}\right\}, \qquad t=1,2,\ldots \quad (\text{答})$$

問題 10.13 あるマジックバーの常連客を対象に来店する頻度を測った結果，すべての常連客について次の 1.〜4. が判明した.

1. ある営業日に来店していて，その前営業日も来店していた人が，翌営業日に来店する頻度は 0.98
2. ある営業日に来店したが，その前営業日は来店しなかった人が，翌営業日に来店する頻度は 0.85
3. ある営業日は来店しなかったが，その前営業日は来店していた人が，翌営業日に来店する頻度は 0.70
4. ある営業日は来店せず，その前営業日も来店しなかった人が，翌営業日に来店する頻度は 0.60

上記の頻度が今後も変化しないとするとき，十分な時間が経過した定常状態において，常連客のうち来店している人の占める割合を求めよ.

■ **MAH's check**

- 推移確率行列の典型的な問題.
- 定常状態で割合を求める問題は，連立方程式を立てて解く単純な問題になる. 問題文から推移行列を立式できるかがカギだが，「慣れ」が必要. [モデリング教科書], [モデリング問題集], [弱点克服] で練習しよう.

【解答】

状態 s_1，s_2，s_3 および s_4 を次の通り定義する.

- s_1: ある営業日来店かつその前営業日来店
- s_2: ある営業日来店かつその前営業日来店せず
- s_3: ある営業日来店せずかつその前営業日来店

- s_4: ある営業日来店せずかつその前営業日来店せず

さらに確率 x_n，y_n，z_n および w_n を次の通り定義する．

- $x_n =$ (n 営業日後に s_1 が生じる確率)
- $y_n =$ (n 営業日後に s_2 が生じる確率)
- $z_n =$ (n 営業日後に s_3 が生じる確率)
- $w_n =$ (n 営業日後に s_4 が生じる確率)

x_n，y_n，z_n および w_n は，n 営業日後と $n-1$ 営業日後に来店しているか否かにのみ依存するマルコフ連鎖の推移確率であるから，

$$\begin{cases} x_{n+1} = 0.98x_n + 0.85y_n \\ y_{n+1} = 0.7z_n + 0.6w_n \\ z_{n+1} = 0.02x_n + 0.15y_n \\ w_{n+1} = 0.3z_n + 0.4w_n \end{cases}$$

よって推移確率行列 P を

$$P = \begin{pmatrix} 0.98 & 0 & 0.02 & 0 \\ 0.85 & 0 & 0.15 & 0 \\ 0 & 0.7 & 0 & 0.3 \\ 0 & 0.6 & 0 & 0.4 \end{pmatrix}$$

とおき，定常状態で s_1，s_2，s_3 および s_4 が生じる確率をそれぞれ x，y，z および w として，定常分布 $\vec{\pi}$ を

$$\vec{\pi} = \begin{pmatrix} x, & y, & z, & w \end{pmatrix}$$

とおけば，

$$\vec{\pi} = \vec{\pi}P$$

が成立するので，(全確率) $= 1$ と合わせて，

$$
\begin{cases}
x = 0.98x + 0.85y \\
y = 0.7z + 0.6w \\
z = 0.02x + 0.15y \\
w = 0.3z + 0.4w \\
1 = x+y+z+w
\end{cases}
$$

という連立方程式を立てられるので，これを解くと，

$$
x = \frac{85}{90}, \qquad y = z = \frac{2}{90}, \qquad w = \frac{1}{90}
$$

となる．求める割合は $x + y$ なので，

$$
x + y = \frac{87}{90} = \frac{29}{30} \quad \text{（答）}
$$

10.4 シミュレーション系

問題10.14　株価の変動を次の通りシミュレートした．

- 時間の単位はシミュレーションのステップごとに1とする．
- ある時点 $t\,(t \geq 0)$ における株価を F_t とおくと，F_{t+1} は次のように表される．

$$F_{t+1} = F_t \exp(\mu + \sigma Z_{t+1})$$

ここで，$Z_{t+1} \sim N(0, 1)$ であり，$\mu = 0.05, \sigma^2 = 0.04$ とする．

- 株価の変動を逆関数法を用いてシミュレートする．
- $t = 0$ における株価は 10,000 である．
- 区間 [0, 1] 上の一様乱数の実現値 u は，順に 0.3085，0.7764，0.5398 であった．

シミュレーションの結果，$t = 1$ における株価が A，$t = 3$ における株価が B であった．このとき $B - A$ の値を求めよ．

■ MAH's check

- シミュレーションは [モデリング教科書] を一読しても，理解しづらくて初めのうちは苦戦するかもしれない．
- 本問はシミュレーションの典型問題．乱数で発生した値を用い，結果を求めていくもの．
- ある分布に従う乱数を発生させるために使用するのが逆関数法である．コンピュータで一様分布に従う乱数を発生させ，それらからさまざまな確率分布に従う乱数を作ることができる．

【解答】

u に対し，$Z_t \sim N(0,1)$ の逆関数法による生成値を z_t とすると，

$$\Phi(z_t) = u \iff z_t = \Phi^{-1}(u) \quad \bigl(\Phi(z) \text{ は標準正規分布の分布関数}\bigr)$$

であるから，標準正規分布表 2（p. 307）の $u(\varepsilon)$ の値より，

$$z_1 = \Phi^{-1}(0.3085) = -0.50$$

$$z_2 = \Phi^{-1}(0.7764) = u(1-0.7764) = 0.76$$

$$z_3 = \Phi^{-1}(0.5398) = u(1-0.5398) = 0.10$$

これらを用い，指数関数表を参照して，

$$\begin{aligned} F_1 &= 10000\exp\{0.05 + 0.2(-0.50)\} \\ &= 9512 \\ F_2 &= 9512\exp(0.05 + 0.2 \cdot 0.76) \\ &\approx 9512\exp(0.20) \\ &\approx 11618 \\ F_3 &= 11618\exp(0.05 + 0.2 \cdot 0.10) \\ &\approx 12460 \end{aligned}$$

よって $B-A$ は，

$$B - A = 12460 - 9512 = 2948 \quad \text{（答）}$$

問題 10.15　確率密度関数を次の $f_X(x)$ としてもつ分布に従う確率変数 X がある.

$$f_X(x) = \frac{2}{\sqrt{\pi}} e^{-x^2}, \qquad 0 < x < \infty$$

X の値を,平均を1とする指数分布に従う確率変数 Y および区間 $(0, 1)$ 上の一様分布に従う確率変数 U を用いて棄却法で生成したい. X の値 x を生成する場合の反復回数を最小にするようにシミュレーションを行うとき,次の表の Y および U のシミュレーション結果の組 (y, u) から生成される x の平均値 $\bar{x}$ を求めよ.

y	1.8	0.3	0.6	2.1	0.1
u	0.7	0.5	0.2	0.5	0.3

■ **MAH's check**

- 重要なシミュレーションの方法である棄却法もマスターしよう.
- 棄却する回数が少ないほどシミュレーションの効率が上がるため,実務でも利用される.

【解答】

棄却法による反復回数を最小にするので,まず次の不等式(1)をすべての正の y の値について満たすような c の最小値 c' を求める.

$$\frac{f_X(y)}{c\, f_Y(y)} \leq 1 \qquad \cdots(1)$$

次に,その c' を用い,

$$u \leq \frac{f_X(y)}{c' f_Y(y)} \leq 1 \qquad \cdots(2)$$

を満たせば,その y を x として採用する.満たさなければその (y, u) の組を棄却して,次の組について再度不等式(2)の成立・不成立を判定する.この

ような手順に乗せると，まず (1) に，

$$f_X(y)=\frac{2}{\sqrt{\pi}}e^{-y^2},\quad f_Y(y)=e^{-y},\qquad 0<y<\infty$$

を代入して，

$$\frac{2}{\sqrt{\pi}}e^{-\left(y-\frac{1}{2}\right)^2+\frac{1}{4}}\leq c\quad\cdots(3)$$

ここで，すべての正の y の値について，

$$\frac{2}{\sqrt{\pi}}e^{-\left(y-\frac{1}{2}\right)^2+\frac{1}{4}}\leq\frac{2}{\sqrt{\pi}}e^{\frac{1}{4}}$$

であるから，すべての正の y の値に対し不等式 (3) を満たすような c の最小値 c' は，

$$c'=\frac{2}{\sqrt{\pi}}e^{\frac{1}{4}}$$

となる．これを (3) の c に置き換えると，

$$e^{-y^2+y-\frac{1}{4}}\leq 1$$

であるから，(y,u) の組が次の不等式を満たすならばその y を x として採用する．

$$u\leq e^{-y^2+y-\frac{1}{4}}\leq 1\qquad\Longleftrightarrow\qquad\left(y-\frac{1}{2}\right)^2\leq-\log u<\infty$$

数表より，

(y,u)	$(y-\frac{1}{2})^2$	$-\log u$	採用/不採用
$(1.8, 0.7)$	1.69	0.3567	不採用
$(0.3, 0.5)$	0.04	0.6931	採用
$(0.6, 0.2)$	0.01	1.6094	採用
$(2.1, 0.5)$	2.56	0.6931	不採用
$(0.1, 0.3)$	0.16	1.204	採用

よって，$\bar{x}=\dfrac{0.3+0.6+0.1}{3}=\dfrac{1}{3}$　(答)

問題 10.16　X は1以上5以下の整数値をとる確率変数であり，

$$P(X=k)=kP(X=1) \quad (1 \leq k \leq 5)$$

を満たすものとする．X の値を，1以上5以下の整数値をとる離散一様分布に従う確率変数 Y，区間 $(0,1)$ 上の一様分布に従う確率変数 U および定数 c を用いて棄却法で生成したい．なお，確率変数 Y および U の値はともに生成可能である．

このとき，X の値を生成するための繰り返し回数を最小にするような定数 c の値を求めよ．また，この定数 c を用いた場合に，下表の Y および U のシミュレーション結果から生成される X について，その標本平均の値を求めよ．

Y	5	3	8	2	1	4	9	6
U	0.49	0.35	0.71	0.41	0.56	0.24	0.68	0.13

■ **MAH's check**

- X の分布が少し変わっているが，棄却法の手順に従って解いていけば良い．
- $E(X)$ の理論値を求めると $\dfrac{11}{3}=3.66\cdots$ で本問の標本平均3.5に近い．本当に時間がない時に選択肢から近いものを選んだり，変な結果が出た時の検証としても使える．

【解答】

全確率が1に等しいので，

$$\sum_{k=1}^{5} kP(X=1)=1$$

$$P(X=1)=\frac{1}{15}$$

$Y \sim DU\{1,2,\ldots,5\}$ を用いて X を棄却法で生成するにあたり，繰り返し回数が最小になるようにするには，

$$P(Y=k)=\frac{1}{5}, \quad k=1,2,\ldots,5$$

より，定数 c を

$$cP(Y=k)=\max\{P(X=k)\}$$
$$\frac{c}{5}=5\cdot\frac{1}{15}$$
$$c=\frac{5}{3} \quad \text{(答)}$$

とすればよい．$\dfrac{P(X=y)}{cP(Y=y)}=\dfrac{y}{5}$ の確率で，X として $Y=y$ が採用されると考え，

$$U \leq \frac{Y}{5}$$

を満たすとき，その Y をもって X の生成値とする．

Y	2	4	3	1	5
U	0.21	0.48	0.11	0.85	0.81
$\frac{Y}{5}$	0.4	0.8	0.6	0.2	1.0
$U \leq \frac{Y}{5}$	成立	成立	成立	不成立	成立

X の生成値は $2,4,3,5$ の 4 個であり，標本平均 $\overline{x}$ は，

$$\overline{x}=\frac{2+4+3+5}{4}=3.5 \quad \text{(答)}$$

問題 10.17　確率変数 Y は，確率 0.4 で平均 1 の指数分布に従い，確率 0.6 で区間 [0, 1] 上の一様分布に従う．このとき，次の手順 1.〜4. に従って Y の実現値 y をシミュレートする．

1. [0, 1] 上の一様分布に従う確率変数から，10 個の乱数 $x_1, x_2, \ldots, x_{10}$ を発生させる．
2. 乱数 x_1 を，Y が指数分布または一様分布のどちらに従うかに対応させる．数値が 0.4 以下のとき Y は指数分布に従い，その他のときは Y は一様分布に従うとする．
3. 乱数 x_2 を用い，逆関数法により y の値を求める．
4. 残り 8 つの乱数 $x_3, x_4, \ldots, x_{10}$ についても添字の小さいものから順番に上記 2., 3. の手順を繰り返し，合計 5 個の y の値をシミュレートする．

手順 1. によって次の 10 個の乱数が得られたとき，y の平均値 $\bar{y}$ を，小数点以下第 4 位を四捨五入のうえ求めよ．

x_1	x_2	x_3	x_4	x_5	x_6	x_7	x_8	x_9	x_{10}
0.32	0.60	0.61	0.69	0.81	0.61	0.15	0.80	0.89	0.53

■ MAH's check

- 本問は合成法の問題．シミュレーションでは複数の確率分布の合成も容易となる．
- 一つ目の乱数がどちらの確率分布に従うのかを決定し，次の乱数でその分布の逆関数法による値を出力する．これを順次繰り返す．

【解答】

m を 1 以上 9 以下の奇数とすると，$n = m+1$ は 2 以上 10 以下の偶数で，Y の分布関数 $F_Y(y)$ は，

$$F_Y(y)=\begin{cases}1-e^{-y}, & 0<y<\infty \qquad (0\leq x_m\leq 0.4)\\ y, & 0\leq y\leq 1 \qquad (0.4\leq x_m\leq 1)\end{cases}$$

$0\leq x_m\leq 0.4$ のとき，

$$x_n=1-e^{-y} \iff y=-\log(1-x_n)$$

$0.4\leq x_m\leq 1$ のとき，

$$y=x_n$$

であるから，生成値 y を順に $y_i\,(i=1,2,\ldots,5)$ として，自然対数表より，

$$y_1=-\log(1-0.6)=0.9163$$

$$y_2=0.69$$

$$y_3=0.61$$

$$y_4=-\log(1-0.8)=1.6094$$

$$y_5=0.53$$

よって $\bar{y}$ は

$$\bar{y}\approx 0.871 \quad (答)$$

問題 10.18　$\int_0^1 e^{-3x}dx$ を，$2M$ 個の一様乱数 $U_1, U_2, \ldots, U_{2M}$ を用いてモンテカルロシミュレーションをしたときの推定量の分散を求めよ．また，$2M$ 個の一様乱数 $U_1, U_2, \ldots, U_M$，$1-U_1$，$1-U_2, \ldots$，$1-U_M$ を用いたときの推定量の分散を求めよ．

■ **MAH's check**

- 本問は，負の相関法に関する問題．
- 一様分布の性質を利用し，半分のデータ量でより精度の高いシミュレーション結果を得るための方法である．
- 「精度が高い＝推定量の分散が小さい」ということである．問題の一様乱数の取り方の違いによる推定量の分散の違いを確かめてみよう．

【解答】

$X \sim U(0,1)$ として，$E\left(e^{-3X}\right)$ は，

$$E\left(e^{-3X}\right) = \int_0^1 e^{-3x}dx \qquad \cdots(1)$$

一方，$2M$ が十分に大きいとき，大数の法則より，

$$E\left(e^{-3X}\right) \approx \frac{\sum_{i=1}^{2M} e^{-3U_i}}{2M} \qquad \cdots(2)$$

と近似できる．(1) の右辺を (2) により近似すると，

$$\int_0^1 e^{-3x}dx \approx \frac{\sum_{i=1}^{2M} e^{-3U_i}}{2M}$$

この推定量の分散は，

$$V\left(\frac{\sum_{i=1}^{2M} e^{-3U_i}}{2M}\right)=\frac{2M}{4M^2}V\left(e^{-3U_i}\right)$$

$$=\frac{1}{2M}\left\{E\left(e^{-6U_i}\right)-E\left(e^{-3U_i}\right)^2\right\}$$

$$=\frac{1}{2M}\left\{\frac{e^{-6}-1}{-6}-\left(\frac{e^{-3}-1}{-3}\right)^2\right\}$$

$$\left(\because\ E\left(e^{tU_i}\right)=M_{U_i}(t)=\frac{e^t-1}{t}\quad (\text{p. 78 の表})\right)$$

$$=\frac{1+4e^{-3}-5e^{-6}}{36M}\quad (答)$$

次に，求めるのは負の相関法による推定量の分散であり，

$$V\left[\frac{\sum_{i=1}^{M}\left\{e^{-3U_i}+e^{-3(1-U_i)}\right\}}{2M}\right]=\frac{M}{4M^2}V\left(e^{-3U_i}+e^{-3(1-U_i)}\right)$$

$$=\frac{1}{4M}\left\{V\left(e^{-3U_i}\right)+2\,Cov\left(e^{-3U_i},\,e^{-3(1-U_i)}\right)+V\left(e^{-3(1-U_i)}\right)\right\}$$

$$=\frac{V\left(e^{-3U_i}\right)+Cov\left(e^{-3U_i},\,e^{-3(1-U_i)}\right)}{2M}\qquad\cdots(3)$$

$$\left(\because\ V\left(e^{-3U_i}\right)=V\left(e^{-3(1-U_i)}\right)\right)$$

ここで，

$$V\left(e^{-3U_i}\right)=E\left(e^{-6U_i}\right)-\left\{E\left(e^{-3U_i}\right)\right\}^2=\frac{1+4e^{-3}-5e^{-6}}{18}\qquad\cdots(4)$$

また，

$$Cov\left(e^{-3U_i},\,e^{-3(1-U_i)}\right)$$

$$=E\left(e^{-3U_i}\cdot e^{-3(1-U_i)}\right)-E\left(e^{-3U_i}\right)E\left(e^{-3(1-U_i)}\right)$$

$$= e^{-3} - \left(\frac{e^{-3}-1}{-3}\right)^2$$

$$\left(\because\ E\left(e^{-3U_i}\right) = E\left(e^{-3(1-U_i)}\right) = M_{U_i}(-3)\right)$$

$$= \frac{-1+11e^{-3}-e^{-6}}{9} \qquad \cdots (5)$$

(4)，(5) を (3) に代入して，

$$V\left[\frac{\sum_{i=1}^{M}\left\{e^{-3U_i}+e^{-3(1-U_i)}\right\}}{2M}\right]$$

$$= \frac{1}{2M}\left(\frac{1+4e^{-3}-5e^{-6}}{18} + \frac{-1+11e^{-3}-e^{-6}}{9}\right)$$

$$= \frac{-1+26e^{-3}-7e^{-6}}{36M} \quad \text{(答)}$$

問題 10.19 $U \sim U(0,1)$ を $g(U)=e^U$ と変換し，

$$\theta = E(g(U)) = \int_0^1 e^u du$$

の値を，シミュレーションにより U を 8 個生成してモンテカルロ積分により推定したい．制御変量として $h(U)=U^2$ を導入したとき，制御変量法による標本平均 $\hat{\theta}$ の分散 $V\left(\hat{\theta}\right)$ を求めよ．なお，$e=2.718$ を用いること．

■ MAH's check

- 分散減少法のもう一つの重要な手法が制御変量法．公式は覚えておかないと小問を時間内に解くことは厳しいが，導出は大問でも出そうなので，しっかり準備しておこう．
- 練習問題としては，[モデリング教科書]．[モデリング問題集] にいくつか数問練習問題があるのでこちらも時間があれば準備しておこう．

公式［制御変量法］

シミュレートしたい $g(X)$ に制御変量（$g(x)$ と相関があって期待値が既知の確率変数）$h(X)$ の n 個のデータも加えて行うことにより，誤差分散がかなり減少する．

$$V\left(\hat{\theta}_n^{(3)}\right) = \frac{1}{n}\left[V(g(X)) - \frac{\{Cov(g(X),h(X))\}^2}{V(h(X))}\right]$$

【解答】

このモンテカルロ積分による推定では，標本平均の分散 $V\left(\hat{\theta}\right)$ が，

$$V\left(\hat{\theta}\right) = \frac{1}{8}\left[V(g(U)) - \frac{\{Cov(g(U),h(U))\}^2}{V(h(U))}\right] \qquad (*1)$$

である．(∗1) 右辺の各要素を求めていく．

$$V(g(U)) = V\left(e^U\right) = E\left(e^{2U}\right) - \left\{E\left(e^U\right)\right\}^2$$

U の積率率母関数 $M_U(t)$ は,

$$M_U(t) = E\left(e^{tU}\right) = \frac{e^t - 1}{t}$$

であり，これを用いると,

$$V(g(U)) = \frac{e^2 - 1}{2} - (e-1)^2 = \frac{-e^2 + 4e - 3}{2} \tag{∗2}$$

また,

$$\begin{aligned} Cov(g(U), h(U)) &= E[g(U)h(U)] - E(g(U))E(h(U)) \\ &= E\left(U^2 e^U\right) - E\left(U^2\right) E\left(e^U\right) \end{aligned}$$

ここで,

$$E\left(U^2 e^U\right) = \int_0^1 u^2 e^u du = \left[e^u\left(u^2 - 2u + 2\right)\right]_0^1 = e - 2$$

$$E\left(U^2\right) = \int_0^1 u^2 du = \frac{1}{3}$$

であり,

$$Cov(g(U), h(U)) = e - 2 - \frac{e-1}{3} = \frac{2e-5}{3} \tag{∗3}$$

さらに,

$$V(h(U)) = V\left(U^2\right) = E\left(U^4\right) - \left\{E\left(U^2\right)\right\}^2 = \frac{1}{5} - \left(\frac{1}{3}\right)^2 = \frac{4}{45} \tag{∗4}$$

(∗2)，(∗3) と (∗4) を (∗1) に代入して,

$$\begin{aligned} V\left(\hat{\theta}\right) &= \frac{1}{8}\left[\frac{-e^2 + 4e - 3}{2} - \frac{\{(2e-5)/3\}^2}{4/45}\right] = \frac{-22e^2 + 108e - 131}{32} \\ &= \frac{-22 \times 2.718^2 + 108 \times 2.718 - 131}{32} = 0.00057725 \quad \text{（答）} \end{aligned}$$

付　録

代表的な確率分布に関する公式の導出

離散一様分布

$X \sim DU\{1,2,\ldots,n\}$ のとき，$E(X)$，$V(X)$ の式をそれぞれ導出せよ．
また $X \sim DU\{0,1,2,\ldots,n\}$ のとき，$E(X)$，$V(X)$ の式をそれぞれ導出せよ．

【解答】

$X \sim DU\{1,2,\ldots,n\}$ のときは，

$$P(X=k)=\frac{1}{n}, \quad k=1,2,\ldots,n$$

なので，

$$E(X)=\sum_{k=1}^{n} k \cdot P(X=k)=\frac{1}{n}\sum_{k=1}^{n} k=\frac{1}{n}\cdot\frac{n(n+1)}{2}=\frac{n+1}{2} \quad (\text{答})$$

そして，$V(X)=E(X^2)-\{E(X)\}^2$ であり，

$$E(X^2)=\sum_{k=1}^{n} k^2 \cdot P(X=k)=\frac{1}{n}\sum_{k=1}^{n} k^2=\frac{1}{n}\cdot\frac{n(n+1)(2n+1)}{6}$$
$$=\frac{(n+1)(2n+1)}{6}$$

なので，

$$V(X)=\frac{(n+1)(2n+1)}{6}-\left(\frac{n+1}{2}\right)^2=\frac{n^2-1}{12}=\frac{(n+1)(n-1)}{12} \quad (\text{答})$$

また，$X \sim DU\{0,1,2,\ldots,n\}$ のときは，$Y=X+1$ とおくと $Y \sim DU\{1,2,\ldots,n+1\}$ なので，

$$E(X)=E(Y-1)=E(Y)-1=\frac{n+2}{2}-1=\frac{n}{2} \quad (\text{答})$$

そして，$V(X)=V(Y-1)=V(Y)=\dfrac{n(n+2)}{12}$ （答）

二項分布

$X \sim Bin(n,\ p)$ のとき，確率関数 $P(X=k)$ の式を導出せよ．
また，$E(X)$, $E[X(X-1)]$, $V(X)$, $M_X(t)$ の式をそれぞれ導出せよ．

【解答】

$P(X=k)$ を求める．$k=0,1,2,\ldots,n$ について，ある特定の順序で k 回成功して残りの $n-k$ 回失敗する確率は $p^k(1-p)^{n-k}$ である．順序に関する場合の数は $\binom{n}{k}$ なので，

$$P(X=k)=\binom{n}{k}p^k(1-p)^{n-k}, \qquad k=0,1,2,\ldots,n$$

$E(X)$ を求める．$n=1$ のとき，つまり $X \sim Bin(1,p)$ のとき，

$$P(X=0)=1-p, \quad P(X=1)=p$$

なので，

$$E(X)=(1-p)\cdot 0+p\cdot 1=p \tag{$*1$}$$

$n=2,3,4,\ldots$ のとき，

$$\begin{aligned}
E(X)&=\sum_{k=0}^{n}k\cdot\binom{n}{k}p^k(1-p)^{n-k}\\
&=\sum_{k=1}^{n}k\cdot\frac{n!}{k!(n-k)!}\cdot p^k(1-p)^{n-k}\\
&=\sum_{k=1}^{n}\frac{n!}{(k-1)!(n-k)!}\cdot p^k(1-p)^{n-k}\\
&=np\sum_{k=1}^{n}\frac{(n-1)!}{(k-1)!(n-k)!}p^{k-1}(1-p)^{n-k}\\
&=np\sum_{k=0}^{n-1}\frac{(n-1)!}{\{(k+1)-1\}!\{n-(k+1)\}!}p^{(k+1)-1}(1-p)^{n-(k+1)}\\
&=np\sum_{k=0}^{n-1}\frac{(n-1)!}{k!\{(n-1)-k\}!}p^k(1-p)^{(n-1)-k}
\end{aligned}$$

$$=np\underbrace{\sum_{k=0}^{n-1}\binom{n-1}{k}p^k(1-p)^{(n-1)-k}}_{(Bin(n-1,p)\text{ の全確率})=1}$$

$$=np \tag{$*2$}$$

$(*1)$，$(*2)$ より，$n=1,2,3,\ldots$ のとき，

$$E(X)=np \quad \text{（答）}$$

$E[X(X-1)]$ を求める．$n=1$ のとき，つまり $X \sim Bin(1,p)$ のとき，

X	0	1
$X(X-1)$	0	0
確率	p	$1-p$

$$E[X(X-1)]=p\cdot 0+(1-p)\cdot 0=0 \tag{$*3$}$$

$n=2$ のとき，つまり $X \sim Bin(2,p)$ のとき，

$$\begin{aligned}E[X(X-1)]&=\sum_{k=0}^{2}k(k-1)\cdot\binom{2}{k}p^k(1-p)^{2-k}\\&=\sum_{k=2}^{2}k(k-1)\cdot\binom{2}{k}p^k(1-p)^{2-k}\\&=2p^2\end{aligned} \tag{$*4$}$$

$n=3,4,5,\ldots$ のとき，

$$\begin{aligned}E[X(X-1)]&=\sum_{k=0}^{n}k(k-1)\cdot\frac{n!}{k!(n-k)!}p^k(1-p)^{n-k}\\&=n(n-1)p^2\sum_{k=2}^{n}\frac{(n-2)!}{(k-2)!(n-k)!}p^{k-2}(1-p)^{n-k}\\&=n(n-1)p^2\underbrace{\sum_{k=0}^{n-2}\frac{(n-2)!}{k!(n-2-k)!}p^k(1-p)^{n-2-k}}_{((Bin(n-2,p)\text{ の全確率})=1}\end{aligned}$$

$$=n(n-1)p^2 \qquad (*5)$$

(∗3), (∗4), (∗5) より,

$$E[X(X-1)]=n(n-1)p^2 \quad (答)$$

$V(X)$ を求める.

$$V(X)=E[X(X-1)]+E(X)-\{E(X)\}^2=n(n-1)p^2+np-(np)^2$$
$$=np(1-p) \quad (答)$$

$M_X(t)$ を求める. $q=1-p$ とおく.

$$M_X(t)=E\left(e^{tX}\right)=\sum_{k=0}^{n} e^{tk}\cdot\binom{n}{k}p^k q^{n-k} \qquad (*6)$$
$$=\sum_{k=o}^{n}\frac{\left(pe^t\right)^k q^{n-k}}{(pe^t+q)^k(pe^t+q)^{n-k}}\cdot\left(pe^t+q\right)^n$$
$$=\left(pe^t+q\right)^n\underbrace{\sum_{k=0}^{n}\binom{n}{k}\left(\frac{pe^t}{pe^t+q}\right)^k\left(\frac{q}{pe^t+q}\right)^{n-k}}_{\left(Bin\left(n,\,\frac{pe^t}{pe^t+q}\right)\text{の全確率}\right)=1}$$
$$=\left(pe^t+q\right)^n \quad (答)$$

【補足】(∗6) から次のように求めてもよい.

$$M_X(t)=\sum_{k=0}^{n}\binom{n}{k}\left(pe^t\right)^k q^{n-k}$$
$$=\left(pe^t+q\right)^n \quad (二項展開の公式)$$

(*2) や (*5) でも, 同様に考えてもよい.

ポアソン分布

$X \sim Po(\lambda)$ のとき，
$E(X)$, $E\left(2^X\right)$, $E[X(X-1)(X-2)]$, $E(X^3)$, $V(X)$, $M_X(t)$ の式を，
それぞれ導出せよ．

【解答】

$$P(X=k)=e^{-\lambda}\frac{\lambda^k}{k!},\quad k=0,1,2,\dots$$

であり，

$$E(X)=\sum_{k=0}^{\infty}k\cdot e^{-\lambda}\frac{\lambda^k}{k!}=\lambda e^{-\lambda}\sum_{k=1}^{\infty}\frac{\lambda^{k-1}}{(k-1)!}=\lambda e^{-\lambda}e^{\lambda}=\lambda \quad \text{(答)}$$

$$E\left(t^X\right)=\sum_{k=0}^{\infty}t^k\cdot e^{-\lambda}\frac{\lambda^k}{k!}=e^{-\lambda}\sum_{k=0}^{\infty}\frac{(\lambda t)^k}{k!}=e^{-\lambda}e^{\lambda t}=e^{\lambda(t-1)} \qquad (*1)$$

$(*1)$ は，$X \sim Po(\lambda)$ の確率母関数 $g_X(t)$ である．

$$E\left(2^X\right)=g_X(2)=e^{\lambda} \quad \text{(答)}$$

$$E[X(X-1)(X-2)]=g'''(1)$$

であり，

$$g_X'(t)=\lambda e^{-\lambda}\cdot e^{\lambda t},\qquad g_X''(t)=\lambda^2 e^{-\lambda}\cdot e^{\lambda t},\qquad g_X'''(t)=\lambda^3 e^{-\lambda}\cdot e^{\lambda t}$$

なので，

$$E[X(X-1)(X-2)]=g'''(1)=\lambda^3 \quad \text{(答)}$$

また，

$$E[X(X-1)]=g''(1)=\lambda^2$$

$$E(X^2)=E[X(X-1)]+E(X)=\lambda^2+\lambda$$

$$\begin{aligned}E(X^3)&=E[X(X-1)(X-2)]+3E(X^2)-2E(X)\\&=\lambda^3+3\left(\lambda^2+\lambda\right)-2\lambda=\lambda^3+3\lambda^2+\lambda \quad \text{(答)}\end{aligned}$$

$$V(X)=E(X^2)-\{E(X)\}^2=\lambda^2+\lambda-\lambda^2=\lambda \quad \text{(答)}$$

$$M_X(t)=E\left(e^{tX}\right)=\sum_{k=0}^{\infty}e^{tk}\cdot e^{-\lambda}\frac{\lambda^k}{k!}=e^{-\lambda}\sum_{k=0}^{\infty}\frac{\left(\lambda e^t\right)^k}{k!}$$
$$=e^{-\lambda}e^{\lambda e^t}=e^{\lambda(e^t-1)}\quad (答)$$

幾何分布・ファーストサクセス分布

$X\sim NB(1,p)$，$Y\sim Fs(p)$ のとき，$P(X=x)$，$P(Y=y)$，$E(X)$，$E(Y)$，$V(X)$，$V(Y)$，$M_X(t)$，$M_Y(t)$ の式を，それぞれ導出せよ．

【解答】

$x=0,1,2,\ldots$ について，$P(X=x)$ は，成功確率 p のベルヌーイ試行を繰り返すときに最初に x 回失敗し，次に成功する確率なので，

$$P(X=x)=p(1-p)^x,\quad x=0,1,2,\ldots\quad (答)$$

$y=1,2,\ldots$ について，$P(Y=y)$ は，成功確率 p のベルヌーイ試行を繰り返すときに最初に $y-1$ 回失敗し，次に成功する確率なので，

$$P(Y=y)=p(1-p)^{y-1},\quad y=1,2,\ldots\quad (答)$$

$$E(X)=\sum_{x=0}^{\infty}x\cdot p(1-p)^x=p(1-p)\sum_{x=1}^{\infty}x(1-p)^{x-1}\qquad (*1)$$

ここで $0<1-p<1$ であり，

$$1+(1-p)+(1-p)^2+\cdots=p^{-1}$$

両辺を p で微分すると，

$$-1-2(1-p)-3(1-p)^2-\cdots=-p^{-2}$$
$$\sum_{x=1}^{\infty}x(1-p)^{x-1}=\frac{1}{p^2}\qquad (*2)$$

これを (*1) に代入して，　$E(X)=\dfrac{1-p}{p}$　(答)

$$E(Y)=\sum_{y=1}^{\infty} y\cdot p(1-p)^{y-1}=p\sum_{y=1}^{\infty} y(1-p)^{y-1}$$

$(*2)$ を用いると,

$$E(Y)=p\cdot\frac{1}{p^2}=\frac{1}{p} \quad (答)$$

$$V(X)=E(X^2)-\{E(X)\}^2=E[X(X-1)]+E(X)-\{E(X)\}^2$$

であるが,

$$E[X(X-1)]=\sum_{x=0}^{\infty} x(x-1)p(1-p)^{x}$$

$$=p(1-p)^2\sum_{x=2}^{\infty} x(x-1)(1-p)^{x-2}$$

ここで, $(*2)$ の両辺を p で微分すると,

$$-\sum_{x=1}^{\infty} x(x-1)(1-p)^{x-2}=-2p^{-3}$$

$$\sum_{x=2}^{\infty} x(x-1)(1-p)^{x-2}=\frac{2}{p^3} \qquad (*3)$$

なので,

$$E[X(X-1)]=p(1-p)^2\cdot\frac{2}{p^3}=\frac{2(1-p)^2}{p^2}$$

よって,

$$V(X)=\frac{2(1-p)^2}{p^2}+\frac{1-p}{p}-\frac{(1-p)^2}{p^2}=\frac{1-p}{p^2} \quad (答)$$

また,

$$E[Y(Y-1)]=\sum_{y=1}^{\infty} y(y-1)p(1-p)^{y-1}=p(1-p)\sum_{y=2}^{\infty} y(y-1)^{y-2}$$

$(*3)$ を用いると,

$$E[Y(Y-1)]=p(1-p)\cdot\frac{2}{p^3}=\frac{2(1-p)}{p^2}$$

であるから,

$$V(Y)=E[Y(Y-1)]+E(Y)-\{E(Y)\}^2=\frac{2(1-p)}{p^2}+\frac{1}{p}-\frac{1}{p^2}$$
$$=\frac{1-p}{p^2}\quad (答)$$

$$M_X(t)=E\left(e^{tX}\right)=\sum_{x=0}^{\infty}e^{tx}\cdot p(1-p)^x=p\sum_{x=0}^{\infty}\left\{(1-p)e^t\right\}^x$$

$0<(1-p)e^t<1$ のときに $M_X(t)$ は収束して,

$$M_X(t)=\frac{p}{1-(1-p)e^t}\quad (答)$$

$$M_Y(t)=E\left(e^{tY}\right)=\sum_{y=1}^{\infty}e^{ty}\cdot p(1-p)^{y-1}=pe^t\sum_{y=1}^{\infty}\left\{(1-p)e^t\right\}^{y-1}$$

$0<(1-p)e^t<1$ のときに $M_Y(t)$ は収束して,

$$M_Y(t)=\frac{pe^t}{1-(1-p)e^t}\quad (答)$$

負の二項分布

$X\sim NB(\alpha,p)$ のとき, $P(X=k)$, $E(X)$,$V(X)$, $M_X(t)$ の式を, それぞれ導出せよ.

【解答】

α を正の実数, k を非負整数, $-1<x<1$ として, 一般二項係数 $\binom{\alpha}{k}$ は,

$$\binom{\alpha}{k}=\begin{cases}\frac{\alpha(\alpha-1)\cdots(\alpha-k+1)}{k!} & (k\geq 1)\\ 1 & (k=0)\end{cases}$$

一般二項展開は,

$$(1+x)^\alpha=\sum_{k=0}^{\infty}\binom{\alpha}{k}x^k$$

である. $\binom{-\alpha}{k}$ の一般二項係数は,

$$\binom{-\alpha}{k}=\frac{-\alpha(-\alpha-1)(-\alpha-2)\cdots(-\alpha-k+1)}{k!}$$

$$=\frac{\{(-1)(\alpha+k-1)\}\cdots\{(-1)(\alpha+2)\}\{(-1)(\alpha+1)\}\{(-1)\cdot\alpha\}}{k!}$$

$$=(-1)^k\binom{\alpha+k-1}{k} \tag{$*1$}$$

一方，上の一般二項展開の公式で，α を $-\alpha$ に，x を $-x$ に置換すると，

$$(1-x)^{-\alpha}=\sum_{k=0}^{\infty}\binom{-\alpha}{k}(-1)^k x^k \tag{$*2$}$$

$(*2)$ に $(*1)$ を代入すると，

$$(1-x)^{-\alpha}=\sum_{k=0}^{\infty}\binom{\alpha+k-1}{k}x^k$$

を得る．これを負の二項展開という．

α を正の整数とすれば，成功確率 p のベルヌーイ試行が α 回成功するまでの失敗回数が X である．$k=0,1,2,\ldots$ について，$P(X=k)$ は最初の $\alpha+k-1$ 回のうちに $\alpha-1$ 回の成功と k 回の失敗をした後，次の回の $\alpha+k$ 回めで成功する確率なので，

$$P(X=k)=\binom{\alpha+k-1}{k}p^{\alpha}(1-p)^k,\quad k=0,1,2,\ldots$$

以下では α を正の実数とする．$(*1)$ より，

$$\binom{\alpha+k-1}{k}=(-1)^k\binom{-\alpha}{k}$$

これを用いると，

$$P(X=k)=\binom{-\alpha}{k}p^{\alpha}\{-(1-p)\}^k,\quad k=0,1,2,\ldots$$

$E(X)$，$V(X)$，$M_x(t)$ を順に求めると，

$$E(X)=\sum_{k=0}^{\infty}k\cdot\binom{-\alpha}{k}p^{\alpha}\{-(1-p)\}^{k}$$

$$=\sum_{k=1}^{\infty}k$$

$$\times\frac{(-\alpha)(-\alpha-1)(-\alpha-2)\cdots\{-\alpha-(k-1)\}}{k!}p^{\alpha}\{-(1-p)\}^{k}$$

$$=\sum_{k=1}^{\infty}\frac{(-\alpha)(-\alpha-1)(-\alpha-2)\cdots\{-\alpha-(k-1)\}}{(k-1)!}p^{\alpha}\{-(1-p)\}^{k}$$

$$=\frac{(-\alpha)\{-(1-p)\}}{p}$$

$$\times\sum_{k=1}^{\infty}\frac{(-\alpha-1)(-\alpha-2)\cdots\{-\alpha-(k-1)\}}{(k-1)!}p^{\alpha+1}\{-(1-p)\}^{k-1}$$

$$=\frac{(-\alpha)\{-(1-p)\}}{p}\sum_{k=1}^{\infty}\binom{-\alpha-1}{k-1}p^{\alpha+1}\{-(1-p)\}^{k-1}$$

$$=\frac{(-\alpha)\{-(1-p)\}}{p}\underbrace{\sum_{k=0}^{\infty}\binom{-(\alpha+1)}{k}p^{\alpha+1}\{-(1-p)\}^{k}}_{(NB(\alpha+1,\,p)\text{ の全確率})=1}$$

$$=\frac{\alpha(1-p)}{p}\quad\text{(答)}$$

$$E[X(X-1)]=\sum_{k=0}^{\infty}k(k-1)\cdot\binom{-\alpha}{k}p^{\alpha}\{-(1-p)\}^{k}$$

$$=\sum_{k=2}^{\infty}k(k-1)$$

$$\times\frac{(-\alpha)(-\alpha-1)\cdots\{-\alpha-(k-1)\}}{k!}p^{\alpha}\{-(1-p)\}^{k}$$

$$=(-\alpha)(-\alpha-1)\cdot\frac{\{-(1-p)\}^{2}}{p^{2}}$$

$$\times\sum_{k=2}^{\infty}\frac{(-\alpha-2)(-\alpha-3)\cdots\{-\alpha-(k-1)\}}{(k-2)!}$$

$$\times p^{\alpha+2}\{-(1-p)\}^{k-2}$$

$$=\alpha(\alpha+1)\frac{(1-p)^2}{p^2}\sum_{k=2}^{\infty}\binom{-\alpha-2}{k-2}p^{\alpha+2}\{-(1-p)\}^{k-2}$$

$$=\alpha(\alpha+1)\frac{(1-p)^2}{p^2}\underbrace{\sum_{k=0}^{\infty}\binom{-(\alpha+2)}{k}p^{\alpha+2}\{-(1-p)\}^{k}}_{(NB(\alpha+2,\,p)\text{ の全確率})=1}$$

$$=\alpha(\alpha+1)\frac{(1-p)^2}{p^2}$$

$$V(X)=E[X(X-1)]+E(X)-\{E(X)\}^2$$

$$=\alpha(\alpha+1)\frac{(1-p)^2}{p^2}+\frac{\alpha(1-p)}{p}-\frac{\alpha^2(1-p)^2}{p^2}=\frac{\alpha(1-p)}{p^2}\quad\text{(答)}$$

$$M_X(t)=E\left(e^{tX}\right)=\sum_{k=0}^{\infty}e^{tk}\cdot\binom{-\alpha}{k}p^{\alpha}\{-(1-p)\}^{k}$$

$$=p^{\alpha}\sum_{k=0}^{\infty}\cdot\binom{-\alpha}{k}\{-(1-p)e^t\}^{k}$$

$$=p^{\alpha}\{1-(1-p)e^t\}^{-\alpha}=\left\{\frac{p}{1-(1-p)e^t}\right\}^{\alpha}\quad\text{(答)}$$

正規分布

$X\sim N\left(\mu,\sigma^2\right)$ のとき，$E(X)$，$V(X)$，$M_X(t)$ の式を，それぞれ導出せよ．また，$Z\sim N(0,1)$ で $T=|Z|$ のとき，$f_T(t)$，$E(T)$，$V(T)$ の式をそれぞれ導出せよ．

【解答】

$$E(Z)=\int_{-\infty}^{\infty}z\cdot\frac{1}{\sqrt{2\pi}}e^{-\frac{z^2}{2}}dz=\frac{1}{\sqrt{2\pi}}\int_{-\infty}^{\infty}ze^{-\frac{z^2}{2}}dz$$

$-\infty<z<\infty$ に対し $ze^{-\frac{z^2}{2}}$ は奇関数なので，$\int_{-\infty}^{\infty}ze^{-\frac{z^2}{2}}=0$ であり，$E(Z)=0$ である．$X=\sigma Z+\mu$ と変換して，

$$E(X)=\sigma E(Z)+\mu=\mu \quad (\text{答})$$

$$E(Z^2)=\int_{-\infty}^{\infty} z^2\cdot\frac{1}{\sqrt{2\pi}}e^{-\frac{z^2}{2}}dz=\frac{1}{\sqrt{2\pi}}\int_{-\infty}^{\infty} z^2e^{-\frac{z^2}{2}}dz$$

$-\infty<z<\infty$ に対し $z^2e^{-\frac{z^2}{2}}$ は偶関数なので，

$$E(Z^2)=\frac{1}{\sqrt{2\pi}}\cdot 2\int_{0}^{\infty} z^2e^{-\frac{z^2}{2}}dz=\sqrt{\frac{2}{\pi}}\int_{0}^{\infty} z^2e^{-\frac{z^2}{2}}dz$$

$u=\frac{z^2}{2}$ と置換積分をすると，

$$E(Z^2)=\sqrt{\frac{2}{\pi}}\int_{0}^{\infty}\sqrt{2}u^{\frac{3}{2}-1}e^{-u}du=\frac{2}{\sqrt{\pi}}\cdot\Gamma\left(\frac{3}{2}\right)=\frac{2}{\sqrt{\pi}}\cdot\frac{\sqrt{\pi}}{2}=1$$

$$V(Z)=E(Z^2)-\{E(Z)\}^2=1$$

$$V(X)=V(\sigma Z+\mu)=\sigma^2V(Z)=\sigma^2 \quad (\text{答})$$

$$\begin{aligned}M_Z(t)&=E(e^{tZ})=\int_{-\infty}^{\infty}e^{tz}\cdot\frac{1}{\sqrt{2\pi}}e^{-\frac{z^2}{2}}dz\\&=\frac{1}{\sqrt{2\pi}}\int_{-\infty}^{\infty}e^{-\frac{z^2-2tz}{2}}dz=e^{\frac{t^2}{2}}\cdot\frac{1}{\sqrt{2\pi}}\int_{-\infty}^{\infty}e^{-\frac{(z-t)^2}{2}}dz\end{aligned}$$

ガウスの公式：$\int_{-\infty}^{\infty}e^{-\frac{(z-t)^2}{2}}dz=\sqrt{2\pi}$ より，

$$M_Z(t)=e^{\frac{t^2}{2}}$$

$X=\sigma Z+\mu$ と変換できるので，

$$\begin{aligned}M_X(t)&=E\left(e^{tX}\right)=E\left[e^{t(\sigma Z+\mu)}\right]=e^{\mu t}E\left[e^{(\sigma t)Z}\right]=e^{\mu t}M_Z(\sigma t)\\&=e^{\mu t+\frac{\sigma^2t^2}{2}} \ (\text{答})\end{aligned}$$

T の分布関数 $F_T(t)$ は，

$$F_T(t)=P(|Z|\le t)=P(-t\le Z\le t)=F_Z(t)-F_Z(-t)$$

これを微分して，

$$f_T(t)=f_Z(t)+f_Z(-t)=\sqrt{\frac{2}{\pi}}e^{-\frac{t^2}{2}}$$

$$E(T)=\int_0^\infty t\cdot\sqrt{\frac{2}{\pi}}e^{-\frac{t^2}{2}}dt=\sqrt{\frac{2}{\pi}}\int_0^\infty te^{-\frac{t^2}{2}}dt$$

$u=\frac{t^2}{2}$ と置換積分をすると，

$$E(T)=\sqrt{\frac{2}{\pi}}\int_0^\infty e^{-u}du=\sqrt{\frac{2}{\pi}} \quad (\text{答})$$

$$E(T^2)=\int_0^\infty t^2\cdot\sqrt{\frac{2}{\pi}}e^{-\frac{t^2}{2}dt}=\sqrt{\frac{2}{\pi}}\int_0^\infty t^2e^{-\frac{t^2}{2}}dt$$

$u=\frac{t^2}{2}$ と置換積分をすると，

$$E(T^2)=\sqrt{\frac{2}{\pi}}\int_0^\infty \sqrt{2}u^{\frac{3}{2}-1}e^{-u}du=\frac{2}{\sqrt{\pi}}\Gamma\left(\frac{3}{2}\right)=\frac{2}{\sqrt{\pi}}\cdot\frac{1}{2}\cdot\sqrt{\pi}=1$$

よって，

$$V(T)=E(T^2)-\{E(T)\}^2=1-\frac{2}{\pi} \quad (\text{答})$$

指数分布

$X\sim\Gamma(1,\beta)$ のとき，$E(X)$，$V(X)$，$M_X(t)$ の式をそれぞれ導出せよ．

【解答】

$$E(X)=\int_0^\infty x\cdot\beta e^{-\beta x}dx=\beta\int_0^\infty x^{2-1}e^{-\beta x}dx=\beta\cdot\frac{\Gamma(2)}{\beta^2}=\frac{1}{\beta} \quad (\text{答})$$

$$E(X^2)=\int_0^\infty x^2\cdot\beta e^{-\beta x}dx=\beta\int_0^\infty x^{3-1}e^{-\beta x}dx=\beta\cdot\frac{\Gamma(3)}{\beta^3}=\frac{2}{\beta^2}$$

$$V(X)=E(X^2)-\{E(X)\}^2=\frac{1}{\beta^2} \quad (\text{答})$$

$$M_X(t)=E\left(e^{tX}\right)=\int_0^\infty e^{tx}\cdot\beta e^{-\beta x}dx=\beta\int_0^\infty e^{-(\beta-t)x}dx$$

$$=\beta\left[-\frac{1}{\beta-t}e^{-(\beta-t)x}\right]_0^\infty=\frac{\beta}{\beta-t} \quad (\text{答})$$

ガンマ分布

$X \sim \Gamma(\alpha, \beta)$ のとき，$E(X)$，$V(X)$，$M_X(t)$ の式をそれぞれ導出せよ．

【解答】

$$E(X) = \int_0^\infty x \cdot \frac{\beta^\alpha}{\Gamma(\alpha)} x^{\alpha-1} e^{-\beta x} dx = \frac{\beta^\alpha}{\Gamma(\alpha)} \int_0^\infty x^{\alpha+1-1} e^{-\beta x} dx$$

$$= \frac{\beta^\alpha}{\Gamma(\alpha)} \cdot \frac{\Gamma(\alpha+1)}{\beta^{\alpha+1}} = \frac{\alpha}{\beta} \quad \text{(答)}$$

$$E(X^2) = \int_0^\infty x^2 \cdot \frac{\beta^\alpha}{\Gamma(\alpha)} x^{\alpha-1} e^{-\beta x} dx = \frac{\beta^\alpha}{\Gamma(\alpha)} \int_0^\infty x^{\alpha+2-1} e^{-\beta x} dx$$

$$= \frac{\beta^\alpha}{\Gamma(\alpha)} \cdot \frac{\Gamma(\alpha+2)}{\beta^{\alpha+2}} = \frac{(\alpha+1)\alpha}{\beta^2}$$

$$V(X) = E(X^2) - \{E(X)\}^2 = \frac{(\alpha+1)\alpha}{\beta^2} - \frac{\alpha^2}{\beta^2} = \frac{\alpha}{\beta^2} \quad \text{(答)}$$

$$M_X(t) = \int_0^\infty e^{tx} \cdot \frac{\beta^\alpha}{\Gamma(\alpha)} x^{\alpha-1} e^{-\beta x} dx = \frac{\beta^\alpha}{\Gamma(\alpha)} \int_0^\infty x^{\alpha-1} e^{-(\beta-t)x} dx$$

$$= \frac{\beta^\alpha}{\cancel{\Gamma(\alpha)}} \cdot \frac{\cancel{\Gamma(\alpha)}}{(\beta-t)^\alpha} = \left(\frac{\beta}{\beta-t}\right)^\alpha \quad \text{(答)}$$

ベータ分布

$X \sim Beta(p, q)$ のとき，$E(X)$，$V(X)$，$E(X^n)$ の式をそれぞれ導出せよ．

【解答】

$$E(X) = \int_0^1 x \cdot \frac{1}{B(p,q)} x^{p-1} (1-x)^{q-1} dx$$

$$= \frac{1}{B(p,q)} \int_0^1 x^{p+1-1} (1-x)^{q-1} dx$$

$$= \frac{B(p+1,q)}{B(p,q)} = \frac{\Gamma(p+1)\cancel{\Gamma(q)}}{\Gamma(p+q+1)} \cdot \frac{\Gamma(p+q)}{\Gamma(p)\cancel{\Gamma(q)}} = \frac{p}{p+q} \quad \text{(答)}$$

$$E(X^2)=\int_0^1 x^2\cdot\frac{1}{B(p,q)}x^{p-1}(1-x)^{q-1}dx$$
$$=\frac{1}{B(p,q)}\int_0^1 x^{p+2-1}(1-x)^{q-1}dx$$
$$=\frac{B(p+2,q)}{B(p,q)}=\frac{\Gamma(p+2)\,\Gamma(q)}{\Gamma(p+q+2)}\cdot\frac{\Gamma(p+q)}{\Gamma(p)\,\Gamma(q)}=\frac{(p+1)p}{(p+q+1)(p+q)}$$

$$V(X)=E(X^2)-\{E(X)\}^2=\frac{(p+1)p}{(p+q+1)(p+q)}-\left(\frac{p}{p+q}\right)^2$$
$$=\frac{pq}{(p+q)^2(p+q+1)}\quad(答)$$

$$E(X^n)=\int_0^1 x^n\cdot\frac{1}{B(p,q)}x^{p-1}(1-x)^{q-1}dx$$
$$=\frac{1}{B(p,q)}\int_0^1 x^{n+p-1}(1-x)^{q-1}dx$$
$$=\frac{B(n+p,q)}{B(p,q)}=\frac{\Gamma(n+p)\,\Gamma(q)}{\Gamma(n+p+q)}\cdot\frac{\Gamma(p+q)}{\Gamma(p)\,\Gamma(q)}$$
$$=\frac{\Gamma(p+n)\,\Gamma(p+q)}{\Gamma(p)\,\Gamma(p+q+n)}\quad(答)$$

一様分布

$X\sim U(a,b)$ のとき，$E(X)$，$V(X)$，$M_X(t)$ の式をそれぞれ導出せよ．

【解答】

$$E(X)=\int_a^b x\cdot\frac{1}{b-a}dx=\frac{1}{b-a}\left[\frac{x^2}{2}\right]_a^b=\frac{a+b}{2}\quad(答)$$
$$E(X^2)=\int_a^b x^2\cdot\frac{1}{b-a}dx=\frac{1}{b-a}\left[\frac{x^3}{3}\right]_a^b=\frac{a^2+ab+b^2}{3}$$
$$V(X)=E(X^2)-\{E(X)\}^2=\frac{(b-a)^2}{12}\quad(答)$$
$$M_X(t)=E\left(e^{tX}\right)=\int_a^b\frac{e^{tx}}{b-a}dx=\frac{1}{b-a}\left[\frac{1}{t}e^{tx}\right]_a^b=\frac{e^{bt}-e^{at}}{(b-a)t}\quad(答)$$

多項分布

$(X,Y) \sim mult(N,p_A,p_B)$ のとき，確率ベクトル (X,Y) の積率母関数の式を導出せよ．また，(X,Y) の共分散および相関係数の式をそれぞれ導出せよ．

【解答】

(X,Y) の同時確率関数 $P(X=x \cap Y=y)$ は，

$$P(X=x \cap Y=y) = \frac{N!}{x!y!(N-x-y)!} p_A^x p_B^y (1-p_A-p_B)^{N-x-y},$$

$$x \geq 0, \quad y \geq 0, \quad x+y \leq N$$

なので，

$$M_{X,Y}(s,t) = E\left(e^{sX+tY}\right)$$

$$= \sum_{\substack{x\geq 0, y\geq 0 \\ x+y\leq N}} e^{sx+ty} \cdot \frac{N!}{x!y!(N-x-y)!} p_A^x p_B^y (1-p_A-p_B)^{N-x-y}$$

$$= \sum_{\substack{x\geq 0, y\geq 0 \\ x+y\leq N}} \frac{N!}{x!y!(N-x-y)!}$$

$$\times (p_A \cdot e^s)^x \cdot (p_B \cdot e^t)^y \cdot (1-p_A-p_B)^{N-x-y}$$

多項定理より，

$$M_{X,Y}(s,t) = \left\{p_A \cdot e^s + p_B \cdot e^t + (1-p_A-p_B)\right\}^N \quad \text{(答)}$$

また，$M_{X,Y}(s,t)$ を用いると，

$$E(XY) = \frac{\partial^2}{\partial s \partial t} M_{X,Y}(s,t)\bigg|_{s=t=0}$$

$$= \frac{\partial}{\partial s} N\left\{p_A e^s + p_B e^t + (1-p_A-p_B)\right\}^{N-1} \cdot p_B e^t \bigg|_{s=t=0}$$

$$= N(N-1)$$

$$\times \left\{p_A e^s + p_B e^t + (1-p_A-p_B)\right\}^{N-2} \cdot p_B e^t \cdot p_A e^s \bigg|_{s=t=0}$$

$$=N(N-1)p_Ap_B$$

である．一方 $X \sim Bin(N, p_A)$，$Y \sim Bin(N, p_B)$ なので，

$$E(X)=Np_A, \qquad E(Y)=Np_B$$

である．よって，

$$Cov(X,Y)=E(XY)-E(X)E(Y)=N(N-1)p_Ap_B-N^2p_Ap_B$$
$$=-Np_Ap_B \quad \text{(答)}$$

さらに，

$$V(X)=Np_A(1-p_A), \qquad V(Y)=Np_B(1-p_B)$$

であり，

$$\rho(X,Y)=\frac{Cov(X,Y)}{\sqrt{V(X)}\sqrt{V(Y)}}=\frac{-Np_Ap_B}{\sqrt{Np_A(1-p_A)}\sqrt{Np_B(1-p_B)}}$$
$$=-\sqrt{\frac{p_Ap_B}{(1-p_A)(1-p_B)}} \quad \text{(答)}$$

t 分布

$X \sim N(0,1)$，$Y \sim \chi^2(n)$ で互いに独立であるとき，$U=\dfrac{X}{\sqrt{Y/n}}$ は自由度 n の t 分布に従う．その確率密度関数 $f_U(t)$ の式を導出せよ．

【解答】

$\chi^2(n)$ は $\Gamma\left(\dfrac{n}{2}, \dfrac{1}{2}\right)$ のことなので，

$$f_Y(y)=\frac{\left(\frac{1}{2}\right)^{\frac{n}{2}}}{\Gamma\left(\frac{n}{2}\right)}y^{\frac{n}{2}-1}e^{-\frac{1}{2}y}, \quad 0<y<\infty$$

$Y'=\dfrac{Y}{n}$ と変数変換をすると，

$$f_{Y'}(y')=f_Y(ny')\cdot|n|=\frac{\left(\frac{1}{2}\right)^{\frac{n}{2}}}{\Gamma\left(\frac{n}{2}\right)}(ny')^{\frac{n}{2}-1}\cdot e^{-\frac{1}{2}ny'}\cdot n$$

$$=\frac{\left(\frac{1}{2}\right)^{\frac{n}{2}}}{\Gamma\left(\frac{n}{2}\right)}n^{\frac{n}{2}}y'^{\frac{n}{2}-1}\cdot e^{-\frac{1}{2}ny'},\quad 0<y'<\infty$$

$Y''=\sqrt{Y'}$ と変数変換をすると，

$$f_{Y''}(y'')=f_{Y'}\left(y''^2\right)\cdot|2y''|$$

$$=\frac{\left(\frac{1}{2}\right)^{\frac{n}{2}}}{\Gamma\left(\frac{n}{2}\right)}n^{\frac{n}{2}}\left(y''^2\right)^{\frac{n}{2}-1}\cdot e^{-\frac{ny''^2}{2}}\cdot 2y''$$

$$=\frac{2^{1-\frac{n}{2}}}{\Gamma\left(\frac{n}{2}\right)}n^{\frac{n}{2}}y''^{n-1}\cdot e^{-\frac{ny''^2}{2}},\quad 0<y''<\infty$$

$U=\dfrac{X}{Y''}$ なので，「商の公式」を用いると，

$$f_U(u)=\int_0^{\infty}f_X(uy'')f_{Y''}(y'')|y''|dy''$$

$$=\int_0^{\infty}\frac{1}{\sqrt{2\pi}}e^{-\frac{u^2y''^2}{2}}\cdot\frac{2^{1-\frac{n}{2}}}{\Gamma\left(\frac{n}{2}\right)}n^{\frac{n}{2}}y''^{n-1}e^{-\frac{ny''^2}{2}}\cdot y''dy''$$

$$=\frac{2^{1-\frac{n}{2}}\cdot n^{\frac{n}{2}}}{\sqrt{2\pi}\Gamma\left(\frac{n}{2}\right)}\int_0^{\infty}y''^{n}e^{-\frac{n+u^2}{2}y''^2}dy''$$

$v=y''^2$ と変数変換をすると，

$$f_U(u)=\frac{2^{1-\frac{n}{2}}\cdot n^{\frac{n}{2}}}{\sqrt{2\pi}\Gamma\left(\frac{n}{2}\right)}\int_0^{\infty}v^{\frac{n}{2}}e^{-\frac{n+u^2}{2}v}\cdot\frac{1}{2}v^{-\frac{1}{2}}dv$$

$$=\frac{2^{-\frac{n}{2}}\cdot n^{\frac{n}{2}}}{\sqrt{2\pi}\Gamma\left(\frac{n}{2}\right)}\int_0^{\infty}v^{\frac{n-1}{2}}e^{-\frac{n+u^2}{2}v}dv$$

$$=\frac{2^{-\frac{n}{2}}\cdot n^{\frac{n}{2}}}{\sqrt{2\pi}\Gamma\left(\frac{n}{2}\right)}\cdot\frac{\Gamma\left(\frac{n+1}{2}\right)}{\left(\frac{n+u^2}{2}\right)^{\frac{n+1}{2}}}$$

$$=\frac{\Gamma\left(\frac{n+1}{2}\right)}{\sqrt{n\pi}\Gamma\left(\frac{n}{2}\right)}\left(1+\frac{u^2}{n}\right)^{-\frac{n+1}{2}},\quad -\infty<u<\infty \qquad (*1)$$

ここで，

$$B\left(\frac{n}{2},\frac{1}{2}\right)=\frac{\Gamma\left(\frac{n}{2}\right)\cdot\Gamma\left(\frac{1}{2}\right)}{\Gamma\left(\frac{n+1}{2}\right)}$$

$$\frac{\Gamma\left(\frac{n+1}{2}\right)}{\Gamma\left(\frac{n}{2}\right)}=\frac{\sqrt{\pi}}{B\left(\frac{n}{2},\frac{1}{2}\right)} \qquad (*2)$$

$(*2)$ を $(*1)$ に代入すると，

$$f_U(u)=\frac{1}{\sqrt{n}B\left(\frac{n}{2},\frac{1}{2}\right)}\left(1+\frac{u^2}{n}\right)^{-\frac{n+1}{2}},\quad -\infty<u<\infty \quad \text{(答)}$$

F 分布

$X\sim\chi^2(m)$，$Y\sim\chi^2(n)$ で互いに独立であるとき，$U=\dfrac{X}{m}\Big/\dfrac{Y}{n}$ は自由度 (m,n) の F 分布 $F(m,n)$ に従う．その確率密度関数 $f_U(u)$ の式を導出せよ．また，$F(m,n)$ の上側 α 点 $F_n^m(\alpha)$ について，$F_n^m(\alpha)=\dfrac{1}{F_m^n(1-\alpha)}$ が成り立つことを示せ．

【解答】

$X\sim\Gamma\left(\dfrac{m}{2},\dfrac{1}{2}\right)$ である．$S=\dfrac{X}{m}$ とおけば $S\sim\Gamma\left(\dfrac{m}{2},\dfrac{m}{2}\right)$ なので，

$$f_S(s)=\frac{\left(\frac{m}{2}\right)^{\frac{m}{2}}}{\Gamma\left(\frac{m}{2}\right)}s^{\frac{m}{2}-1}e^{-\frac{m}{2}s},\qquad 0<s<\infty$$

同様に $T=\dfrac{Y}{n}$ とおけば $T\sim\Gamma\left(\dfrac{n}{2},\dfrac{n}{2}\right)$ なので，

$$f_T(t)=\frac{\left(\frac{n}{2}\right)^{\frac{n}{2}}}{\Gamma\left(\frac{n}{2}\right)}t^{\frac{t}{2}-1}e^{-\frac{m}{2}t},\qquad 0<t<\infty$$

$U=\dfrac{S}{T}$ とおけるから，

$$f_U(u)=\int_0^{\infty}f_S(tu)f_T(t)|t|dt$$

$$=\int_0^{\infty}\frac{\left(\frac{m}{2}\right)^{\frac{m}{2}}}{\Gamma\left(\frac{m}{2}\right)}(tu)^{\frac{m}{2}-1}e^{-\frac{m}{2}tu}\cdot\frac{\left(\frac{n}{2}\right)^{\frac{n}{2}}}{\Gamma\left(\frac{n}{2}\right)}t^{\frac{n}{2}-1}e^{-\frac{n}{2}t}tdt$$

$$= \frac{\left(\frac{m}{2}\right)^{\frac{m}{2}}\left(\frac{n}{2}\right)^{\frac{n}{2}}}{\Gamma\left(\frac{m}{2}\right)\Gamma\left(\frac{n}{2}\right)} u^{\frac{m}{2}-1} \int_0^\infty t^{\frac{m+n}{2}-1} e^{-\frac{mu+n}{2}t} dt$$
$$= \frac{\left(\frac{m}{2}\right)^{\frac{m}{2}}\left(\frac{n}{2}\right)^{\frac{n}{2}}}{\Gamma\left(\frac{m}{2}\right)\Gamma\left(\frac{n}{2}\right)} u^{\frac{m}{2}-1} \cdot \frac{\Gamma\left(\frac{m+n}{2}\right)}{\left(\frac{m}{2}u+\frac{n}{2}\right)^{\frac{m+n}{2}}}$$
$$= \frac{1}{B\left(\frac{m}{2},\frac{n}{2}\right)} \left(\frac{m}{n}\right)^{\frac{m}{2}} \left(1+\frac{m}{n}u\right)^{-\frac{m+n}{2}} u^{\frac{m}{2}-1}, \quad 0<u<\infty \quad (答)$$

次に，

$$\alpha = P[U > F_n^m(\alpha)]$$

なおかつ，$\frac{1}{U} \sim F(n,m)$ であるから．

$$\alpha = P\left[\frac{1}{U} < F_m^n(1-\alpha)\right] = P\left[U > \frac{1}{F_m^n(1-\alpha)}\right]$$

つまり，

$$P[U > F_n^m(\alpha)] = P\left[U > \frac{1}{F_m^n(1-\alpha)}\right]$$

よって，

$$F_n^m(\alpha) = \frac{1}{F_m^n(1-\alpha)} \quad (証明終了)$$

【補足：標準コーシー分布と t 分布，F 分布の関係】

X,Y が独立で，$X,Y \sim N(0,1)$，Z が標準コーシー分布に従うとき

$$Z = \frac{X}{Y} \sim t(1)$$

の関係がある．$t(1)$ と標準コーシー分布の確率密度関数を確かめてみると，

$$f_Z(x) = \frac{1}{\pi(1+x^2)}$$

で一致するので確かめてみよう．

また X,Y が独立同分布なので，逆数をとっても同じであるため，

$$\frac{1}{Z} = \frac{Y}{X} \sim t(1)$$

といえる．また Z^2 に従う分布を考えてみると，

$$Z == \frac{X^2}{Y^2} = \frac{X^2/1}{Y^2/1}$$

これは，$F(1,1)$ の定義と一致する．

付　表

- 標準正規分布表 1
- 標準正規分布表 2
- χ^2 分布表
- F 分布表 1
- F 分布表 2
- t 分布表
- 自然対数表，常用対数表，指数関数表
- ポアソン分布表
- Z 変換表

標準正規分布表1

上側ε点$\mathrm{u}(\varepsilon)$から確率εを求める表　ex: $\mathrm{P}(\mathrm{x} > 0.25) = 0.4013$

	*=0	*=1	*=2	*=3	*=4	*=5	*=6	*=7	*=8	*=9
0.0*	0.5000	0.4960	0.4920	0.4880	0.4840	0.4801	0.4761	0.4721	0.4681	0.4641
0.1*	0.4602	0.4562	0.4522	0.4483	0.4443	0.4404	0.4364	0.4325	0.4286	0.4247
0.2*	0.4207	0.4168	0.4129	0.4090	0.4052	0.4013	0.3974	0.3936	0.3897	0.3859
0.3*	0.3821	0.3783	0.3745	0.3707	0.3669	0.3632	0.3594	0.3557	0.3520	0.3483
0.4*	0.3446	0.3409	0.3372	0.3336	0.3300	0.3264	0.3228	0.3192	0.3156	0.3121
0.5*	0.3085	0.3050	0.3015	0.2981	0.2946	0.2912	0.2877	0.2843	0.2810	0.2776
0.6*	0.2743	0.2709	0.2676	0.2643	0.2611	0.2578	0.2546	0.2514	0.2483	0.2451
0.7*	0.2420	0.2389	0.2358	0.2327	0.2296	0.2266	0.2236	0.2206	0.2177	0.2148
0.8*	0.2119	0.2090	0.2061	0.2033	0.2005	0.1977	0.1949	0.1922	0.1894	0.1867
0.9*	0.1841	0.1814	0.1788	0.1762	0.1736	0.1711	0.1685	0.1660	0.1635	0.1611
1.0*	0.1587	0.1562	0.1539	0.1515	0.1492	0.1469	0.1446	0.1423	0.1401	0.1379
1.1*	0.1357	0.1335	0.1314	0.1292	0.1271	0.1251	0.1230	0.1210	0.1190	0.1170
1.2*	0.1151	0.1131	0.1112	0.1093	0.1075	0.1056	0.1038	0.1020	0.1003	0.0985
1.3*	0.0968	0.0951	0.0934	0.0918	0.0901	0.0885	0.0869	0.0853	0.0838	0.0823
1.4*	0.0808	0.0793	0.0778	0.0764	0.0749	0.0735	0.0721	0.0708	0.0694	0.0681
1.5*	0.0668	0.0655	0.0643	0.0630	0.0618	0.0606	0.0594	0.0582	0.0571	0.0559
1.6*	0.0548	0.0537	0.0526	0.0516	0.0505	0.0495	0.0485	0.0475	0.0465	0.0455
1.7*	0.0446	0.0436	0.0427	0.0418	0.0409	0.0401	0.0392	0.0384	0.0375	0.0367
1.8*	0.0359	0.0351	0.0344	0.0336	0.0329	0.0322	0.0314	0.0307	0.0301	0.0294
1.9*	0.0287	0.0281	0.0274	0.0268	0.0262	0.0256	0.0250	0.0244	0.0239	0.0233
2.0*	0.0228	0.0222	0.0217	0.0212	0.0207	0.0202	0.0197	0.0192	0.0188	0.0183
2.1*	0.0179	0.0174	0.0170	0.0166	0.0162	0.0158	0.0154	0.0150	0.0146	0.0143
2.2*	0.0139	0.0136	0.0132	0.0129	0.0125	0.0122	0.0119	0.0116	0.0113	0.0110
2.3*	0.0107	0.0104	0.0102	0.0099	0.0096	0.0094	0.0091	0.0089	0.0087	0.0084
2.4*	0.0082	0.0080	0.0078	0.0075	0.0073	0.0071	0.0069	0.0068	0.0066	0.0064
2.5*	0.0062	0.0060	0.0059	0.0057	0.0055	0.0054	0.0052	0.0051	0.0049	0.0048
2.6*	0.0047	0.0045	0.0044	0.0043	0.0041	0.0040	0.0039	0.0038	0.0037	0.0036
2.7*	0.0035	0.0034	0.0033	0.0032	0.0031	0.0030	0.0029	0.0028	0.0027	0.0026
2.8*	0.0026	0.0025	0.0024	0.0023	0.0023	0.0022	0.0021	0.0021	0.0020	0.0019
2.9*	0.0019	0.0018	0.0018	0.0017	0.0016	0.0016	0.0015	0.0015	0.0014	0.0014

標準正規分布表 2

確率εから上側ε点$u(\varepsilon)$を求める表　ex: $P(x > 1.96) = 0.025$

	*=0	*=1	*=2	*=3	*=4	*=5	*=6	*=7	*=8	*=9
0.00*	∞	3.0902	2.8782	2.7478	2.6521	2.5758	2.5121	2.4573	2.4089	2.3656
0.01*	2.3263	2.2904	2.2571	2.2262	2.1973	2.1701	2.1444	2.1201	2.0969	2.0749
0.02*	2.0537	2.0335	2.0141	1.9954	1.9774	1.9600	1.9431	1.9268	1.9110	1.8957
0.03*	1.8808	1.8663	1.8522	1.8384	1.8250	1.8119	1.7991	1.7866	1.7744	1.7624
0.04*	1.7507	1.7392	1.7279	1.7169	1.7060	1.6954	1.6849	1.6747	1.6646	1.6546
0.05*	1.6449	1.6352	1.6258	1.6164	1.6072	1.5982	1.5893	1.5805	1.5718	1.5632
0.06*	1.5548	1.5464	1.5382	1.5301	1.5220	1.5141	1.5063	1.4985	1.4909	1.4833
0.07*	1.4758	1.4684	1.4611	1.4538	1.4466	1.4395	1.4325	1.4255	1.4187	1.4118
0.08*	1.4051	1.3984	1.3917	1.3852	1.3787	1.3722	1.3658	1.3595	1.3532	1.3469
0.09*	1.3408	1.3346	1.3285	1.3225	1.3165	1.3106	1.3047	1.2988	1.2930	1.2873
0.10*	1.2816	1.2759	1.2702	1.2646	1.2591	1.2536	1.2481	1.2426	1.2372	1.2319
0.11*	1.2265	1.2212	1.2160	1.2107	1.2055	1.2004	1.1952	1.1901	1.1850	1.1800
0.12*	1.1750	1.1700	1.1650	1.1601	1.1552	1.1503	1.1455	1.1407	1.1359	1.1311
0.13*	1.1264	1.1217	1.1170	1.1123	1.1077	1.1031	1.0985	1.0939	1.0893	1.0848
0.14*	1.0803	1.0758	1.0714	1.0669	1.0625	1.0581	1.0537	1.0494	1.0450	1.0407
0.15*	1.0364	1.0322	1.0279	1.0237	1.0194	1.0152	1.0110	1.0069	1.0027	0.9986
0.16*	0.9945	0.9904	0.9863	0.9822	0.9782	0.9741	0.9701	0.9661	0.9621	0.9581
0.17*	0.9542	0.9502	0.9463	0.9424	0.9385	0.9346	0.9307	0.9269	0.9230	0.9192
0.18*	0.9154	0.9116	0.9078	0.9040	0.9002	0.8965	0.8927	0.8890	0.8853	0.8816
0.19*	0.8779	0.8742	0.8705	0.8669	0.8633	0.8596	0.8560	0.8524	0.8488	0.8452
0.20*	0.8416	0.8381	0.8345	0.8310	0.8274	0.8239	0.8204	0.8169	0.8134	0.8099
0.21*	0.8064	0.8030	0.7995	0.7961	0.7926	0.7892	0.7858	0.7824	0.7790	0.7756
0.22*	0.7722	0.7688	0.7655	0.7621	0.7588	0.7554	0.7521	0.7488	0.7454	0.7421
0.23*	0.7388	0.7356	0.7323	0.7290	0.7257	0.7225	0.7192	0.7160	0.7128	0.7095
0.24*	0.7063	0.7031	0.6999	0.6967	0.6935	0.6903	0.6871	0.6840	0.6808	0.6776
0.25*	0.6745	0.6713	0.6682	0.6651	0.6620	0.6588	0.6557	0.6526	0.6495	0.6464
0.26*	0.6433	0.6403	0.6372	0.6341	0.6311	0.6280	0.6250	0.6219	0.6189	0.6158
0.27*	0.6128	0.6098	0.6068	0.6038	0.6008	0.5978	0.5948	0.5918	0.5888	0.5858
0.28*	0.5828	0.5799	0.5769	0.5740	0.5710	0.5681	0.5651	0.5622	0.5592	0.5563
0.29*	0.5534	0.5505	0.5476	0.5446	0.5417	0.5388	0.5359	0.5330	0.5302	0.5273
0.30*	0.5244	0.5215	0.5187	0.5158	0.5129	0.5101	0.5072	0.5044	0.5015	0.4987
0.31*	0.4959	0.4930	0.4902	0.4874	0.4845	0.4817	0.4789	0.4761	0.4733	0.4705
0.32*	0.4677	0.4649	0.4621	0.4593	0.4565	0.4538	0.4510	0.4482	0.4454	0.4427
0.33*	0.4399	0.4372	0.4344	0.4316	0.4289	0.4261	0.4234	0.4207	0.4179	0.4152
0.34*	0.4125	0.4097	0.4070	0.4043	0.4016	0.3989	0.3961	0.3934	0.3907	0.3880
0.35*	0.3853	0.3826	0.3799	0.3772	0.3745	0.3719	0.3692	0.3665	0.3638	0.3611
0.36*	0.3585	0.3558	0.3531	0.3505	0.3478	0.3451	0.3425	0.3398	0.3372	0.3345
0.37*	0.3319	0.3292	0.3266	0.3239	0.3213	0.3186	0.3160	0.3134	0.3107	0.3081
0.38*	0.3055	0.3029	0.3002	0.2976	0.2950	0.2924	0.2898	0.2871	0.2845	0.2819
0.39*	0.2793	0.2767	0.2741	0.2715	0.2689	0.2663	0.2637	0.2611	0.2585	0.2559
0.40*	0.2533	0.2508	0.2482	0.2456	0.2430	0.2404	0.2378	0.2353	0.2327	0.2301
0.41*	0.2275	0.2250	0.2224	0.2198	0.2173	0.2147	0.2121	0.2096	0.2070	0.2045
0.42*	0.2019	0.1993	0.1968	0.1942	0.1917	0.1891	0.1866	0.1840	0.1815	0.1789
0.43*	0.1764	0.1738	0.1713	0.1687	0.1662	0.1637	0.1611	0.1586	0.1560	0.1535
0.44*	0.1510	0.1484	0.1459	0.1434	0.1408	0.1383	0.1358	0.1332	0.1307	0.1282
0.45*	0.1257	0.1231	0.1206	0.1181	0.1156	0.1130	0.1105	0.1080	0.1055	0.1030
0.46*	0.1004	0.0979	0.0954	0.0929	0.0904	0.0878	0.0853	0.0828	0.0803	0.0778
0.47*	0.0753	0.0728	0.0702	0.0677	0.0652	0.0627	0.0602	0.0577	0.0552	0.0527
0.48*	0.0502	0.0476	0.0451	0.0426	0.0401	0.0376	0.0351	0.0326	0.0301	0.0276
0.49*	0.0251	0.0226	0.0201	0.0175	0.0150	0.0125	0.0100	0.0075	0.0050	0.0025

χ^2分布表

自由度ϕのχ^2分布の上側ε点：$\chi^2_\phi(\varepsilon)$

φ\ε	0.995	0.990	0.975	0.950	0.900	0.100	0.050	0.025	0.010	0.005
1	0.0000	0.0002	0.0010	0.0039	0.0158	2.7055	3.8415	5.0239	6.6349	7.8794
2	0.0100	0.0201	0.0506	0.1026	0.2107	4.6052	5.9915	7.3778	9.2103	10.5966
3	0.0717	0.1148	0.2158	0.3518	0.5844	6.2514	7.8147	9.3484	11.3449	12.8382
4	0.2070	0.2971	0.4844	0.7107	1.0636	7.7794	9.4877	11.1433	13.2767	14.8603
5	0.4117	0.5543	0.8312	1.1455	1.6103	9.2364	11.0705	12.8325	15.0863	16.7496
6	0.6757	0.8721	1.2373	1.6354	2.2041	10.6446	12.5916	14.4494	16.8119	18.5476
7	0.9893	1.2390	1.6899	2.1673	2.8331	12.0170	14.0671	16.0128	18.4753	20.2777
8	1.3444	1.6465	2.1797	2.7326	3.4895	13.3616	15.5073	17.5345	20.0902	21.9550
9	1.7349	2.0879	2.7004	3.3251	4.1682	14.6837	16.9190	19.0228	21.6660	23.5894
10	2.1559	2.5582	3.2470	3.9403	4.8652	15.9872	18.3070	20.4832	23.2093	25.1882
11	2.6032	3.0535	3.8157	4.5748	5.5778	17.2750	19.6751	21.9200	24.7250	26.7568
12	3.0738	3.5706	4.4038	5.2260	6.3038	18.5493	21.0261	23.3367	26.2170	28.2995
13	3.5650	4.1069	5.0088	5.8919	7.0415	19.8119	22.3620	24.7356	27.6882	29.8195
14	4.0747	4.6604	5.6287	6.5706	7.7895	21.0641	23.6848	26.1189	29.1412	31.3193
15	4.6009	5.2293	6.2621	7.2609	8.5468	22.3071	24.9958	27.4884	30.5779	32.8013
16	5.1422	5.8122	6.9077	7.9616	9.3122	23.5418	26.2962	28.8454	31.9999	34.2672
17	5.6972	6.4078	7.5642	8.6718	10.0852	24.7690	27.5871	30.1910	33.4087	35.7185
18	6.2648	7.0149	8.2307	9.3905	10.8649	25.9894	28.8693	31.5264	34.8053	37.1565
19	6.8440	7.6327	8.9065	10.1170	11.6509	27.2036	30.1435	32.8523	36.1909	38.5823
20	7.4338	8.2604	9.5908	10.8508	12.4426	28.4120	31.4104	34.1696	37.5662	39.9968
21	8.0337	8.8972	10.2829	11.5913	13.2396	29.6151	32.6706	35.4789	38.9322	41.4011
22	8.6427	9.5425	10.9823	12.3380	14.0415	30.8133	33.9244	36.7807	40.2894	42.7957
23	9.2604	10.1957	11.6886	13.0905	14.8480	32.0069	35.1725	38.0756	41.6384	44.1813
24	9.8862	10.8564	12.4012	13.8484	15.6587	33.1962	36.4150	39.3641	42.9798	45.5585
25	10.5197	11.5240	13.1197	14.6114	16.4734	34.3816	37.6525	40.6465	44.3141	46.9279
26	11.1602	12.1981	13.8439	15.3792	17.2919	35.5632	38.8851	41.9232	45.6417	48.2899
27	11.8076	12.8785	14.5734	16.1514	18.1139	36.7412	40.1133	43.1945	46.9629	49.6449
28	12.4613	13.5647	15.3079	16.9279	18.9392	37.9159	41.3371	44.4608	48.2782	50.9934
29	13.1211	14.2565	16.0471	17.7084	19.7677	39.0875	42.5570	45.7223	49.5879	52.3356
30	13.7867	14.9535	16.7908	18.4927	20.5992	40.2560	43.7730	46.9792	50.8922	53.6720
31	14.4578	15.6555	17.5387	19.2806	21.4336	41.4217	44.9853	48.2319	52.1914	55.0027
32	15.1340	16.3622	18.2908	20.0719	22.2706	42.5847	46.1943	49.4804	53.4858	56.3281
33	15.8153	17.0735	19.0467	20.8665	23.1102	43.7452	47.3999	50.7251	54.7755	57.6484
34	16.5013	17.7891	19.8063	21.6643	23.9523	44.9032	48.6024	51.9660	56.0609	58.9639
35	17.1918	18.5089	20.5694	22.4650	24.7967	46.0588	49.8018	53.2033	57.3421	60.2748
36	17.8867	19.2327	21.3359	23.2686	25.6433	47.2122	50.9985	54.4373	58.6192	61.5812
37	18.5858	19.9602	22.1056	24.0749	26.4921	48.3634	52.1923	55.6680	59.8925	62.8833
38	19.2889	20.6914	22.8785	24.8839	27.3430	49.5126	53.3835	56.8955	61.1621	64.1814
39	19.9959	21.4262	23.6543	25.6954	28.1958	50.6598	54.5722	58.1201	62.4281	65.4756
40	20.7065	22.1643	24.4330	26.5093	29.0505	51.8051	55.7585	59.3417	63.6907	66.7660
50	27.9907	29.7067	32.3574	34.7643	37.6886	63.1671	67.5048	71.4202	76.1539	79.4900
60	35.5345	37.4849	40.4817	43.1880	46.4589	74.3970	79.0819	83.2977	88.3794	91.9517
70	43.2752	45.4417	48.7576	51.7393	55.3289	85.5270	90.5312	95.0232	100.4252	104.2149
80	51.1719	53.5401	57.1532	60.3915	64.2778	96.5782	101.8795	106.6286	112.3288	116.3211
90	59.1963	61.7541	65.6466	69.1260	73.2911	107.5650	113.1453	118.1359	124.1163	128.2989
100	67.3276	70.0649	74.2219	77.9295	82.3581	118.4980	124.3421	129.5612	135.8067	140.1695

F 分布表1

F 分布の上側 ε 点：$F_n^m(\varepsilon)$

$\varepsilon = 0.100$

n \ m	1	2	3	4	5	6	7	8	9	10
1	39.8635	49.5000	53.5932	55.8330	57.2401	58.2044	58.9060	59.4390	59.8576	60.1950
2	8.5263	9.0000	9.1618	9.2434	9.2926	9.3255	9.3491	9.3668	9.3805	9.3916
3	5.5383	5.4624	5.3908	5.3426	5.3092	5.2847	5.2662	5.2517	5.2400	5.2304
4	4.5448	4.3246	4.1909	4.1072	4.0506	4.0097	3.9790	3.9549	3.9357	3.9199
5	4.0604	3.7797	3.6195	3.5202	3.4530	3.4045	3.3679	3.3393	3.3163	3.2974
6	3.7759	3.4633	3.2888	3.1808	3.1075	3.0546	3.0145	2.9830	2.9577	2.9369
7	3.5894	3.2574	3.0741	2.9605	2.8833	2.8274	2.7849	2.7516	2.7247	2.7025
8	3.4579	3.1131	2.9238	2.8064	2.7264	2.6683	2.6241	2.5893	2.5612	2.5380
9	3.3603	3.0065	2.8129	2.6927	2.6106	2.5509	2.5053	2.4694	2.4403	2.4163
10	3.2850	2.9245	2.7277	2.6053	2.5216	2.4606	2.4140	2.3772	2.3473	2.3226

$\varepsilon = 0.050$

n \ m	1	2	3	4	5	6	7	8	9	10
1	161.4476	199.5000	215.7073	224.5832	230.1619	233.9860	236.7684	238.8827	240.5433	241.8817
2	18.5128	19.0000	19.1643	19.2468	19.2964	19.3295	19.3532	19.3710	19.3848	19.3959
3	10.1280	9.5521	9.2766	9.1172	9.0135	8.9406	8.8867	8.8452	8.8123	8.7855
4	7.7086	6.9443	6.5914	6.3882	6.2561	6.1631	6.0942	6.0410	5.9988	5.9644
5	6.6079	5.7861	5.4095	5.1922	5.0503	4.9503	4.8759	4.8183	4.7725	4.7351
6	5.9874	5.1433	4.7571	4.5337	4.3874	4.2839	4.2067	4.1468	4.0990	4.0600
7	5.5914	4.7374	4.3468	4.1203	3.9715	3.8660	3.7870	3.7257	3.6767	3.6365
8	5.3177	4.4590	4.0662	3.8379	3.6875	3.5806	3.5005	3.4381	3.3881	3.3472
9	5.1174	4.2565	3.8625	3.6331	3.4817	3.3738	3.2927	3.2296	3.1789	3.1373
10	4.9646	4.1028	3.7083	3.4780	3.3258	3.2172	3.1355	3.0717	3.0204	2.9782

$\varepsilon = 0.050$

n \ m	5	6	7	8	9	10	20	30	40	50
5	5.050	4.950	4.876	4.818	4.772	4.735	4.558	4.496	4.464	4.444
6	4.387	4.284	4.207	4.147	4.099	4.060	3.874	3.808	3.774	3.754
7	3.972	3.866	3.787	3.726	3.677	3.637	3.445	3.376	3.340	3.319
8	3.687	3.581	3.500	3.438	3.388	3.347	3.150	3.079	3.043	3.020
9	3.482	3.374	3.293	3.230	3.179	3.137	2.936	2.864	2.826	2.803
10	3.326	3.217	3.135	3.072	3.020	2.978	2.774	2.700	2.661	2.637
12	3.106	2.996	2.913	2.849	2.796	2.753	2.544	2.466	2.426	2.401
14	2.958	2.848	2.764	2.699	2.646	2.602	2.388	2.308	2.266	2.241
16	2.852	2.741	2.657	2.591	2.538	2.494	2.276	2.194	2.151	2.124
18	2.773	2.661	2.577	2.510	2.456	2.412	2.191	2.107	2.063	2.035
20	2.711	2.599	2.514	2.447	2.393	2.348	2.124	2.039	1.994	1.966
30	2.534	2.421	2.334	2.266	2.211	2.165	1.932	1.841	1.792	1.761
40	2.449	2.336	2.249	2.180	2.124	2.077	1.839	1.744	1.693	1.660

$\varepsilon = 0.025$

n \ m	1	2	3	4	5	6	7	8	9	10
1	647.7890	799.5000	864.1630	899.5833	921.8479	937.1111	948.2169	956.6562	963.2846	968.6274
2	38.5063	39.0000	39.1655	39.2484	39.2982	39.3315	39.3552	39.3730	39.3869	39.3980
3	17.4434	16.0441	15.4392	15.1010	14.8848	14.7347	14.6244	14.5399	14.4731	14.4189
4	12.2179	10.6491	9.9792	9.6045	9.3645	9.1973	9.0741	8.9796	8.9047	8.8439
5	10.0070	8.4336	7.7636	7.3879	7.1464	6.9777	6.8531	6.7572	6.6811	6.6192
6	8.8131	7.2599	6.5988	6.2272	5.9876	5.8198	5.6955	5.5996	5.5234	5.4613
7	8.0727	6.5415	5.8898	5.5226	5.2852	5.1186	4.9949	4.8993	4.8232	4.7611
8	7.5709	6.0595	5.4160	5.0526	4.8173	4.6517	4.5286	4.4333	4.3572	4.2951
9	7.2093	5.7147	5.0781	4.7181	4.4844	4.3197	4.1970	4.1020	4.0260	3.9639
10	6.9367	5.4564	4.8256	4.4683	4.2361	4.0721	3.9498	3.8549	3.7790	3.7168

$\varepsilon = 0.010$

n \ m	1	2	3	4	5	6	7	8	9	10
1	4052.1807	4999.5000	5403.3520	5624.5833	5763.6496	5858.9861	5928.3557	5981.0703	6022.4732	6055.8467
2	98.5025	99.0000	99.1662	99.2494	99.2993	99.3326	99.3564	99.3742	99.3881	99.3992
3	34.1162	30.8165	29.4567	28.7099	28.2371	27.9107	27.6717	27.4892	27.3452	27.2287
4	21.1977	18.0000	16.6944	15.9770	15.5219	15.2069	14.9758	14.7989	14.6591	14.5459
5	16.2582	13.2739	12.0600	11.3919	10.9670	10.6723	10.4555	10.2893	10.1578	10.0510
6	13.7450	10.9248	9.7795	9.1483	8.7459	8.4661	8.2600	8.1017	7.9761	7.8741
7	12.2464	9.5466	8.4513	7.8466	7.4604	7.1914	6.9928	6.8400	6.7188	6.6201
8	11.2586	8.6491	7.5910	7.0061	6.6318	6.3707	6.1776	6.0289	5.9106	5.8143
9	10.5614	8.0215	6.9919	6.4221	6.0569	5.8018	5.6129	5.4671	5.3511	5.2565
10	10.0443	7.5594	6.5523	5.9943	5.6363	5.3858	5.2001	5.0567	4.9424	4.8491

$\varepsilon = 0.005$

n \ m	1	2	3	4	5	6	7	8	9	10
1	16210.7227	19999.5000	21614.7414	22499.5833	23055.7982	23437.1111	23714.5658	23925.4062	24091.0041	24224.4868
2	198.5013	199.0000	199.1664	199.2497	199.2996	199.3330	199.3568	199.3746	199.3885	199.3996
3	55.5520	49.7993	47.4672	46.1946	45.3916	44.8385	44.4341	44.1256	43.8824	43.6858
4	31.3328	26.2843	24.2591	23.1545	22.4564	21.9746	21.6217	21.3520	21.1391	20.9667
5	22.7848	18.3138	16.5298	15.5561	14.9396	14.5133	14.2004	13.9610	13.7716	13.6182
6	18.6350	14.5441	12.9166	12.0275	11.4637	11.0730	10.7859	10.5658	10.3915	10.2500
7	16.2356	12.4040	10.8824	10.0505	9.5221	9.1553	8.8854	8.6781	8.5138	8.3803
8	14.6882	11.0424	9.5965	8.8051	8.3018	7.9520	7.6941	7.4959	7.3386	7.2106
9	13.6136	10.1067	8.7171	7.9559	7.4712	7.1339	6.8849	6.6933	6.5411	6.4172
10	12.8265	9.4270	8.0807	7.3428	6.8724	6.5446	6.3025	6.1159	5.9676	5.8467

F 分布表 2

F 分布の上側 ε 点：$F_n^m(\varepsilon)$

$\varepsilon = 0.100$

n \ m	5	6	7	8	9	10	11	12	13	14	15
5	3.4530	3.4045	3.3679	3.3393	3.3163	3.2974	3.2816	3.2682	3.2567	3.2468	3.2380
6	3.1075	3.0546	3.0145	2.9830	2.9577	2.9369	2.9195	2.9047	2.8920	2.8809	2.8712
7	2.8833	2.8274	2.7849	2.7516	2.7247	2.7025	2.6839	2.6681	2.6545	2.6426	2.6322
8	2.7264	2.6683	2.6241	2.5893	2.5612	2.5380	2.5186	2.5020	2.4876	2.4752	2.4642
9	2.6106	2.5509	2.5053	2.4694	2.4403	2.4163	2.3961	2.3789	2.3640	2.3510	2.3396
10	2.5216	2.4606	2.4140	2.3772	2.3473	2.3226	2.3018	2.2841	2.2687	2.2553	2.2435
11	2.4512	2.3891	2.3416	2.3040	2.2735	2.2482	2.2269	2.2087	2.1930	2.1792	2.1671
12	2.3940	2.3310	2.2828	2.2446	2.2135	2.1878	2.1660	2.1474	2.1313	2.1173	2.1049
13	2.3467	2.2830	2.2341	2.1953	2.1638	2.1376	2.1155	2.0966	2.0802	2.0658	2.0532
14	2.3069	2.2426	2.1931	2.1539	2.1220	2.0954	2.0729	2.0537	2.0370	2.0224	2.0095
15	2.2730	2.2081	2.1582	2.1185	2.0862	2.0593	2.0366	2.0171	2.0001	1.9853	1.9722

$\varepsilon = 0.050$

n \ m	5	6	7	8	9	10	11	12	13	14	15
5	5.0503	4.9503	4.8759	4.8183	4.7725	4.7351	4.7040	4.6777	4.6552	4.6358	4.6188
6	4.3874	4.2839	4.2067	4.1468	4.0990	4.0600	4.0274	3.9999	3.9764	3.9559	3.9381
7	3.9715	3.8660	3.7870	3.7257	3.6767	3.6365	3.6030	3.5747	3.5503	3.5292	3.5107
8	3.6875	3.5806	3.5005	3.4381	3.3881	3.3472	3.3130	3.2839	3.2590	3.2374	3.2184
9	3.4817	3.3738	3.2927	3.2296	3.1789	3.1373	3.1025	3.0729	3.0475	3.0255	3.0061
10	3.3258	3.2172	3.1355	3.0717	3.0204	2.9782	2.9430	2.9130	2.8872	2.8647	2.8450
11	3.2039	3.0946	3.0123	2.9480	2.8962	2.8536	2.8179	2.7876	2.7614	2.7386	2.7186
12	3.1059	2.9961	2.9134	2.8486	2.7964	2.7534	2.7173	2.6866	2.6602	2.6371	2.6169
13	3.0254	2.9153	2.8321	2.7669	2.7144	2.6710	2.6347	2.6037	2.5769	2.5536	2.5331
14	2.9582	2.8477	2.7642	2.6987	2.6458	2.6022	2.5655	2.5342	2.5073	2.4837	2.4630
15	2.9013	2.7905	2.7066	2.6408	2.5876	2.5437	2.5068	2.4753	2.4481	2.4244	2.4034

$\varepsilon = 0.025$

n \ m	5	6	7	8	9	10	11	12	13	14	15
5	7.1464	6.9777	6.8531	6.7572	6.6811	6.6192	6.5678	6.5245	6.4876	6.4556	6.4277
6	5.9876	5.8198	5.6955	5.5996	5.5234	5.4613	5.4098	5.3662	5.3290	5.2968	5.2687
7	5.2852	5.1186	4.9949	4.8993	4.8232	4.7611	4.7095	4.6658	4.6285	4.5961	4.5678
8	4.8173	4.6517	4.5286	4.4333	4.3572	4.2951	4.2434	4.1997	4.1622	4.1297	4.1012
9	4.4844	4.3197	4.1970	4.1020	4.0260	3.9639	3.9121	3.8682	3.8306	3.7980	3.7694
10	4.2361	4.0721	3.9498	3.8549	3.7790	3.7168	3.6649	3.6209	3.5832	3.5504	3.5217
11	4.0440	3.8807	3.7586	3.6638	3.5879	3.5257	3.4737	3.4296	3.3917	3.3588	3.3299
12	3.8911	3.7283	3.6065	3.5118	3.4358	3.3736	3.3215	3.2773	3.2393	3.2062	3.1772
13	3.7667	3.6043	3.4827	3.3880	3.3120	3.2497	3.1975	3.1532	3.1150	3.0819	3.0527
14	3.6634	3.5014	3.3799	3.2853	3.2093	3.1469	3.0946	3.0502	3.0119	2.9786	2.9493
15	3.5764	3.4147	3.2934	3.1987	3.1227	3.0602	3.0078	2.9633	2.9249	2.8915	2.8621

$\varepsilon = 0.010$

n \ m	5	6	7	8	9	10	11	12	13	14	15
5	10.9670	10.6723	10.4555	10.2893	10.1578	10.0510	9.9626	9.8883	9.8248	9.7700	9.7222
6	8.7459	8.4661	8.2600	8.1017	7.9761	7.8741	7.7896	7.7183	7.6575	7.6049	7.5590
7	7.4604	7.1914	6.9928	6.8400	6.7188	6.6201	6.5382	6.4691	6.4100	6.3590	6.3143
8	6.6318	6.3707	6.1776	6.0289	5.9106	5.8143	5.7343	5.6667	5.6089	5.5589	5.5151
9	6.0569	5.8018	5.6129	5.4671	5.3511	5.2565	5.1779	5.1114	5.0545	5.0052	4.9621
10	5.6363	5.3858	5.2001	5.0567	4.9424	4.8491	4.7715	4.7059	4.6496	4.6008	4.5581
11	5.3160	5.0692	4.8861	4.7445	4.6315	4.5393	4.4624	4.3974	4.3416	4.2932	4.2509
12	5.0643	4.8206	4.6395	4.4994	4.3875	4.2961	4.2198	4.1553	4.0999	4.0518	4.0096
13	4.8616	4.6204	4.4410	4.3021	4.1911	4.1003	4.0245	3.9603	3.9052	3.8573	3.8154
14	4.6950	4.4558	4.2779	4.1399	4.0297	3.9394	3.8640	3.8001	3.7452	3.6975	3.6557
15	4.5556	4.3183	4.1415	4.0045	3.8948	3.8049	3.7299	3.6662	3.6115	3.5639	3.5222

$\varepsilon = 0.005$

n \ m	5	6	7	8	9	10	11	12	13	14	15
5	14.9396	14.5133	14.2004	13.9610	13.7716	13.6182	13.4912	13.3845	13.2934	13.2148	13.1463
6	11.4637	11.0730	10.7859	10.5658	10.3915	10.2500	10.1329	10.0343	9.9501	9.8774	9.8140
7	9.5221	9.1553	8.8854	8.6781	8.5138	8.3803	8.2697	8.1764	8.0967	8.0279	7.9678
8	8.3018	7.9520	7.6941	7.4959	7.3386	7.2106	7.1045	7.0149	6.9384	6.8721	6.8143
9	7.4712	7.1339	6.8849	6.6933	6.5411	6.4172	6.3142	6.2274	6.1530	6.0887	6.0325
10	6.8724	6.5446	6.3025	6.1159	5.9676	5.8467	5.7462	5.6613	5.5887	5.5257	5.4707
11	6.4217	6.1016	5.8648	5.6821	5.5368	5.4183	5.3197	5.2363	5.1649	5.1031	5.0489
12	6.0711	5.7570	5.5245	5.3451	5.2021	5.0855	4.9884	4.9062	4.8358	4.7748	4.7213
13	5.7910	5.4819	5.2529	5.0761	4.9351	4.8199	4.7240	4.6429	4.5733	4.5129	4.4600
14	5.5623	5.2574	5.0313	4.8566	4.7173	4.6034	4.5085	4.4281	4.3591	4.2993	4.2468
15	5.3721	5.0708	4.8473	4.6744	4.5364	4.4235	4.3295	4.2497	4.1813	4.1219	4.0698

t分布表

φ＼ε	0.100	0.050	0.025	0.010	0.005
1	3.0777	6.3138	12.7062	31.8205	63.6567
2	1.8856	2.9200	4.3027	6.9646	9.9248
3	1.6377	2.3534	3.1824	4.5407	5.8409
4	1.5332	2.1318	2.7764	3.7469	4.6041
5	1.4759	2.0150	2.5706	3.3649	4.0321
6	1.4398	1.9432	2.4469	3.1427	3.7074
7	1.4149	1.8946	2.3646	2.9980	3.4995
8	1.3968	1.8595	2.3060	2.8965	3.3554
9	1.3830	1.8331	2.2622	2.8214	3.2498
10	1.3722	1.8125	2.2281	2.7638	3.1693
11	1.3634	1.7959	2.2010	2.7181	3.1058
12	1.3562	1.7823	2.1788	2.6810	3.0545
13	1.3502	1.7709	2.1604	2.6503	3.0123
14	1.3450	1.7613	2.1448	2.6245	2.9768
15	1.3406	1.7531	2.1314	2.6025	2.9467
16	1.3368	1.7459	2.1199	2.5835	2.9208
17	1.3334	1.7396	2.1098	2.5669	2.8982
18	1.3304	1.7341	2.1009	2.5524	2.8784
19	1.3277	1.7291	2.0930	2.5395	2.8609
20	1.3253	1.7247	2.0860	2.5280	2.8453
21	1.3232	1.7207	2.0796	2.5176	2.8314
22	1.3212	1.7171	2.0739	2.5083	2.8188
23	1.3195	1.7139	2.0687	2.4999	2.8073
24	1.3178	1.7109	2.0639	2.4922	2.7969
25	1.3163	1.7081	2.0595	2.4851	2.7874
26	1.3150	1.7056	2.0555	2.4786	2.7787
27	1.3137	1.7033	2.0518	2.4727	2.7707
28	1.3125	1.7011	2.0484	2.4671	2.7633
29	1.3114	1.6991	2.0452	2.4620	2.7564
30	1.3104	1.6973	2.0423	2.4573	2.7500
31	1.3095	1.6955	2.0395	2.4528	2.7440
32	1.3086	1.6939	2.0369	2.4487	2.7385
33	1.3077	1.6924	2.0345	2.4448	2.7333
34	1.3070	1.6909	2.0322	2.4411	2.7284
35	1.3062	1.6896	2.0301	2.4377	2.7238
36	1.3055	1.6883	2.0281	2.4345	2.7195
37	1.3049	1.6871	2.0262	2.4314	2.7154
38	1.3042	1.6860	2.0244	2.4286	2.7116
39	1.3036	1.6849	2.0227	2.4258	2.7079
40	1.3031	1.6839	2.0211	2.4233	2.7045
50	1.2987	1.6759	2.0086	2.4033	2.6778
60	1.2958	1.6706	2.0003	2.3901	2.6603
70	1.2938	1.6669	1.9944	2.3808	2.6479
80	1.2922	1.6641	1.9901	2.3739	2.6387
90	1.2910	1.6620	1.9867	2.3685	2.6316
100	1.2901	1.6602	1.9840	2.3642	2.6259

自然対数表

x	$\log_e x$
0.1	−2.3026
0.2	−1.6094
0.3	−1.2040
0.4	−0.9163
0.5	−0.6931
0.6	−0.5108
0.7	−0.3567
0.8	−0.2231
0.9	−0.1054
1.0	0.0000
1.1	0.0953
1.2	0.1823
1.3	0.2624
1.4	0.3365
1.5	0.4055
1.6	0.4700
1.7	0.5306
1.8	0.5878
1.9	0.6419
2.0	0.6931
2.1	0.7419
2.2	0.7885
2.3	0.8329
2.4	0.8755
2.5	0.9163
2.6	0.9555
2.7	0.9933
2.8	1.0296
2.9	1.0647
3.0	1.0986
3.5	1.2528
4.0	1.3863
4.5	1.5041
5.0	1.6094
5.5	1.7047
6.0	1.7918
6.5	1.8718
7.0	1.9459
7.5	2.0149
8.0	2.0794
8.5	2.1401
9.0	2.1972
9.5	2.2513
10.0	2.3026

常用対数表

x	$\log_{10} x$
0.1	−1.0000
0.2	−0.6990
0.3	−0.5229
0.4	−0.3979
0.5	−0.3010
0.6	−0.2218
0.7	−0.1549
0.8	−0.0969
0.9	−0.0458
1.0	0.0000
1.1	0.0414
1.2	0.0792
1.3	0.1139
1.4	0.1461
1.5	0.1761
1.6	0.2041
1.7	0.2304
1.8	0.2553
1.9	0.2788
2.0	0.3010
2.1	0.3222
2.2	0.3424
2.3	0.3617
2.4	0.3802
2.5	0.3979
2.6	0.4150
2.7	0.4314
2.8	0.4472
2.9	0.4624
3.0	0.4771
3.5	0.5441
4.0	0.6021
4.5	0.6532
5.0	0.6990
5.5	0.7404
6.0	0.7782
6.5	0.8129
7.0	0.8451
7.5	0.8751
8.0	0.9031
8.5	0.9294
9.0	0.9542
9.5	0.9777
10.0	1.0000

指数関数表

x	exp(x)
−0.10	0.9048
−0.09	0.9139
−0.08	0.9231
−0.07	0.9324
−0.06	0.9418
−0.05	0.9512
−0.04	0.9608
−0.03	0.9704
−0.02	0.9802
−0.01	0.9900
0.00	1.0000
0.01	1.0101
0.02	1.0202
0.03	1.0305
0.04	1.0408
0.05	1.0513
0.06	1.0618
0.07	1.0725
0.08	1.0833
0.09	1.0942
0.10	1.1052
0.11	1.1163
0.12	1.1275
0.13	1.1388
0.14	1.1503
0.15	1.1618
0.16	1.1735
0.17	1.1853
0.18	1.1972
0.19	1.2092
0.20	1.2214
0.21	1.2337
0.22	1.2461
0.23	1.2586
0.24	1.2712
0.25	1.2840
0.26	1.2969
0.27	1.3100
0.28	1.3231
0.29	1.3364
0.30	1.3499
0.31	1.3634
0.32	1.3771
0.33	1.3910

ポアソン分布表

ポアソン分布の確率を平均値 λ と分布の取りうる値 k からもとめる表　$P(X=k)=e^{-\lambda}\cdot\frac{\lambda^k}{k!}$

$\lambda \backslash k$	0	1	2	3	4	5	6	7	8	9	10
0.5	0.60653	0.30327	0.07582	0.01264	0.00158	0.00016	0.00001	0.00000	0.00000	0.00000	0.00000
0.6	0.54881	0.32929	0.09879	0.01976	0.00296	0.00036	0.00004	0.00000	0.00000	0.00000	0.00000
0.7	0.49659	0.34761	0.12166	0.02839	0.00497	0.00070	0.00008	0.00001	0.00000	0.00000	0.00000
0.8	0.44933	0.35946	0.14379	0.03834	0.00767	0.00123	0.00016	0.00002	0.00000	0.00000	0.00000
0.9	0.40657	0.36591	0.16466	0.04940	0.01111	0.00200	0.00030	0.00004	0.00000	0.00000	0.00000
1.0	0.36788	0.36788	0.18394	0.06131	0.01533	0.00307	0.00051	0.00007	0.00001	0.00000	0.00000
1.1	0.33287	0.36616	0.20139	0.07384	0.02031	0.00447	0.00082	0.00013	0.00002	0.00000	0.00000
1.2	0.30119	0.36143	0.21686	0.08674	0.02602	0.00625	0.00125	0.00021	0.00003	0.00000	0.00000
1.3	0.27253	0.35429	0.23029	0.09979	0.03243	0.00843	0.00183	0.00034	0.00006	0.00001	0.00000
1.4	0.24660	0.34524	0.24167	0.11278	0.03947	0.01105	0.00258	0.00052	0.00009	0.00001	0.00000
1.5	0.22313	0.33470	0.25102	0.12551	0.04707	0.01412	0.00353	0.00076	0.00014	0.00002	0.00000
1.6	0.20190	0.32303	0.25843	0.13783	0.05513	0.01764	0.00470	0.00108	0.00022	0.00004	0.00001
1.7	0.18268	0.31056	0.26398	0.14959	0.06357	0.02162	0.00612	0.00149	0.00032	0.00006	0.00001
1.8	0.16530	0.29754	0.26778	0.16067	0.07230	0.02603	0.00781	0.00201	0.00045	0.00009	0.00002
1.9	0.14957	0.28418	0.26997	0.17098	0.08122	0.03086	0.00977	0.00265	0.00063	0.00013	0.00003
2.0	0.13534	0.27067	0.27067	0.18045	0.09022	0.03609	0.01203	0.00344	0.00086	0.00019	0.00004
2.1	0.12246	0.25716	0.27002	0.18901	0.09923	0.04168	0.01459	0.00438	0.00115	0.00027	0.00006
2.2	0.11080	0.24377	0.26814	0.19664	0.10815	0.04759	0.01745	0.00548	0.00151	0.00037	0.00008
2.3	0.10026	0.23060	0.26518	0.20331	0.11690	0.05378	0.02061	0.00677	0.00195	0.00050	0.00011
2.4	0.09072	0.21772	0.26127	0.20901	0.12541	0.06020	0.02408	0.00826	0.00248	0.00066	0.00016
2.5	0.08208	0.20521	0.25652	0.21376	0.13360	0.06680	0.02783	0.00994	0.00311	0.00086	0.00022
2.6	0.07427	0.19311	0.25104	0.21757	0.14142	0.07354	0.03187	0.01184	0.00385	0.00111	0.00029
2.7	0.06721	0.18145	0.24496	0.22047	0.14882	0.08036	0.03616	0.01395	0.00471	0.00141	0.00038
2.8	0.06081	0.17027	0.23838	0.22248	0.15574	0.08721	0.04070	0.01628	0.00570	0.00177	0.00050
2.9	0.05502	0.15957	0.23137	0.22366	0.16215	0.09405	0.04546	0.01883	0.00683	0.00220	0.00064
3.0	0.04979	0.14936	0.22404	0.22404	0.16803	0.10082	0.05041	0.02160	0.00810	0.00270	0.00081
3.1	0.04505	0.13965	0.21646	0.22368	0.17335	0.10748	0.05553	0.02459	0.00953	0.00328	0.00102
3.2	0.04076	0.13044	0.20870	0.22262	0.17809	0.11398	0.06079	0.02779	0.01112	0.00395	0.00126
3.3	0.03688	0.12171	0.20083	0.22091	0.18225	0.12029	0.06616	0.03119	0.01287	0.00472	0.00156
3.4	0.03337	0.11347	0.19290	0.21862	0.18582	0.12636	0.07160	0.03478	0.01478	0.00558	0.00190
3.5	0.03020	0.10569	0.18496	0.21579	0.18881	0.13217	0.07710	0.03855	0.01687	0.00656	0.00230
3.6	0.02732	0.09837	0.17706	0.21247	0.19122	0.13768	0.08261	0.04248	0.01912	0.00765	0.00275
3.7	0.02472	0.09148	0.16923	0.20872	0.19307	0.14287	0.08810	0.04657	0.02154	0.00885	0.00328
3.8	0.02237	0.08501	0.16152	0.20459	0.19436	0.14771	0.09355	0.05079	0.02412	0.01019	0.00387
3.9	0.02024	0.07894	0.15394	0.20012	0.19512	0.15219	0.09893	0.05512	0.02687	0.01164	0.00454
4.0	0.01832	0.07326	0.14653	0.19537	0.19537	0.15629	0.10420	0.05954	0.02977	0.01323	0.00529

z 変換表

r を $z = \frac{1}{2} \log \frac{1+r}{1-r}$ より読む表

z	*=0	*=1	*=2	*=3	*=4	*=5	*=6	*=7	*=8	*=9
0.0*	0.0000	0.0100	0.0200	0.0300	0.0400	0.0500	0.0599	0.0699	0.0798	0.0898
0.1*	0.0997	0.1096	0.1194	0.1293	0.1391	0.1489	0.1586	0.1684	0.1781	0.1877
0.2*	0.1974	0.2070	0.2165	0.2260	0.2355	0.2449	0.2543	0.2636	0.2729	0.2821
0.3*	0.2913	0.3004	0.3095	0.3185	0.3275	0.3364	0.3452	0.3540	0.3627	0.3714
0.4*	0.3799	0.3885	0.3969	0.4053	0.4136	0.4219	0.4301	0.4382	0.4462	0.4542
0.5*	0.4621	0.4699	0.4777	0.4854	0.4930	0.5005	0.5080	0.5154	0.5227	0.5299
0.6*	0.5370	0.5441	0.5511	0.5581	0.5649	0.5717	0.5784	0.5850	0.5915	0.5980
0.7*	0.6044	0.6107	0.6169	0.6231	0.6291	0.6351	0.6411	0.6469	0.6527	0.6584
0.8*	0.6640	0.6696	0.6751	0.6805	0.6858	0.6911	0.6963	0.7014	0.7064	0.7114
0.9*	0.7163	0.7211	0.7259	0.7306	0.7352	0.7398	0.7443	0.7487	0.7531	0.7574
1.0*	0.7616	0.7658	0.7699	0.7739	0.7779	0.7818	0.7857	0.7895	0.7932	0.7969
1.1*	0.8005	0.8041	0.8076	0.8110	0.8144	0.8178	0.8210	0.8243	0.8275	0.8306
1.2*	0.8337	0.8367	0.8397	0.8426	0.8455	0.8483	0.8511	0.8538	0.8565	0.8591
1.3*	0.8617	0.8643	0.8668	0.8692	0.8717	0.8741	0.8764	0.8787	0.8810	0.8832
1.4*	0.8854	0.8875	0.8896	0.8917	0.8937	0.8957	0.8977	0.8996	0.9015	0.9033
1.5*	0.9051	0.9069	0.9087	0.9104	0.9121	0.9138	0.9154	0.9170	0.9186	0.9201
1.6*	0.9217	0.9232	0.9246	0.9261	0.9275	0.9289	0.9302	0.9316	0.9329	0.9341
1.7*	0.9354	0.9366	0.9379	0.9391	0.9402	0.9414	0.9425	0.9436	0.9447	0.9458
1.8*	0.9468	0.9478	0.9488	0.9498	0.9508	0.9517	0.9527	0.9536	0.9545	0.9554
1.9*	0.9562	0.9571	0.9579	0.9587	0.9595	0.9603	0.9611	0.9618	0.9626	0.9633
2.0*	0.9640	0.9647	0.9654	0.9661	0.9667	0.9674	0.9680	0.9687	0.9693	0.9699
2.1*	0.9705	0.9710	0.9716	0.9721	0.9727	0.9732	0.9737	0.9743	0.9748	0.9753
2.2*	0.9757	0.9762	0.9767	0.9771	0.9776	0.9780	0.9785	0.9789	0.9793	0.9797
2.3*	0.9801	0.9805	0.9809	0.9812	0.9816	0.9820	0.9823	0.9827	0.9830	0.9833
2.4*	0.9837	0.9840	0.9843	0.9846	0.9849	0.9852	0.9855	0.9858	0.9861	0.9863
2.5*	0.9866	0.9869	0.9871	0.9874	0.9876	0.9879	0.9881	0.9884	0.9886	0.9888
2.6*	0.9890	0.9892	0.9895	0.9897	0.9899	0.9901	0.9903	0.9905	0.9906	0.9908
2.7*	0.9910	0.9912	0.9914	0.9915	0.9917	0.9919	0.9920	0.9922	0.9923	0.9925
2.8*	0.9926	0.9928	0.9929	0.9931	0.9932	0.9933	0.9935	0.9936	0.9937	0.9938
2.9*	0.9940	0.9941	0.9942	0.9943	0.9944	0.9945	0.9946	0.9947	0.9949	0.9950

参考文献

[国沢確率]　国沢清典編,『確率統計演習 1　確率』, 培風館, 1996.
[国沢統計]　国沢清典編,『確率統計演習 2　統計』, 培風館, 1996.
[統計学入門]　東京大学教養学部統計学教室編,『基礎統計学 I /統計学入門』, 東京大学出版会, 1991.
[ホーエル]　P.G. ホーエル（著）浅井晃, 村上正康（翻訳）,『入門数理統計学』, 培風館, 1978.
[モデリング教科書]　日本アクチュアリー会編,『モデリング』, 日本アクチュアリー会, 2005.
[モデリング問題集]　藤田岳彦,『確率・統計・モデリング問題集』, 日本アクチュアリー会, 2007.
[過去問]　日本アクチュアリー会, https://www.actuaries.jp/lib/collection/

以上は, アクチュアリー会指定の教科書・参考書と過去問である.
以下は, 指定教科書・参考書ではないが, 本書にも登場する, 試験勉強に役立つ参考書である.

[弱点克服]　藤田岳彦,『弱点克服　大学生の確率・統計』, 東京図書, 2010
[大学統計学]　藤田岳彦,『大学 1・2 年生のためのすぐわかる統計学』, 東京図書, 2020.
[リスクを知る]　岩沢宏和,『リスクを知るための確率・統計入門』, 東京図書, 2012.
[分布からはじめる]　岩沢宏和,『分布からはじめる確率・統計入門——実用のための直感的アプローチ』, 東京図書, 2016.
[マスター微分積分]　石井俊全,『1 冊でマスター大学の微分・積分』, 技術評論社, 2014.

以下は, アクチュアリー試験数学専用の問題集である.

[合タク]　MAH, 庭本康治, 西脇優斗『アクチュアリー試験　合格へのタクティクス, アクチュアリー教育研究社, 2022.

最後に, 本書の有益な情報は, [アク研] の会員からのものが多くを占めている.

[アク研]　アクチュアリー受験研究会, http://pre-actuaries.com/
[チェックリスト]　アクチュアリー試験「数学」合格のためのチェックリスト, https://pre-actuaries.com/topic/4002/

索　引

た

な

は

■監修者紹介

藤田（ふじた）　岳彦（たかひこ）

1955年　兵庫県生まれ
1978年　京都大学理学部 卒業
1981年　京都大学理学部数学教室助手
その後，一橋大学大学院商学研究科教授，
京都大学数理解析研究所伊藤清博士ガウス賞受賞記念（野村グループ）数理解析寄付研究部門客員教授などを経て，
現在，中央大学理工学部ビジネスデータサイエンス学科教授，理学博士，
公益財団法人 数学オリンピック財団理事長，日本数学オリンピック実行委員長，
一橋大学名誉教授

主な著書
『弱点克服 大学生の確率・統計』（東京図書）
『大学1・2年生のためのすぐわかる統計学』（東京図書，共著）
『難問克服 解いてわかるガロア理論』（東京図書）
『新版 ファイナンスの確率解析入門』（講談社）
『ランダムウォークと確率解析――ギャンブルから数理ファイナンスまで』（日本評論社）

■企画協力者紹介

岩沢（いわさわ）　宏和（ひろかず）

1990年3月　東京大学工学部計数工学科 卒業
1992年　日本アクチュアリー会正会員資格取得
1998年9月　三菱信託銀行（現 三菱UFJ信託銀行）退社（年金アクチュアリー）
2007年3月　東京都立大学大学院人文科学研究科博士課程 単位取得退学
現在，日本アクチュアリー会などで保険数理やデータサイエンスに関わる各種講座の講師を務めている．
早稲田大学大学院会計研究科客員教授，東京大学大学院経済学研究科非常勤講師，
日本保険・年金リスク学会理事

確率・統計関係の主な著書
『損害保険数理 第2版』（日本評論社，2022，共著）
『入門 Rによる予測モデリング』（東京図書，2019，共著）
『分布からはじめる確率・統計入門――実用のための直感的アプローチ』（東京図書，2016）
『確率パズルの迷宮』（日本評論社，2014）
『確率のエッセンス』（技術評論社，2013）
『リスクを知るための確率・統計入門』（東京図書，2012）
『リスク・セオリーの基礎』（培風館，2010）

■著者紹介

MAH

1990年3月　東北大学工学部機械系精密工学科 卒業

1990年4月　国内保険会社 入社

1995年7月　商品業務部門に異動

2000年1月　確定拠出年金事業の立ち上げセクションに異動

以後，確定拠出年金の事業計画・企画・システム開発などを担当

2009年1月　「アクチュアリー受験研究会」を発足

日本アクチュアリー会　正会員

日本証券アナリスト協会　認定アナリスト（CMA）

DCプランナー1級

宅地建物取引士

オンライン奇術研究会　代表

アクチュアリー受験研究会　代表

アクチュアリー試験 合格へのストラテジー 数学 第2版

2017年6月25日　第1版第1刷発行
2023年6月25日　第2版第1刷発行

監修者　藤田　岳彦
企画協力者　岩沢　宏和
著者　MAH
発行所　東京図書株式会社
〒102-0072 東京都千代田区飯田橋3-11-19
振替 00140-4-13803 電話 03(3288)9461
http://www.tokyo-tosho.co.jp/

ISBN 978-4-489-02405-4